Star

星出版

新觀點
新思維
新眼界

HIGH PERFORMANCE HABITS

高成效習慣

How Extraordinary People Become That Way

布蘭登・布夏德 著
Brendon Burchard

譚天 譯

Star 星出版

謹獻給我的陽光，

我所知最了不起的人——丹妮絲

Dedicated to my sunshine, Denise,

the most extraordinary person I know.

目錄

前言

卓越，是一種習慣

「卓越是一門藝術，透過訓練與習慣養成。
我們舉措得當，並不是因為我們擁有美德或資質太好；
我們擁有美德或表現卓越，是因為我們舉措得當。
我們是自身重複行為的結果。
所以，卓越不是一種行為，而是一種習慣。」

——亞里斯多德

「為什麼妳那麼害怕升官？」

琳與我中間隔著一張大橡木桌。她往椅背靠了下去，往窗外看了一會。我們坐在四十二樓，俯瞰窗外籠罩著濛濛薄霧的海洋。

早在還沒問她這個問題前，我已經知道這麼問會將她惹毛。

琳是那種一看就知道非常有效率的人，專心投入工作，面對問題從不退縮。她渾身散發著能夠批判思考與領導他人的能力，五年內大躍進式升了三次官。人人對她稱羡不已，大家都說她是「那塊料」，都說她是明日之星。

大多數人不會用「害怕」兩個字來形容她，但我知道她會害怕。

她瞄了我一眼，然後回答：「嗯，我不覺得我……。」

我坐直了，搖搖我的頭，等她說下去。

她回過神來，點點頭，梳了梳她已經十分服貼的褐髮。她知道，現在她不能編故事搪塞我。「好吧，」琳說。「或許你說得對，我害怕更上一層樓。」

我問她為什麼？

「因為我連現在這個位子都快撐不下去了！」

這本書的主題是為什麼有些人能夠出類拔萃，其他人卻故步自封，封閉自己各種發展的可能性。這本書要讓你明白，為什麼有些人勝出、有些人敗陣，還有太多人甚至連試都沒試就放棄了。

身為優異表現教練的我，曾經與許多像琳這樣的人共事。很多人不避艱辛、奮發進取，在成功之路上勇往直前。但接下來，在他們始料未及的一個點上陷入瓶頸、失去熱情，開始出現耗竭。其他人眼中的他們，或許看起來仍在不斷地穩步前進。但在他們內心深處，往往有一種陷入工作優先與機會之海，四顧茫茫不知何去何從的感覺。他們不知道應該專注於什麼，不確定怎麼做才能複製或擴大他們的成功。

他們在人生旅途上已經走了很長的路，仍然沒有一套可以保住成功的標準作業原則。他們這樣的人儘管能幹，許多卻整天活在恐懼中，害怕有一天會落後，或在更高一層的成功挑戰中慘敗。為什麼他們這麼恐懼，活得這麼辛苦？為什麼有些人卻能夠衝破這種現實、不斷攀高，享受令人稱羨、讓人自愧弗如的美好成功果實？

為了了解這種現象，我結合二十年的研究，以及前後十年擔任精英教練取得的見解，還有經由調查、訪談與專業評估工具從全球各地蒐集的大量數據寫成這本書。這本書要告訴你，怎麼做才能不僅成為成功人士，還是高成效的卓越表現者，長期不斷在內在福祉與外在成功上創造高峰。

我在這本書要解釋許多有關「成功」的迷思，包括為什麼只憑恆毅力、意志力、練習與你的「自然」優勢與才能，還不足以讓你在這個要你創造價值、領導他人、要你管這管那的世界中不斷創造高峰。想要成為高成效的卓越表現者，你得超越你的個人熱情與努力進行思考，不能只想著你喜歡、你要或你天生是做什麼的料，你得做的比這要多出太多，因為老實說，別人在乎的不是你的優勢、你的個性，他們只關心你能夠為他們做些什麼，提供什麼有意義的貢獻。

讀完這本書以後，當你在職場上投入新案子、追逐大膽的新夢想時，你不再為如何成功而徬徨，因為你有了一套可靠的習慣。研究顯示，這套習慣適用各種性格，能在各種情勢中無往不利，創造非凡的長期成果。你會變得神清氣爽、充滿自信，因為你知道應該將精力投入什麼地方，知道怎麼做最有成效。在取得初步成功後，你知道如何再接再厲。一旦面對關鍵情勢，必須將你的一切發揮到極致時，你也會很清楚自己需要怎麼想、需要怎麼做。

當然，這不是說你會變成超人，或是你必須成為超人才行。你有你的缺陷，我們每個人都有缺陷。但是，在讀完這本書以後，你會這樣告訴自己：「我終於知道究竟該怎麼做，才能讓自己常保巔峰了。我充滿信心，相信自己完全有能力解決問題。今後，無論面對任何艱難險阻都能一一過關，邁向成功。」你會培養出一套標準心態運作系統、擁有一套習慣，幫助你在各種困境與人生領域中取得長期成功。在擔任高成效教練的職涯中，我見證這些習慣讓來自各行各業的人效率大幅提升——從《財富》50大公司的執行長到藝人，從奧運選手到一般家庭的父母，從世界級專家到中學生。如果你要的是一套真正經過實證、有科學根據的人生改善之道，你已經找到了，就在這本書裡。

讀完這本書，憑藉書中的資訊，你將能夠充分發揮潛能。你會感覺幸福盈滿，你領導他人締造輝煌，你由衷感到充實而滿足。一旦你能夠全心全意、堅持不懈養成書中這些高成效習慣，你就能走入人生與職涯一個截然不同的嶄新階段，你會變得更加傑出。

為什麼寫這本書？為什麼現在寫這本書？

我有幸為全球各地好幾百萬人提供個人與專業發展服務，我知道現在全球各地每個角落都有一種感覺：每個人都惶惶惑惑，不知道怎麼往前走，不知道哪些決定才適合自己、適合家庭與職涯發展。大家都想力爭上游，但慘遭滅頂。大家都賣力工作，但就是無法突破。很多人積極上進，卻不知道自己究竟要什麼。他們也想逐夢，卻又害怕失敗，怕被別人笑為瘋狂。

除了這些難題，還得面對自我懷疑、惱人的義務、重得讓人無法喘息的選擇與責任——這林林總總是能讓任何人筋疲力盡。對許多人來說，事情永遠沒有好轉的一天，只能在不斷翻騰的分心、困惑與苦惱之海中掙扎求存。這聽起來很可悲，確實如此。許多人雖然滿懷希望，準備有所改變，但是在缺乏方向、沒有正確習慣下，過的恐怕只是索然無味、零星散碎、沒有成就感的人生。

當然，也有許多人過著快樂、精彩的人生，但持續性是一個問題。他們或許覺得自己很行，甚至不時感覺自己

「登峰造極」，但稍有不慎恐怕墜入另一頭的懸崖峭壁下。表現的高低起伏也令人厭倦，絕大多數的人不知道如何在攀上高枝後「保持」成長與成功。他們需要的不是幫他們繼續攀高的新招，而是全面推動人生與職涯的真正技巧與方法。

但這不是一件簡單的事。儘管每個人都說想在生活的方方面面追求進步，但像琳一樣，許多人非常擔心追逐夢想會造成的附帶損失，包含關係搞砸、財務危機、社會嘲諷、難以承受的壓力等。或許在若干點上，我們每個人都會擔心這樣的事。你已經知道怎麼成就事情，但有時你要自己不要對未來寄望過高，因為你已經太忙、壓力太大、把自己繃得太緊了——難道這不是事實嗎？

問題不在於你不能表現得更好。在職場上，你知道有時你能把一件工作做得很好，但同樣性質的另一件工作卻被你搞砸了。你知道你可以在某個社交場合成為明星，但在另一個社交場合卻不是如此。你知道如何激勵自己，但有時你對自己懊惱萬分，因為一整天下來，除了在網飛（Netflix）一口氣追了三季影集，你一事無成。

或許，你還注意到其他人升遷得比你快。你可能發現同事案子一件接著一件從容地做，每次都做得很成功，無論碰到什麼問題都能處理得很好。彷彿無論把他們放在任何環境、任何團隊、任何公司、任何產業，他們都能脫穎而出、擁有亮眼表現一樣。

這些人究竟是何方神聖，擁有什麼祕訣？簡單說，他們是高成效的卓越表現者，祕訣就是他們的習慣。好消息是：無論你的背景、個性、弱點、做的是哪一行，你也可以運用同樣的這些習慣，成為其中一員。只要經過正確的訓練與習慣養成，任何人都能成為高成效的卓越表現者，我可以證明這一點，這就是我為你寫這本書的初衷。

基本原則改變了

許多人覺得，我們凡夫俗子的人生與讓我們欽羨的那些名流顯貴的人生差距太大。或許，五十年前想在芸芸眾生中力爭上游比較容易。五十年前，取得成功的基本原則直截了當得多：「努力工作。按照規矩行事。把頭低著，不要問太多問題，跟著領導人走。花時間摸熟一些能讓你升遷的東西。」

到了二十年前，這些基本原則開始改變：「努力工作。不要按照規矩行事。抬起頭來，樂觀派才會贏。要多向專家提問。你就是領導人。動作要快，要見招拆招。」

到了今天，對許多人來說，這些基本原則令人感覺遙遠、模糊，幾乎不可知。過去，我們可以預測我們的工作，周遭的人對我們的指望是「固定的」。但這樣的時光已經一去不復返，變化加速了。現在，一切都讓人感覺混亂。你的老闆、情人或客戶總是向你要求新的，而且現在就要。你的工作不再像過去那樣單純、封閉——如果像，那你可就得小心了，因為很可能一部電腦或機器人不久就會搶走你的飯碗。除了壓力大，現在一切都連結在一起，你只要搞砸一件事，很可能就會搞砸所有連結在一起的其他事。錯誤不再可以輕易隱匿，壞事傳千里，全球皆知。

這是個新世界，肯定值下降，期望值卻升高了。沒有人再唸那套「努力工作、按照規矩行事或低頭或抬頭」的老經，今天我們有一套沒人明說、但大家都接受的規則：「假裝你沒有賣力工作，將你優哉游哉享用早餐的美照po給友人看，讓他們驚嘆，但當然你在努力工作。不要等待指示，因為本來就沒有規則。設法保持腦袋清醒，這可是個瘋狂世界。你可以問問題，但不要指望有人知道答案。沒有領導人，因為我們都在領導。你只需要現在找出因應對策，設法增加價值就對了。你永遠釐不清頭緒，只需要不斷調適，因為明天一切又變了。」

這不只令人煩惱而已，在這種一團混亂中前進，就像在十英尺深的渾水中跑步一樣。你看不見方向，手腳奮力擺動，但毫無進展。你想求救，想找到東西依靠，想找條救生索，但什麼也沒有，你找不到脫險之路。你很想把事情做好，也有很強的工作倫理，但是你連將它們用在哪裡都不知道。許多人跟著你，但是你不知道該走向何方。

就算你不覺得自己行將溺斃，但總是有股停滯不前的感覺。你可能有那種被拋在後面、即將沉淪的感覺。沒錯，到目前為止，你憑藉熱情、膽氣與賣力工作還能保持領先，你已經攀越幾座高峰。但一堆惱人的問題讓你困擾不已：現在該往哪裡去？怎麼做才能爬得更高？為什麼其他人爬得比我快？什麼時候我才能停下來、喘口氣，休息一下？做人一定要像這樣不斷奮鬥嗎？我真的想這樣過下去嗎？

你需要一套可靠的做法，幫助你釋放出你最大的能耐。研究那些表現優異的人，你會發現他們都有一套日常慣用的行事系統，帶領他們邁向成功。專家與新手、科學與不切實際的空談所以有差，就在於系統。若沒有系統，你無法檢驗假設、追蹤進度、不斷締造優異的成果。在個人與專業發展中，這些系統與程序總言之就是習慣。不過，究竟哪些習慣管用？

先說不管用的

面對今天這許多艱苦的需求與挑戰，我們可能得到些什麼建議？幾百年來，我們得到的建議大同小異，大體不外下列幾項：

- 努力工作。
- 要有熱情。
- 專注於你的強項。
- 多練習。
- 堅持不懈。
- 要感恩。

毫無疑問，這些都是普遍認同、正向、有用的建議。言之有理，放之千古而皆準，照著做準沒錯，還是絕佳的畢業典禮演說題材。

不過，這樣的建議真的管用嗎？

你認識的人裡面，是否有人努力工作、完全遵照這些建議行事，卻連成功的邊都沾不上，過著毫無成就感的日子？世上有幾十億辛勤工作的社會底層人口，難道這不是真的？就以你熟悉的本地人來說，熱愛工作卻停滯不前的人，難道不多？你一定見過許多人雖然知道自己的強項，但處事不夠清晰、面對新專案不知如何著手，眼睜睜看著比自己差的人超越自己，難道從來沒有？

或許這些人都應該多加練習，對嗎？他們應該投入一萬個小時？但許多人真的也曾不斷苦練，仍然未能致勝。會不會是因為他們的態度有問題？也許他們應該感恩，應該多留點神？但懷抱感恩之心投入工作、投入交友，最後走入死胡同的人，難道不多嗎？

為什麼會這樣？

我研究出一套更好的方法

不瞞各位，我就是前述那樣的人。我年輕時一度沉淪，當時我十九歲，與初戀情人分手後，我非常沮喪，很想自殺。那真是一段黑暗的日子，頗具反諷意味的是，一次車禍把我救出那個情緒地獄。友人開車帶著我以時速85英里在公路上飛馳，車翻了，我們兩人都血跡斑斑、嚇得魂飛魄散，所幸都保住了小命。那次事件改變了我的人生，給了我所謂的「生命有限動機」（mortality motivation）。

我在之前寫的幾本書中談過那次事件，在這裡我只與你分享我從那次事件中學到的教訓：生命的寶貴是言語無法形容的，一旦你有了第二次機會——每個早晨、每個決定，都可能成為那個第二次機會——花點時間想清楚，你究竟是誰，你究竟要什麼。我發現，我不要自殺，我要好好活下去。我的心確實碎了，但我還要追逐愛情。我感覺我被贈予第二次機會，我要好好把握，要過一個不一樣的人生。生命、愛，都太重要——這句話成為我的座右銘。我決心改變，我開始尋找答案，追求更有活力、更積極參與、更加奉獻的人生。

我做了你可能預期的那些事：讀了一大堆勵志自助書、修心理學，聽有關動機的語音課程。我參加個人發展講習班，遵照他們都認定有效的辦法行事：努力工作、熱情投入。我專注於我的強項，不斷練習，全力以赴。我對自己能有這樣的機會感恩不已。結果，你知道嗎？還真的有效。

這些建議改變了我的人生。不出幾年時間，我有了一份好工作，找到一位好女友，交了一群好朋友，還有了一個不錯的住處。我很感恩。

但接下來，雖說遵照這些建議持續不斷練習，我停了下來。約有六、七年時間，我的人生沒有任何真正的進展。那段日子過得非常惱火，我仍然努力工作、充滿熱情、懷抱感恩的心，但是我沒有進步，沒有那種感覺。我有一種筋疲力盡的感覺：有時也能做得不錯，但經常感到心力交瘁；不時也能締造佳績、賺到錢，卻沒有真正的喜悅；我仍然力圖奮進，卻沒有真正的衝勁；我繼續與他人往來，卻沒有真正有價值的關係；我為工作增加價值，但並未創造真正的影響。那不是我們渴望的人生。

我漸漸發現，我過去確實也取得一些成功，但那是一場迷糊仗。我沒有那麼嚴格要求自己，我的成績遠遠談不上世界級水準，表現也只是差強人意。我要訂定一套計畫，無論面對任何情勢，每天都必須執行，讓我可以學得更快、表現得更好，當然還要讓我的人生旅途更加精彩。

我發現，過去那套人生取勝的公式——努力工作，熱情投入，專營你的強項，不斷練習，全力以赴，要感恩——有個問題：它只能幫助你取得個別成果與初步勝利。這些建議雖然能夠帶你入門、加入競爭，一旦你取得初步勝利，在你贏得一些掌聲、產生一點熱情，爭取到那份工作或做起那些美夢，有了一些經驗、攢了一點錢、陷入愛河、開始衝刺以後，又將如何？當你想要自我提升躋身世界級水準、想要領導、想要成就影響深遠的大事，什麼樣的建議才能幫得上你？你該怎麼做，才能養成幫助自己更上一層樓的信心？你該怎麼做，才能長保成功？你該怎麼做，才能鼓舞他人，讓他人也這麼做？

為這些問題尋找答案，成為我個人的執著，最後成為我的職業。

三個基本問題

二十年來，我不斷為下列三個基本問題尋找答案，這本書就是這些尋尋覓覓的心血結晶。

1. 為什麼有些人、有些團隊，能比其他人、其他團隊成功得更快、更持久？
2. 成功的人為什麼有些痛苦不堪、一點都不快樂，有些卻逍遙自在、樂在其中？
3. 什麼能夠有效激勵人們奮發進取？什麼樣的習慣、訓練與支援，能夠幫助他們迅速精進？

我針對這些問題進行的工作與研究——就是後來所謂的「高成效研究」——讓我訪談、指導、訓練了許多這世上最成功、最快樂的人，從公司執行長到名流顯要，從大企業家到歐普拉（Oprah）、亞瑟小子（Usher）這些知名藝人，從一般父母到來自數十種產業的專業人士，全球195國逾160萬學員上過我的線上或影音教學課程。

在整個研究過程中，我到過董事會、超級盃球員更衣間、奧運會田徑場、搭過億萬富豪的私人直升機，在全球各地與學員、研究夥伴，以及想要改善人生的人共進晚餐。

這項研究協助我創造了世上最熱門的線上高成效課程，創造了與這個題材相關、擁有最多讀者的新聞信，以及有關高成效人士自述個性的最大數據集。它還促成「高成效研究所」（High Performance Institute）的創辦，研究團隊與我進行高成效人士如何思考、擁有哪些行為表現、如何影響他人、取勝的研究。

我們建構了世上唯一經過驗證的高成效評估，以及這個領域的第一項專業憑證計畫：高成效教練證書（Certified High Performance Coaching™）。我們至今訓練、指導、評估過的高成效人士，已經超越世上任何其他組織，我個人每年親自驗證的精英級高成效教練也超過兩百人。

這些研究與工作過程的心得，就是這本書的內容。我們的研究不僅包括我個人二十年來的發展與自我實驗的經驗，還有我們對成千上萬客戶進行教練指導過程所蒐集到的數據，以及我們對成千上萬研討會參與者進行的會前會後評估，還有對萬千專業領域頂尖人士的訪談，加上學術文獻研究的省思，以及來自學員好幾十萬經過整理的評論，和我點閱次數超過一億次的免費線上訓練影音得到的反饋。

根據這龐大的數據集與二十年的經驗，我找出一些經過驗證、無論對個人與專業發展都有效的習慣。我得到下列心得：

只要養成正確的習慣，任何人都能大幅提升成果，
無論在任何領域都能成為表現卓越的高成效人士。

高成效的卓越表現與年齡、教育、收入、種族、國籍或性別，並沒有強大的關聯性。也就是說，我們用來為不能成功辯解的許多理由，根本都是錯的。不是只有特定人士才能表現優異，我們所以能夠表現優異，是因為擁有特定做法，而我稱為「高成效習慣」。無論經驗、優勢、個性或職位，任何人都能學習高成效習慣。求新求進的人，可以運用這本書激勵人生、持續向前邁進，充分發揮潛能。已經成功的人，也能夠運用這本書精益求精，更上一層樓。

不是所有習慣都具有同等功效。

事實證明，實現你的人生潛能與夢想的習慣有壞的、有好的，有比較好的，還有最好的。重要的是，哪些做法率先出現在你的人生中，你要如何發展它們、建立有效的習慣。如果說我的研究團隊的工作有什麼特殊之處，那就是我們能夠找出竅門，發現哪些習慣最重要，並且發現怎麼做才能加強、持續這些習慣。沒錯，每天記下一些感恩心得與瑣事，能夠讓你活得更快樂，但足以幫助你在人生每個領域取得真正的進展嗎？沒錯，你可以養成一套每天早晨起床後的新作息，但足以讓你大幅提升你的整體表現與幸福感嗎？（順便告訴你答案：「不能。」）既然如此，你應該專注於什麼？我們找出六種最能夠幫助你在人生眾多領域表現優異的習慣。我們發現，有些習慣能夠透過戰術運用幫你取勝，有些策略性習慣能夠讓你享受人生，這本書會讓你學到這兩大類習慣。

成就不再是你的問題，如何調整、安排才是。

既然你已經讀到這裡，對你來說，成就可能已經不再是個議題。你知道如何訂定目標、如何做檢查清單、如何完成待辦事項，你在意的是如何在你選定的這一行出人頭地。但很可能，你現在感覺壓力山大、難以喘息，覺得就快要扛不住了。你當然能夠交出成果，但你也必須學會每個有成者終將發現的事實：就因為你能幹，大家自然會想要把事情推到你身上，但這不表示你應該讓他們這麼做。「可以完成的事」未必都很重要，你有很多事可以做。所以，核心問題從「我該怎麼做才能成就更多？」，轉移到「我想要過什麼樣的人生？」很多人只知一味追求外在成功，為了成就而成就，這終究難免疲於奔命、應接不暇，這本書是幫助你免於扼殺靈魂的逃難手冊。這本書要教你的是，如何重新搭配你的思考與行為，幫助你在奮鬥過程中持續成長，過得幸福而充實。

「確定性」是成長與高成效的敵人。

太多人喜歡在這一團混亂的世界中追求確定不變，但「確定性」是傻子的夢，也是騙子的賣點。「確定性」終有一天讓你視而不見、自我設限，養成讓競爭對手超越你的「自動」習慣。追求確定性的人很難開放學習，很容易淪為教條的犧牲者，極有可能遭到創新者趁虛而入、迎頭趕上。高成效的卓越表現者知道如何逐漸擺脫他們對確定性的原始需求，用好奇與真正的自信取而代之。

科技救不了我們。

新科技產品讓我們更聰明、更快、更好——我們一直沉浸在這類誘人的廣告詞中。許多人已經開始看見這些話背後的真相：工具不能取代智慧。你可以裝備這世上所有最新的科技產品，全力投入「量化自我運動」，將你走的每一步路、每一秒的睡眠、每一次的心跳、一整天的每項活動都追蹤、記錄、管理。問題是，很多人都連了網、追蹤、記錄，仍然感覺孤獨、苦惱而困惑。太多人嘗試各種軟體、統計數字，仍然不了解自己真正的抱負、找不到靈魂。把所有這一切科技改善人生的激情沉澱之後，事實證明，還是源自人類本身行為的高成效習慣功效最好。

「高成效」的定義

為了便於陳述，本書所謂的「高成效」（high performance）指的是：

始終如一、長時間取得超過一般標準的成功。

任何領域都可見成功，高成效人士——無論個人、團隊、公司或文化——就長期而言，表現就是比較好。高成效並不只是不斷進步而已，僅僅改善不一定就能創造高成效。許多人不斷改善，未必有高人一等的表現。他們不斷往前走，但每個人都在往前走，很多人都在進步，卻未必創造什麼真正的影響力。高成效人士打破常規，不斷超越一般預期與成果。

高成效也與僅僅只是專業技能的發展大不相同。高成效追求的，不只是學會一項新技巧或一種新語言，或是成為棋賽大師、世界級鋼琴家、公司執行長，無論在任何領域，高成效人士不只專精一種工作或技巧，而是能夠融會貫通相關能力處理特定專業。他們擁有多重技巧，能夠取得長期勝利，有效領導他人。他們懂得運用「統合習慣」（meta-habits），精通多重人生領域。在超級盃揚名的四分衛，不會只知道如何拋球而已，還得精通心理素質、營養學，而且必須懂得自律、團隊領導、肌力與體能訓練、合約談判、品牌經營等。無論任何行業，高成效人士必定擁有許多相關領域的能力。

我們對「高成效」的定義，強調「始終如一」和「長時間」，對有些人來說似乎有點累贅，但這兩者事實上是不一樣的東西。舉例來說，高成效人士不會在經過十年努力，終於在最後一刻勝出。他們不會突然爆出取勝，而是很穩定，按部就班前進。他們不斷超越預期，他們的努力有一種同儕趕不上、始終如一的持續性。因此，在他們成功以後觀察他們，你會覺得他們的成功並不令人意外，原因就在於此。

你會從這本書學到，想符合這種「始終如一、長時間取得超過一般標準的成功」的定義，你必須養成習慣保護你的身心福祉、維持正向關係，還得在你往上攀升的同時，確定自己能為他人效力。只知一味拚了老命苦幹，是無法超越一般標準的。事實證明，高成效人士所以能夠長時間保持成功，有很大一部分原因是他們對生活有健康的做法。重點不只在一項專業或一種興趣領域的成就而已，重點是創造一種高成效生活，讓你得以盡情發揮，不斷享受全面投入、充滿喜悅與自信的人生。

高成效的做法所以超越「專注你的強項」與「只要投入一萬個小時」這類熱門概念，原因也就在這裡。許多人有非常了不起的個人強項，但是為了爭取成功，毀了身心健康，無法持續高成效的表現。許多人日以繼夜、拚命工作，結果毀了支援他們持續成長所需的關係。他們推開想要幫助他們進步的教練；他們搞砸感情和人際關係，結果受情緒影響在競爭中敗下陣來；他們因惹惱投資人而突然斷了財源，無法持續成長。

我希望你成功，我希望你擁有充滿正向情緒與關係的健康人生。

誠如我所說，也誠如數據佐證，「高成效」的意義不是要你不計一切代價往前猛衝，它的要旨在於養成習慣，不但幫助你取得佳績，還幫助你的人生更加充實、圓滿。

組織也是一樣，表現時好時壞。與過去相形之下，今天全球各地的組織更加為保持領先而苦苦掙扎。漠不關心或不求表現的組織文化，令許多資深領導人心力交瘁。他們想盡辦法承擔大膽願景、讓員工加把勁，但他們也發現員工早已燈盡油乾。主管們會喜歡這本書，原因就在這裡：他們會興高采烈發現，他們的組織其實可以變得健康、高效運作。事實上，他們的組織必須先健康，才能高效運作。這本書討論的習慣對個人和團隊都有效。

給所有高成效人士與希望協助組織勝出的領導人：要相信你能比上一次更明智、更快、更有信心地邁向下一階段的成功。生活與領導的更好方法確實存在，不是神話。這本書討論的高成效習慣是精確、可行動、可重複、可擴大、可持續的。

我們對高成效人士的了解

對那些長時間一而再、再而三取得超越一般標準成功的人，我們的了解有多少？

- **高成效人士比同儕都成功，但感受到的壓力反而比較輕。**

許多人認為，要出人頭地就必須奮發向上、扛得比別人重、比別人更焦慮，但只要養成正確的人生習慣，這種說法並不正確。大多數人為了生存、為了求勝，把自己弄得忙碌不堪，累到精疲力竭。其實你可以享受美好人生，過著與這種生存戰場大不相同的日子。這不是說高成效人士不會感受到壓力，他們也會，但是他們能夠應付得更好，保有更大彈性，較不容易因疲乏、分神與壓力過重而出現績效重挫。

- **高成效人士喜歡挑戰，即使面對困境，也更有自信可以達成目標。**

太多人在人生旅途中想方設法逃避艱辛，擔心自己不能勝任，或是遭人議論、遭到拒絕。高成效人士不同，倒不是說他們對自己的能力一點懷疑都沒有，但是他們渴望嘗試新事物，相信自己有能力找到辦法解決問題。他們面對挑戰不會退縮，這種行為不僅幫助他們在人生旅途中不斷精進，還鼓舞了他們身邊的人。

- **高成效人士比同儕更健康。**

他們吃得比較好，也比其他人更愛運動。最頂尖5%的高成效人士，每週運動健身三次的機率比一般人高40%。人人都想要健康，有些人或許認為想要成功就得犧牲健康，他們錯了。我們經過多次調查後發現，高成效人士比同儕更有活力，無論就心理、情緒與生理都是如此。

- **高成效人士是快樂的。**

大家都喜歡快樂，但許多高成就者並不快樂，他們完成許多工作，卻沒有充實感，高成效人士不會這樣。事實證明，我們發現，高成效人士的每一種習慣，就算不搭配其他習慣、單獨保持，對於人生的整體幸福感也有加分效果。加總在一起，你在這本書學到的六種習慣，不只能夠幫你脫穎而出、表現卓越，還能夠幫你變得更快樂——有數據為證。高成效人士都有投入、喜悅與自信的正向情緒特徵，你也能有這些特徵。

- **高成效人士受人仰慕。**

儘管高成效人士表現出眾、領先群雄，同儕都很仰慕。為什麼？因為一旦成為高成效人士，服務超越自我，成為優先要務。高成效人士精通影響他人之道，能讓別人覺得受到尊重、被重視與賞識，感覺自己也能成為高成效人士。

- **高成效人士能夠取得較好的成績，晉升更高的職位。**

高成效在統計數字上與「成績平均績點」（GPA）息息相關。我們曾經針對兩百名大學運動員做過一項研究，發現GPA愈高的人，「高成效指數」（High Performance Indicator, HPI）——高成效潛能的一項評估工具——也愈高。高成效人士更可能成為公司執行長與高階主管。為什麼？因為他們的習慣幫助他們領導他人，讓他們更能在組織階梯上攀升高位。

- **高成效人士能夠不計較傳統報酬，熱情工作。**

高成效與薪資報酬沒有相對關係；也就是說，你得到的薪酬，對於你是否或能否表現優異並不構成重要影響。高成效人士努力工作不是為了錢，而是一種叫做「必要性」（necessity）的東西——這點你很快就會了解。他們努力為的不是獎盃、讚揚或紅利，而是意義。這也是在調查中，無論薪酬高低，高成效人士幾乎總是認為自己報酬豐碩，原因就在這裡。他們幾乎從不覺得自己的工作「沒人感謝」，也不覺得其他人不珍惜自己的辛勞。但這不是因為他們的工作性質獨特，或是他們找到夢寐以求的工作，而是因為他們用一種更具目標性的態度對待工作，使得他們更加投入、做得更好，更能從工作中獲得滿足感。

- **高成效人士果敢自信（基於正確理由）。**

他們嘗試、累積多元經驗，勇於表現自己，為的不是

「征服」，甚至不是競爭。他們果敢自信，因為他們習慣勇於與人共享新理念、投入複雜對話、表達自己的真正想法與夢想、為自己發聲。數據也顯示，他們為他人仗義執言、為他人理念發聲的頻率也較高。換句話說，他們是直接且包容性強的領導人的絕佳人選。

- **高成效人士能夠超越自身優勢觀察、提供服務。**

有個迷思說，每個人都應該專注於先天「優勢」，但這種只知道盯著自己的時代早已走入歷史，我們必須超越自己的先天優勢、往外看，練出為了成長、服務與領導所需要的本領。高成效人士理解這點，他們在意的不是「找到優勢」，而是「適應服務」。他們探討需要解決的問題，然後加強自己，讓自己成為解決問題的那個人。他們經常問的問題不是「我是誰？我有什麼專長？」，而是「這裡需要什麼服務？我該如何成長才能滿足需求，或是領導他人滿足需求？」

- **高成效人士特別具有生產力，精通高品質、多產的輸出。**

無論在哪個領域，他們創造的高品質輸出，都超越業界一般標準。這倒不是說他們做得更多，他們的同儕很多做得可能還更多。重點是，他們做出來的、獲得業界高度評價的東西就是比別人多。高成效人士知道，他們主要的工作，就是把主要的東西擺在主要地位。這種全力投入、創造有意義成果的做法，讓他們能夠闖出一片天。

- **高成效人士是懂得調適變化的服務型領導人。**

我這本書與其他討論世界級專家的許多著述有一點大不相同：我並不強調單一專家或個別傑出人士的事蹟。高成效人士不是在真空狀態中思考、生活或行動，他們不是只想贏得拼字遊戲或棋賽，而是能夠真正影響身邊的人，為身邊的人增加極大價值。他們通常是懂得因應周遭環境變化挑戰的領導人，能夠領導身邊的人邁向成功、作出貢獻。正因為擁有這種本領，高成效人士能夠一個案子接著一個案子，一再取得成功。彷彿無論你把他們放在任何環境、任何團隊、任何公司、任何產業，他們都能夠勝出，但這不是因為他們是天才，或是因為他們鶴立雞群，而是因為他們能夠影響別人。**他們不是只會發展技巧，也能開發他人。**

我知道，這一大堆的描述與定義，讓高成效人士看起來就像能夠呼風喚雨的奇人一樣。實際情況不是這樣，這些只是對高成效人士的一般性描述，每個人當然各不相同。舉例來說，有些高成效人士雖然生產力豐碩，但未必那麼健康。有些人或許快樂、健康，但未必受人仰慕。換言之，這些定義並非對每個高成效人士百分百精確的描述。但大體而言，經過相當一段時間，這本書討論的習慣能讓他們高人一等，享受美好人生。

如果你覺得這些描述聽起來都不像你，也不必擔憂——高成效人士並非生來如此。我在這個主題上已經訓練超過一百萬人，從沒見過什麼超人。高成效人士並不是因為具備什麼特異長才、奇能或不同於一般的個性，而與你或其他人有著本質上的差異。高成效不是天生優勢，是刻意養成的一套特定習慣的成果。無論你選擇哪一行，都可以養成這些習慣，成為高成效人士，我們可以用評估數據向你證明這一點。

高成效的6種習慣

如果我的研究與訓練做法有什麼與眾不同之處，那就是我提出的這些習慣，能夠將原本表現平庸的人變成高成效人士。想要取得、長期保持成功，有六種習慣至關重要，高成效人士或有意或出於必要而在無意間精通了這六種習慣。

我們稱這六種習慣為HP6，HP6與清晰（clarity）、活力（energy）、必要性（necessity）、生產力（productivity）、影響力（influence）與勇氣（courage）有關。高成效人士無論做什麼，自始至終都在反映這六種習慣——從目標到目標，從計畫到計畫，從團隊到團隊，從人到人。無論面對任何人生領域，這些習慣每一種都是可學習、可改善、可運用的。你從今天起，就可以開始培養這些習慣，它們能夠讓你變得更好。我會在各章一一解說，帶你練習培養這些習慣。

在深入探討HP6以前，先讓我們談談「習慣」。根據傳統概念，當我們不斷做一件事，一再重複，直到幾乎成為自發動作之後，這件事就成了我們的習慣。簡單好記的行為，反覆去做，享受一些報酬，你開始養成一種習慣，沒多久就變成你的第二天性。舉例來說，做了幾次之後，綁鞋帶、開車、打字就變得簡單多了。你現在連想都不用想就可以做好這些事，因為你做過很多次，它們已經變成自動例行公事。

這本書要講的不是這種習慣，這些都是簡單的例行性行為，幾乎不費腦筋就能做到，我無意討論。我要你在面對重大戰役、掙扎攻頂、領導他人時，完全保持清醒，因為真正有助於改善績效的習慣都是有意識的。隨著時間不斷過去，經過不斷練習，它們未必就能變得自動自發或比較簡單，因為當你追求更大的成功時，這個世界也將變得更為複雜。當你不斷攀高時，請務必小心你的立足點。

你從這本書學到的高成效習慣，都是「刻意養成的習慣」。你必須有意識地選擇，打定主意不斷運用，強化你的個性，增加你的勝率。

刻意養成的習慣一般得來不易，特別是在不斷變化的環境中，你必須全神貫注不斷練習。每當你感覺自己停滯了，每當你投入新案子，每當你評估自己的進度，每當你嘗試領導他人，你必須刻意思考這些高成效習慣。就像飛行員每次在起飛以前得進行安檢，你也必須將它們當成你的檢查清單。

我相信這是好事一件，我可不希望我的客戶下意識、被動或被迫往前走，我要他們知道怎麼做才能獲勝，並且要他們全心全意、有目的這麼做。只有這樣，他們才能夠主宰自己的命運，才能夠不淪為心血來潮、突發奇想的奴隸。我要你主宰自己的命運，清楚自己在做什麼，這樣你才能看見你的表現愈來愈好，也才能幫助其他人愈變愈好。

你必須付出，才能夠運用你即將學到的這些高成效習慣，請不要捨不得投入這些工夫。

當你敲敲機會之門，若是勤奮工作前來應門，請無須訝異。

有些人可能會說，我其實可以教一些比較容易的習慣，或許還能夠多賣幾本書。但在改善你的人生這一點，安適不是重點，成長才是。數據明白顯示，這六種習慣雖然確實需要你不斷注意下工夫，但能夠讓你大不相同。如果我們的目標是高成效，你與我有生之年就必須一起努力，在人生的方方面面實踐、發展這些習慣。

就像運動員永遠都在訓練，高成效人士也在不斷地磨練，加強他們的習慣。真正的成功——整體而長遠的成功——是不可能自然而然、不費工夫就能自動達到的。往往當我們為謀更大宗旨，不得不放棄安適穩定，迎向挑戰、奉獻時，邁向偉大之旅也於焉展開。

你現有的技能和優勢，或許不足以把你送上更高一層的成功，所以你得補足你的弱點，發展新優勢、嘗試新習慣，努力超越自己。若你以為不須下工夫就能攀越頂峰，就太天真了。我要帶給你的不是一些現成一蹴可幾的簡單辦法，原因就在這裡。

我想，都很清楚了：要做的工作很多。

所請照准

除了習慣，還有什麼讓大多數的人不力爭上游？我發現，很多人只是覺得自己沒有攀上下一高峰的本領，或是覺得自己還沒有做好準備。他們懷疑自己的價值，除非先獲得外部肯定，例如：晉升、證書、獎勵等，否則不敢迎向更大的挑戰。這當然是錯的，你就像任何人一樣，可以取得卓越的成就。你可以根據自己的想望展開人生，不需要任何人批准，你需要的只是計畫，我向你保證，就在這本書裡。

有時，人們無意更加奮發上進，是因為身旁的人都對他們說：「為什麼你這麼不知足？」，說這些話的人不了解高成效人士。你可以為了現有的一切感到非常快樂，仍然力求成長與貢獻。你應該勇於追求更美好的人生，別讓任何人洩你的氣。不要因為任何理由小看自己，放棄夢想。逐夢沒有錯，不要害怕你的新抱負，只要了解你該怎麼做，才能做得比上一次更好，並且更專注、更優雅、更滿足地完成你的夢想。這本書會提供路徑，請你用心跟著走。

本書正文會逐一討論這六種我們稱為HP6的高成效習慣，幫助你了解由來始末。認識這些發現背後的原理，能夠幫助你了解這套方法的精髓與威力。我會在每一章解說一種習慣，每一章有三道練習，幫助你培養這些習慣。最後，我會就那些可能造成你停滯或失敗的陷阱，向你提出警告，提醒你一件保持進度所需的頭等大事。

過程中，我會一路激發新思考，向你挑戰，提醒你真正重要的事。若是有時我顯得過分熱衷，請你別怪我了。我花了十年以上的時間訓練出類拔萃的頂尖人士，我知道令人驚喜的美好成果正在等著你。與播客或學術人士不同的是，除非創造可衡量的成果，否則我沒有報酬。我曾為全球各地、各行各業的個人與團隊服務，我知道你也有美好、亮麗的前程可期，這讓我充滿了難以言喻的喜悅。我渴望與你共享這些理念，它們來自我親歷教學經驗，它們的效益經過數據一再驗證，所以若我不時顯得忘情，你得原諒我，有幸能做這樣的工作讓我欣喜若狂。若你可以理解我的用意，大概也不會介意我提出難題，建議你採取一些行動，雖然看起來可能會有點累、令你感覺不適。要是我現在就坐在你的身旁，我會請你容許我催促你、挑戰你，要你全力以赴。既然你選了這本書，我相信你已經做好準備開始。

我應該告訴你，這本書不會談到什麼。我盡可能讓這本書實際可用，透過一些你不認識的人的故事，一些你或許不在意的學術細節，為你帶來一些有助於改善人生的策略。我不會裝模作樣地告訴你，這本書是人類心理學或成就學的集大成之作；寫這本書，為的是把我二十年來的心得過濾、精簡成一本方便使用、實際可行的指南。像如此規模的著作，難免涉及概論化與懸而未決的問題，碰上這類問題，我會盡力解說。

把這本書濃縮成專注討論實際可行的習慣很難，我的初稿有1,498頁，不得不狠心刪除許多心血結晶。為了作成這些決定，我遵從前文提過的建議，也是我從眾多高成效人士身上學到的：

想要成功，就必須時時牢記，
你主要的工作，就是把主要的東西擺在主要地位。

在這本書，「主要的東西」就是教你學會能夠讓你脫穎而出、表現卓越的習慣，幫助你了解概念，自在練習、養成這些習慣。

所以，我刪除了很多有趣、發人深省的內容，包含歷史人物或當代領導人、有關實驗室的一些逸事趣聞，因為這些東西或許更適合部落格或播客。我做了這些決定，讓這本書更像一本使用手冊，不像一本個案研究或學術論文選集。我會將我與高成效人士共事的插曲，以及我們眾多的研究成果與你共享，但我最主要的工作是告訴你，應該怎麼做才能再登高峰。如果你想知道更多人物故事或個案研究，可以上Brendon.com看我的部落格、播客和影片。如果你想了解學術方法、研究我們的做法，可以瀏覽HighPerformanceInstitute.com。

我在這本書專心要做的，就是讓這本書無論何時都管用，讓你無論哪天重拾這本書再看一次，都能夠獲得中肯、確實的建議。由於學員們經常問，這些論點如何運用在像我這類公眾人物的身上，我會在書中分享一些個人經歷。不過，雖說是個人經歷，歸根究底仍是我從高成效人士那裡學來的。想要改善你的成效，最重要的是六種特定習慣，我不打算浪費時間與你討論高成效人士的飲食、童年、喜歡讀哪些書、早晨都做了些什麼、喜歡用什麼app等，因為這些東西高度因人而異，我們也並未發現它們與高成效有什麼很強的關聯。所以，我決定將這類有關生活方式的討論交給播客，交給追逐名人趣事的記者。這本書所以不同，就因為它討論的是表現成效，不是人性特點或奇謀密技。它不探討人物事蹟，而是探討經過實證的做法。[1]這是一本關於你的書，告訴你如何思考，告訴你需要刻意養成哪些習慣實踐你的人生，我們現在就開始吧。

現在請你做這兩件事

你很忙，我知道，你今天有很多待辦事項必須完成。或許我已經挑起你的好奇心，你現在真的很想好好改善你的人生，但我也知道你的興趣未必一定能轉換成立即行動，所以我提供兩項建議，你現在就可以做，幫助自己今天就有所突破。

1. 上HighPerformanceIndicator.com接受評估。

別擔心，這是免費的，只需要花5~7分鐘就能完成。你會得到與高成效息息相關的六個領域的評分，知道自己在哪些方面做得還不夠好，在哪些方面已經表現不錯了。這項評估能幫你預測你在目前的人生旅程中，是否可能達到遠程目標或夢想。完成評估、得到評分，你會收到課程建議與其他免費資源，你可以將連結或你的成果與同事或團隊分享。比較評分務必放寬心胸，請你一定要再打開這本書，學習如何改善自己。

2. 今天就讀完前兩章。

沒錯，就是今天，現在就讀，不會花你太多時間。如果你一鼓作氣讀完前兩章，就能學到無論你做什麼，哪些因素將能幫助你更可能取得長期成功。你會看到具體的改善途徑，不再徬徨，因為你知道該怎麼做最可能取得長期成功。

你可以成為高成效人士，美好人生正在等著你，請繼續閱讀這本書。

超越自然

高成效的追求

「何必勞神費力想要超越你的同儕或前輩，
你只要設法超越自己就好了。」
——威廉・福克納（William Faulkner），美國小說家、
諾貝爾文學獎得主、普利茲小說獎得主

一封改變我一生的電子郵件：

布蘭登：

我的「邁爾斯－布里格斯性格分類法」（Myers-Briggs Type Indicator）是「內向／直覺／思考／判斷」（INTJ）型。這完全不能告訴你任何有關我或我的成功能力的任何事，現在不能，今後幾年也不能。

我在蓋洛普的「優勢識別器」（StrengthsFinder）評估的最高兩項優勢是「開發者」（Developer）與「成就者」（Achiever）。這完全不能讓你對我完成事情、達到任何特定成果的能力有任何了解。

我做「柯爾貝A™指數」（Kolbe A™ Index）測驗，「快速啟動」（Quick Start）得到最高分。但這也沒有任何意義，因為就長期而言，我還是得應付現實生活，設法改善我在「事實辨識」（Fact Finder）、「堅持到底」（Follow Thru）與「實踐者」（ Implementor）等其他較為不佳模式的表現。

我比較喜歡藍色，不是綠色。

我更像一頭獅子，不是黑猩猩。

我很有毅力，也很懶惰。我比較像圓圈，不像方塊。我通常吃地中海式飲食（Mediterranean diet），以蔬菜水果、魚、五穀雜糧、橄欖油為主，但也愛吃漢堡。我喜歡人群，但也常嚮往泡一壺茶、看一本厚書享受獨處。我每週到「全食超市」（Whole Foods）採買，不過經常在一家便宜的墨西哥餐廳打發我的午餐。

這一切都不能向你說明有關我的能力、我的成功機率或我未來的表現的任何事。

所以，拜託拜託，請別再把我「歸類」，說我的「優勢」或背景給了我什麼條件。無論什麼評估方式，給人貼標籤根本就很爛。我聽到你說，這些評估只是幫助我探索、更了解自己，本質上不是在給我貼標籤或指導我。

好吧，就算我們都知道我的「優勢」，那對我的升遷仍然一點幫助也沒有。我的天賦幫不了我。身為領導人，我必須老實說，有時問題的重點不在於我是什麼人、我喜歡什麼或我生來精於什麼，重點是為了達成任務我必須滿足些什麼，任務不會為了我有限的能力而屈就於我。

我知道你可能會問我的背景。我來自中西部，目前住在加州。我媽一手將我和我的姐妹拉拔長大，她上午做髮型師，晚上在自助餐廳當服務生。我十四歲那年，我爸拋棄我們。我的在校成績平平，遇過一兩次霸凌。我念大學時愛打高爾夫球，在大學畢業後五年間，經歷過兩段很糟的戀情，還被老闆革職了一次。不過，我交到一些好朋友，逐漸有了自信。我大概可以說是誤打誤撞找到現在這份工作，這份工作很好。

這些背景同樣不能告訴你任何有關我的潛能的事。在今天這個世界，你從這些背景找不到任何升遷進取的明確線索。

所以，布蘭登，我坦白說，我知道你喜歡性格評估，喜歡了解我的背景。不過，如果人人都有過去和故事，一個人的過去和故事，肯定不是他們具備優勢的主因。

我想，我要說的是，我對自己應該還算了解。我聘請你，是要你告訴我，我該怎麼做才能更上一層樓。我需要知道我該怎麼做，布蘭登。別管我的性格如何，告訴我什麼方法管用？

別告訴我高成效人士都是些什麼人，具體告訴我他們都怎麼做。告訴我可以複製的項目，那才有含金量。

幫我找出答案，我會成為你終身的客戶。否則就不用麻煩了，我們就此別過。

我在職涯早期接到客戶湯姆發來的這封email，嚇了一跳。湯姆是和氣的人，是位成功的主管，平易近人，很願意嘗新。[1]像這樣一封明白表示除非我能夠「淘金」，否則我們的關係到此為止的email，很不像湯姆會做的事。不過，我和他接下來的對話更直接，顯然他已經氣急敗壞了。

湯姆想要成果，但我不確定我們可以如何得到。這是十多年前的事了，當時我不過是個名不見經傳的「人生教練」，透過四個階段了解如何幫助客戶提升績效是常見的做法。

根據這套做法，通常在一開始，我們會問客戶想要什麼，然後問是什麼「局限念頭」阻攔了他們，還要與他們討論他們的過去，設法了解一些可能對他們現有行為構成影響的事件。

接下來，我們會用評估工具判斷客戶的性格類型、模式與偏好。這麼做的目的，是幫助客戶更加了解自己，了解任何可能有助於他們成功的行為。當時，熱門的評估工具包括「邁爾斯－布里格斯」、「克利夫頓優勢識別器」（Clifton Strengths Finder）、「柯爾貝A™指數」與「DiSC®性格測試」（DiSC®Test），人生教練往往會聘請認證專家或諮詢師協助完成評估。

然後，教練必須研究客戶的職場績效評估，與客戶身邊的人訪談，運用360度評估推斷其他人對客戶的看法，了解他們對客戶的要求，同時必須與客戶的同事、家人與親友訪談。

最後，我們評估他們的實際產出，需要觀察他們過去的成果，看看有什麼獨特之處，研究哪些程序能夠幫助他們做出好成績，看看他們最愛表現的是什麼。

我根據傳統完成四個階段，由於湯姆喜歡具體數據和報告，我們花了許多時間做報告，討論評估結果。我們和幾位精通各種工具的高級諮詢師一起工作，蒐集相關資料，做了好幾個卷宗。

之後，有兩年時間，儘管我知道他的特質、才幹、成績與背景，卻看著他一再挫敗。我痛苦不堪，想不出為何他達不到他想要的成果，大約就在那時，我收到了這封email。

實驗室

在收到湯姆那封email十年後，我已經有了全球最大的個人與專業發展「實驗室」——在我們看來，我遍布全球的聽眾、觀眾與平台就是一座實驗室。在寫這本書時，這遍布全球的聽眾、觀眾與平台，包括：我們的臉書專頁一千多萬名追蹤者；兩百多萬新聞信訂戶；完成我的影音系列或線上課程的150萬名學員；數以千計出席我們多天高成效研習會現場的與會者；關於動機、心理學與人生改變課題的書籍和部落格數以百萬計的讀者；以及超過五十萬的YouTube訂戶。許多人口耳相傳，讓我的個人發展影片在線上點閱次數超過一億次。

這些找上我們的人有一大特點是，他們來找我們，純粹為了個人發展建議與訓練。這讓我們清楚他們為什麼掙扎、對人生的需求是什麼，以及幫助他們改變的是什麼。在高成效研究所，我們透過這龐大的追隨族群，進行調查、訪談，從學員的行為與評論挖掘數據，利用線上訓練課程與一對一教練課程進行訓練前後的對比研究。每當我們想了解關於人類行為與高成效的問題，就會進入這個實驗室尋找心得。

我們從這個龐大的粉絲群眾與數據中發現的東西，大體像是常識。想要成功，努力、熱情、練習、彈性與人際關係技巧，往往比智商、天賦或你的出身更重要，這不稀奇，因為這些發現與關於成功與世界級成效的當代研究完全吻合——如果你想讀一下這些研究，書末有不少可以參考。翻閱任何最新的社科研究報告，你會發現就整體而言，幾乎無論你做的是什麼事，想要成功都得靠可塑性因素，就是那些你可以藉由努力改變、改善的東西，例如：

- 你選擇的心態[2]
- 你對熱愛事情的專注程度，以及你用來追求它們的毅力[3]
- 你投入練習的多寡[4]
- 你了解與對待他人的方式[5]
- 為了達到目標，你奮力維持的紀律與堅忍[6]
- 你從逆境中振作、逆轉勝的方式[7]
- 為了保持身心健康，你投入的體能運動，以及你關注的整體福祉[8]

我們的工作與科研學術文獻的發現證實，不是只有特定類型的人才能成功、取得卓越成就，社會各階層、各行各業的人在運用一套特定做法之後，都能夠獲致成功。啟發我寫這本書的關鍵問題就是：「最有效的做法究竟是什麼？」

找出最重要的事

「動機讓你開始，習慣讓你保持前進。」

——吉姆・羅恩（Jim Rohn），國際知名勵志演說家

過去幾年，我們全力研究在協助人們達成長期目標的過程中，什麼做法最有效。我們發現的，正是湯姆僅憑直覺已經知道的事：高成效人士做事情的方式與其他人的不一樣，他們的做法跨領域、跨科目，幾乎適用任何情勢，無論個性、過去或偏好都可以效法。事實上，我們發現，無論在任何領域，有六種刻意養成的習慣，能夠讓你的表現高人一等、脫穎而出。若是沒有這些習慣支持，就算你有最大優勢或天賦也難望有成。

為了發掘哪些習慣影響最大，我們運用來自相關學術論文的概念、來自我們全球實驗室的數據，還有從三千多個高成效教練班得出的見解，統整這一切輸入，彙整出一份可以用來向高成效人士提問的結構化問卷。

我們透過調查結果與客觀績效指標，例如：學術成績、運動成績、客觀商業與財務成果等，運用標準社會學做法找出高成效人士。比方說，我們可能問受訪者，他們對下列說法有多贊同：

- 我的同儕大多認為我是一個高成效人士。
- 過去幾年，我大致上相當成功。
- 如果「高成效」指的是，與大多數的人相比能夠長期保持成功，那我應該算是高成效人士。
- 在我的首要領域，我比大多數同儕都成功得更久。

符合這些描述的人，我們進行一對一訪談，通常也與他們的同儕訪談。此外，我們也對這些自許高成效人士進行查證，問他們類似下列問題：

- 當你展開新案子時，你會刻意並且不斷做什麼，幫助自己取勝？
- 有什麼個人與專業慣例，能夠幫助你專心投入、保持活力、發揮創意、有生產力、有效率？（我們會針對每個慣例一一詢問。）
- 你曾經開始、然後放棄哪些習慣？哪些習慣是你一直保持，而且似乎一直有效的？
- 當你（a）進入新情勢、（b）面對逆境或挫敗，與（c）幫助他人時，你會刻意對自己說什麼自我鼓勵的話，讓自己有最好的表現？
- 如果你必須定義出三件事可以幫助你成功，你知道在下一件重要的專案上，你只能運用這三件事，這三件事是什麼？
- 當你為一次重要會議，或比賽、表演、會談做準備時，你會（a）怎麼做準備、（b）怎麼練習？
- 如果你明天就要展開一項重要的新團隊專案，你會對你的團隊說什麼、做什麼，鼓勵他們邁向成功？
- 哪些習慣能夠讓你快速取勝，哪些才是能讓你與眾不同的長期做法？
- 當結案日期逼近、壓力很大時，你如何維持或保護你的身心福祉？
- 當你感到自我懷疑、失望或覺得自己正在沉淪時，你會習慣性對自己說些什麼？
- 什麼讓你有自信？當你需要自信時，你如何「打開開關」？

- 在人生旅途中，面對那些（a）支持你、（b）不支持你，與（c）你需要他們支持，但對方不支持你的人，你會採取什麼做法？
- 當你奮勇邁向更大目標時，什麼做法讓你保持快樂與健康？

在探討高成效人士如何取勝的過程中，我們就運用這些問題與其他幾十個類似問題逐步縮小探討範圍。明確的主題出現了，我們隨後羅列了二十幾項高成效習慣，建立初步清單。

接下來，我們對一般社會大眾進行調查，向他們提出之前向自許高成效人士提出的同樣問題。之後，我們將我們對一般社會大眾進行的問卷，與之前對自許高成效人士做的問卷進行比對，進一步縮減這份清單。最後，我們將清單再濃縮，精簡為刻意、可觀察、可塑、可訓練，還有最重要的是跨越各領域都有效的習慣。也就是說，我們要的是那種不僅可以幫助一個人在單一專業領域勝出，還能幫助這個人在多重主題領域、活動與產業勝出的習慣。我們要的是那種任何人在任何地方、任何領域都能夠一再運用，達到不斷精進目標的習慣。

最後，在我們的清單上，只剩下六種習慣，我們稱為「高成效習慣」或HP6。在找出這六種習慣之後，我們做了更多文獻探討與驗證，根據這六種習慣與其他經過確認的成功測量工具，建立「高成效指標」（High Performance Indicator, HPI）。我們對195國三萬多人進行HPI種子測試，量化證明它的效度、信度與用處。[9]

我們發現，這六種習慣不僅結合運用與高成效息息相關，每一種也都與高成效相互呼應。此外，結合在一起，它們與其他重要人生成果，例如：整體幸福、健康，以及和樂的人際關係等，也都有重要關係。

無論你是學生、創業家、經理人、執行長、運動員，或是待在家裡的一般父母，HP6都能夠幫助你成功。無論你是否已經成功，這六種習慣能夠幫助你更上一層樓。

運氣、時機、社會支持、突如其來的創意突破等其他幾十種因素，雖然也對你的長期成功構成影響，但根據我們的評估，你能夠控制、而且最能夠改善你的表現的是HP6。

無論你做什麼事，如果你想要有更高層次的表現，你必須「不斷做」下列這些事：

1. **要追求清晰，了解你想當什麼樣的人，想要如何與他人互動、想要什麼，以及什麼能夠帶給你最大的意義**。每在一項計畫或重大行動展開時，你會自問這些問題：「在做這件事的時候，我要當什麼樣的人？」「我應該如何對待他人？」「我的意圖與目標是什麼？」「我該專注哪些東西，才能產生連結感與充實感？」高成效人士不但會在行動展開時問這些問題，還會在整個過程中不斷自問。他們不但會在一開始「弄清楚」、擬訂任務陳述，隨著時間變化，當他們展開新工作、進入新社會情勢時，還會不斷追求清晰。這種自我監控的慣例，是他們成功的一大標誌。
2. **要激發活力，這樣你才能夠保持專心投入，不斷努力，**

常保健康。想要充分發揮你的能力，你得仔細照顧好你的心理耐力、生理活力，以非常特定的方式保持正向情緒。

3. **要提升必要性，時時不忘交出好成績**。也就是說，你得積極找出你絕對必須交出好成績的理由，這種必要性有些是基於你的內在標準，例如：你的自我認同、信仰、價值觀或對卓越的期望，有些則是基於外在需求，例如：社會義務、競爭、公開承諾、期限等。重點就在於：要時時不忘你求勝的原因，時時燒旺那團火，讓你覺得自己必須精進。
4. **增加你在首要領域的生產力，特別是在你有意揚名立萬、發揮影響力的領域專注於「多產優質輸出」（prolific quality output, PQO）**。你得盡量不要讓自己分神，包括不要讓其他機會影響你，導致你無法專心創造PQO。
5. **設法影響你身邊的人，讓其他人相信你，支持你的作為與抱負，這能夠讓你變得更好**。除非你能夠有意識地發展出正向支援網絡，想要取得長期重大成功幾乎不可能。
6. **展現勇氣，即使面對恐懼、不確定、威脅或不斷變化的條件，仍能侃侃而談，表明你的理念，採取大膽行動，為自己與他人挺身而出**。勇氣不是一種偶發行為，而是一項選擇與意志力的特質。

高成效習慣

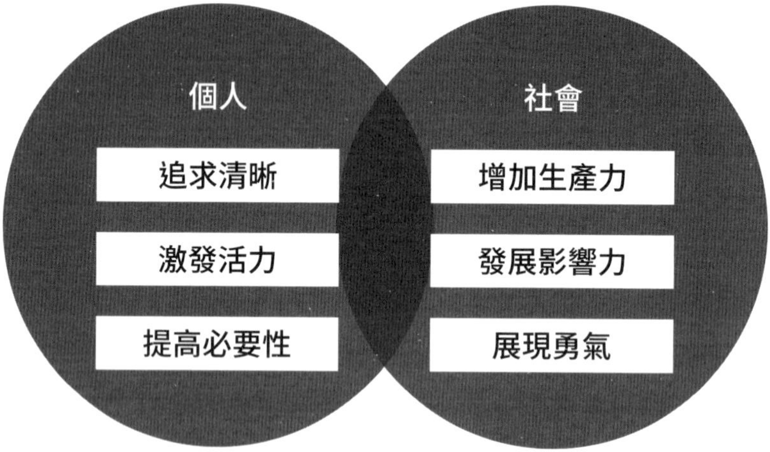

要追求清晰，要激發活力，要提升必要性，要增加生產力，要擴展影響力，要展現勇氣。想在任何情勢都能夠表現亮眼，你得養成這六種習慣。在我們觀察過的成千上萬個人努力與社會行為中，這六種習慣最能夠大幅改善你的表現。

在接下來六章，我會一一討論這六種習慣的龐大威力。

單憑優勢永遠不夠

你或許已經注意到，在這六種習慣的清單上，沒有提到專心投入你的天賦、資質、過去或優勢。這是因為無論你的性格多了不起、擁有多少天賦優勢、有多少錢、顏值多高、多有創意、培養什麼才能，或是過去曾經多麼輝煌——這一切就本身而言，並沒有多大的意義。

如果你不知道自己要什麼，不知道如何取得你要的

（缺乏清晰）；如果你筋疲力盡，無力表現（缺乏活力）；如果你沒有求勝的動機或壓力（缺乏必要性）；如果你不能專心投入、創造最重要的成果（缺乏生產力）；如果你欠缺人際關係技巧，不能讓他人相信你、支持你（缺乏影響力）；如果你不敢冒險為自己與他人挺身而出（缺乏勇氣），你的天賦、優勢等特質都不重要。沒有這六種習慣，就算是最有天賦的人也會迷失、疲乏、失去動力、沒有效率、感覺孤立或恐懼。

只是專注於自發、簡單或自然而然的事，人生不會有顯著成效。人生效率是我們奮力因應人生艱巨挑戰，是我們跨出安適區、克服偏見與偏好，讓我們可以了解、愛、服務與領導他人的成果。

由於「優勢」運動的熱門，我提出的這個論點，往往遭人質疑。就個人而言，我支持一切有助於人們自我了解的工具，我非常仰慕領導這場優勢革命的蓋洛普。但是，我不建議人們用優勢論領導他人，或是用它為自己的人生再創高峰。「優勢」運動的基本論點是，我們都有「天賦」優勢，就是與生俱來的才賦。它認為，我們生來就「自然而然」對一些事物特別在行，既然如此，我們應該專心投入這些事物。毫無疑問，這套理論很動人，比起一味探討我們的弱點與短處顯然也好得多。

我對「優勢」運動的主要保留就在於，在這個複雜、變化迅速的世界裡，不是每個人都能自然而然攀上高峰。無論你有多了不起的天賦，想要攀上高峰，你必須超越自己的天賦、力求上進，不是嗎？天賦優勢論不是很站得住腳的原因就在這裡。想要表現卓越，想要取得長期成功，你必須遠遠超越你輕輕鬆鬆、一蹴可幾的領域，因為真實世界充滿了不確定性，對成長的需求永無止境，你與生俱來的「自然」優勢不會足夠的。

誠如本文一開始湯姆在那封email中所說的：「重點是為了達成任務我必須滿足些什麼，任務不會為了我有限的能力而屈就於我。」如果你有成大事的雄心抱負，你就得不斷成長，遠遠超越你的天賦所及。想要成為高成效人士，你得改善你的弱點，你得跨出「喜歡做」的安適區，開發全新的技能。如果你真的想要脫穎而出、表現卓越，你得比別人強，比別人付出更多，不可能輕鬆自然成就豐功偉業，這是常識。

就算你不同意我的說法，只憑知道自己的性格類型或天賦優勢，終究不能幫助你在不確定的環境中攀上你的下一個高峰。只是知道自己的優勢，設法「多加發揮」，就像對一隻想從懸崖高處一處勾不到的蜂巢取蜜的熊說：「你只要設法多發揮一點熊的優勢就行了！」

對那些經營公司的朋友和同事，我要說一句話：不要再花錢做那些昂貴的優勢與性格評估，因為把人分門別類於事無補，應該專心投入，訓練同仁養成那些經過驗證、能夠幫助任何人提升表現的習慣。

好消息是，沒有人「天生」欠缺任何一種高成效習慣。高成效人士不是生來就具有一大堆優勢的幸運兒，他們不過是懂得運用我們討論的這些習慣，而且能夠比同儕更常運用而已。就是這樣，差別就在這裡。

所以，無論你外向或內向，屬於「內向／直覺／思考／判斷」（INTJ）型或「外向／感覺／情感／理解」（ESFP）型，是基督徒或無神論者，西班牙人或新加坡人，藝術家或工程師，經理或執行長，執行者或分析家，是《火星需要媽媽》（*Mars Needs Moms*）中的媽媽或火星人，這六種高成效習慣的每一種，都能在對你最關鍵的領域給你最大的幫助。整合在一起，它們能讓你在人生每一個重要領域的表現出現革命性提升。你不會生來就精於HP6，你得不斷努力培養。每當你投入新目標、案子或夢想時，你得好好運用它們。每當你發現自己未能充分發揮潛能，你需要把它們搬出來。每當你搞不清楚自己為什麼無法達標時，做一下「高成效指標」測驗，看看自己哪一種習慣表現不佳，設法改善就能解決問題。

這種刻意專注非常重要，特別也是因為它讓我們不再有那種有些人「自然而然」比其他人容易成功的迷思。回顧過去十多年，我們為許多精英人士服務，做了數不清的調查與專業評估，不曾見到高成效與性格、智商、天賦、創意、資歷、性別、種族、文化或酬勞有強大的相互關係。[10]在過去二十年有關神經學與正向心理學的研究中，研究人員已經開始注意到這件事，逐漸撇開「優勢」運動的舊理論。我們怎麼運用我們的天賦，遠比我們擁有什麼重要得多。你生來擅長什麼不重要，重要的是你怎麼觀察世界、開發自我、領導他人、不畏艱難取得成果。

我們都見過生來擁有一手好牌——出身名門富貴、性格好、有創意——卻成不了功的人。許多人坐領高薪但表現普普。隨便找一家做過團隊優勢評估的組織，員工一定都認識許多了解自身優勢，甚至從事的也是與優勢高度相關工作的同事，表現仍然不佳。不管多麼世界一流的公司、企業文化有多好，一定都有高成效與低成效員工之分。為什麼？因為高成效與特定人物類型無關，也與贏得遺傳樂透大獎、你工作了多久、你的膚色、多少人支持你、你的薪酬多少無關，重點在於你能夠控制的績效習慣。

這些發現一定足夠發你深省，因為太多人用這些因素當作藉口，說明表現何以不佳。想想看，你是否經常聽到這樣的話：

- 「我的個性就不是這樣。我缺乏外向、直覺、魅力、開放、認真……這些東西。」
- 「我就是不夠聰明。」
- 「我就是少了他們有的那些天賦，生來就不擅長那個。我沒有足夠優勢。」
- 「我不是右腦思考的人。」
- 「我的經驗不夠。」
- 「我只是個女人／黑人／拉美裔人／中年白人／移民……，所以不會成功的。」
- 「公司文化不支持我。」
- 「如果他們支付我應得薪酬，我的表現會好得多。」

是時候認清，這些不過是為表現平庸，特別是為長期表現不佳卸責的藉口。當然，我並不是說與生俱來的因素一點也不重要，有強大證據證明它們很重要，特別是在兒童發展期間尤其重要，而且許多這類因素能夠對你成年以後的脾氣、行為、選擇、健康與人際關係構成極大影響。（如果你想從學術角度，進一步了解何以這些因素雖然重要，但對長期成功的影響沒有大多數人想的那麼重要，請瀏覽我們在HighPerformanceInstitute.com/research發表的論文。）

領導人應該注意：專心經營我舉例的任何因素，無法幫助你的員工精進多少，這些因素很難詳細定義、有效管理或改善。比方說，假設你帶領團隊推動一件案子，其中有名成員表現很差，試想你得走過去，對那個人說下列這些話，場面會有多可笑？

「只要你能為我們改善你的個性……」

「只要你能為我們提升你的智商……」

「只要你能修正一下你的天賦……」

「只要你能更右腦思考……」

「只要你能有比現在多五年的經驗……」

「只要你能是亞洲人／黑人／白人／男人／女人……」

「只要你能迅速改善一下這裡的文化……」

「只要能讓你多領一些酬勞，幫助你增加生產力……」

我想，你應該了解我的意思了。上述這些，都不是可以專心經營、真正有助於提升成效的主要因素。

如果你準備投入改善你或團隊的表現，從HP6著手準錯不了。

水漲船高——一種習慣提升整體表現

我們喜歡將HP6稱為「統合習慣」（meta-habits），因為它們能將人生其他良好的生活習慣湊攏在適當位子。由於追求清晰，你會養成一種問問題、深入問題內部探討、觀察行為、評估是否走在正道上的習慣。由於重視激發活力，你會讓自己獲得適足休息、吃得更健康、更勤加運動，以此類推其他四種習慣。

對HP6的研究，為我們帶來的一大驚喜是，無論在任何領域的每一項改善，都能改善其他領域。換句話說，如果你加強清晰，可能會發現你在活力、必要性、生產力、勇氣與影響力方面也改善了。我們的分析也顯示，雖然在一種習慣上拿高分的人，一般都能在其他習慣上也拿到高分，但是每一種習慣都能讓他們在整體表現上增加一些優勢。只須改善一種習慣，你就能夠提升你的成效。

我們的發現還有另一項驚喜是，這六種習慣都能帶來整體福祉。也就是說，只須提升其中任何一種習慣的表現，你就更可能享有幸福人生。也因此，總加在一起，HP6不僅能夠有效預言你能否成為高成效人士，還是你的人生是否幸福美滿的有力指標。

那麼，有「高成效心態」嗎？

「狂喜是一種對人生完整、深入的參與。」
——約翰・羅威爾（John Lovell）

人們經常問我，有沒有一種特定「狀態」，能讓他們取得長期勝利？嗯，就定義而言，情緒與心理狀態不能持久，它們稍縱即逝、變化多端。習性能夠維持得久一點，習慣保持得最久，我們專注於習慣，原因就在這裡。

我認為，問這話的人真正想問的是：「我在表現優異時，會有什麼樣的感覺？我得知道這種感覺，才能用逆向工程進行複製。」

我可以用數據回答這個問題。在對三萬多名高成效人士的調查數據進行的關鍵字分析中，我們發現一個很明確的現象：在討論表現優異帶給他們的感覺時，人們都說他們感覺全面參與、喜悅、有自信（按照這個先後次序）。

這表示，他們一般都能全面投入正在做的事，也喜歡做那些事，充滿信心，相信自己有能力解決問題。

在討論表現優異帶給他們的感覺時，人們最常用的詞是「決心」（determination）、「專注」（focus）、「意向」（intention）、「刻意」（deliberateness）與「認真盡責」（conscientiousness），另外也常表示他們感覺「有目的」（purposefulness）與「心流」（flow）。〔在我們的調查中，「出神入化」（in the zone）不在選項內，因為它是一個片語，不是字詞，但這是受訪者最常使用的描述。〕

你現在應該清楚了。請開始全心全意投入當下，你會開始更加喜悅，開始更有信心。這些事不但能夠讓你感覺更好，還能夠幫助你表現得更好。

不過，適用於「優勢」的那些警告，同樣適用於「心態」：若沒有有效的習慣是不夠的。

測試HP6

我憑藉HP6完成許多人生要事，現在它們成為我面對任何新情勢時的標準作業系統。我在專業職涯中一再運用，效果非常驚人，眾所周知。

這本書討論的習慣與概念，除了我本人，還為我們數以萬計學員的人生帶來明顯改善。學員們在參加線上課程、現場講習與教練課程前後，都會接受我們的高成效指數評估。看到明確數據顯示他們正在改善人生，他們都很高興。我們不斷見到學員大幅提升整體高成效評分（與整體人生福祉）。我們也在組織裡運用高成效指標，幫助組織找出員工與團隊應該專心投入的成長方向。

透過對客戶的教練課程，我們看到輝煌的成果。獨立機構「高成效認證教練」（Certified High Performance Coaches™）總計超過三千小時的教練經驗顯示，無須幾年，只要幾週時間，人們可以在許多人生領域顯著改變行為，擁有更高成效的表現。

這絕對不是說高成效習慣是應付人生一切挑戰的萬靈丹。身為高成效教練與研究人員的我，在過去十年找到不少與HP6論點不符的證據，我樂意在此與你分享這點。在探討相關反證的過程中，我們尋找那些儘管養成本書所談的六種習慣，仍然表現不佳的人。這世上有沒有人積極追求清晰、激發活力、提高必要性、增加生產力、發展影響力、展現勇氣，結果仍然表現不佳，甚至失敗？雖然我沒有見過這樣的人，但常識告訴我們，凡事必有例外。是否有人少了其中一種習慣，仍然成功？比方說，有沒有人非常成功，但欠缺清晰？當然有。有沒有人沒有勇氣，也仍然成功？毫無疑問，世上就有不少這樣的人。不過要記住，我們這裡談的不是初步成功，是長期成功。如果你有過長一段時間欠缺HP6的任何一種習慣，你的高成效評分（與幸福評分）很可能下降。你的表現不可能像你應有的那樣有效而傑出。

有人說，我們對高成效習慣的描述，或在高成效指標中使用的陳述過於模糊，隨便怎麼解釋都可以。當然，這是在描述人類行為時永遠得冒的險。如果我們說某人「有勇氣」、「有創意」、「外向」或「奮力保持專注」，難免有人加以批判，說這樣的描述過於模糊或空泛。但這並不表示我們沒有設法定義、衡量，向人們傳授解釋。研究人類心理是一件難得精確的工作，如果它能夠幫助我們了解高成效的原因，這件工作值得做。我們現在能做的，就是運用現有雖不精確、但經過驗證的工具不斷鑽研，設法描繪與高成效真正息息相關的那些陳述與習慣，這就是我們一直在做的工作。

除了積極尋找針對我們本身假定的反證，為了克服自述可能導致的偏頗，我們也進行查證，檢驗初步調查中受訪者所說的話，在真實生活中是否屬實。為了進行這項查證，我們以隨機方式對這些受訪者進行訪談，與客觀業績比對，並且尋求同儕反饋。大體而言，我們發現接受初步調查的受訪者都能坦誠答問，因為他們也想要精確評估他們的現況，想要知道他們可以在哪些領域尋求改善。我們也在許多調查中納入逆向陳述與評分，檢驗答覆的真實性。

就像任何研究人員一樣，我也永遠對新證據敞開大門。在我看來，所有的發現，包括這本書中的發現，都不過是了解人類與人類運作的漫漫旅途中的小小一步。容我提醒你，我不是心理學者、心理醫師、神經學者、生物學者，也沒有任何「學家」、「學者」的學術頭銜。我是專業高成效教練與訓練師，我拿人薪酬，幫人創造成果，不靠理論或空談。這一切難免導致我只重成果的偏見，而且雖然我有幸成為全球最高薪、追隨者最多的高成效教練，但就像任何針對如此規模、如此複雜的主題發抒己見的作者一樣，我難免有錯。面對高成效的議題，我還有許多有待學習之處，這個領域仍有太多未經探勘的地方。精神病、兒時經驗、社會經濟與神經生物學因素，對這些習慣的形成與持續有什麼影響？在這些習慣中，哪些習慣對於特定產業、職涯或教育水準影響最大？

閱讀這本書的同時，我請你對自己提出疑問，也質疑我的假設。我在我們發表的論文中，公開呼籲進一步測試我們的構想，我同樣樂於聽到你的反饋。我和團隊每天都設法更深入了解這個主題，這是我的終身職志，我很樂意聽到哪些對你管用、哪些對你不管用。此外，無論你是否同意本書論點，我只想建議你一件事：保留那些對你管用的部分，捨棄其他沒用的做法。

自我測試

HP6對你的成果，是不是像我們在研究、訓練與教練過程中見到的那麼巨大？我非常樂意與你一起測試。所以，我要再次邀請你評估這些習慣的效率，假設你還沒有遵照我在前言提出的建議，在你繼續讀下去以前，請你先做HPI評估。只要幾分鐘的時間，上HighPerformanceIndicator.com就能在線上免費試驗。它會針對這六種習慣為你一一評分，不必擔心「被貼標籤」的問題。請花點時間接受這項測驗，現在就做。別忘了輸入你的email地址，這樣我才能給你一個連結，讓你七到十週再接受一次評估——從現在起到接受另一次評估的這段時間，請你繼續讀這本書，看你在接受評估後收到的影音，這樣你就有了改善成效需要的工具。不用幾週，你就能從你本身對這項評估的反應中，知道這件事可能對你的人生產生多麼重要的影響。

我們從研究成果確定一件事：永遠不要因為擔心自己「不是那塊料」而不敢逐夢、不敢攀高。高成效所以出現，是因為你持續不斷刻意思考與行動，讓自己能夠更上一層樓。因為你肯自我挑戰、養成好習慣，你感到充滿活力，察覺自己的全部潛能。

在我的老家蒙大拿州，我們有這樣一句話：「看地圖是在進入森林之前。」無須多久，你會遇上充滿不確定性、迫切需要你表現優異的情勢。在那天到來以前，請你閱讀這本書，養成這六種高成效習慣。這是你需要的地圖，能夠帶你穿越人生密林，攀上最高峰。在下一章，我們要在地圖上畫一個X，釐清你是誰，你要在這個人生階段往哪裡去。

第一部

個人習慣

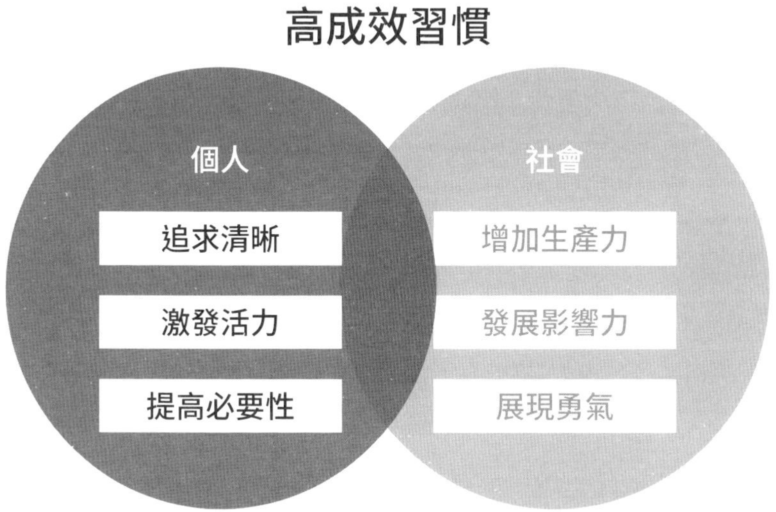
高成效習慣
個人
追求清晰
激發活力
提高必要性
社會
增加生產力
發展影響力
展現勇氣

高成效習慣＃1

追求清晰

「想法不夠清楚，你只是單純用聲音與人溝通。」
——馬友友，世界知名大提琴家

展望高成效的未來四大領域

決定你要的感覺

決定什麼對你有意義

凱蒂坐在我面前，哭得很傷心，她是那種「天之驕女」型的人物。

她在一家產業龍頭管理數千名員工，擁有數十年的經驗，是一位為人景仰的領導人。由於她的公司獲利頗豐，她的六位數美元年薪幾乎是同行一般薪酬的一倍，但她從不以此驕人。除了談她的團隊，她從不自誇。她非常以她的團隊為傲，總是誇他們如何努力工作，如何彼此支援。

無論凱蒂說什麼，你會感覺到她真的很重視你。她有一種難以言喻的優雅，每當我見到她走進來，我就想到一句話：「這世上有兩種人。一種人走進房間會說：『我來了！』，另一種人走進房間會說：『喔，你來了！』」

凱蒂育有三名子女。她的母親在凱蒂十五歲那年因癌症去逝，因此她非常珍視與子女相處。不久前，凱蒂再獲晉升，所以她先生麥克辭了工作在家帶孩子。他們很高興能有更多時間共處。

凱蒂聘請我當她的教練，為了讓我們彼此進一步了解，她邀我去她位於郊區的家吃烤肉。我在一個陽光明媚的下午來到她家，不出幾分鐘，我已經和她的四位友人在廚房裡喝葡萄酒聊了起來。我問她們是怎麼認識凱蒂的？會如何形容凱蒂？她們說，她是「一位了不起的人物」，「樂善好施」，「你會希望自己能像她一樣」，說她是「令人自嘆不如的成功人物。」其中一人說，凱蒂什麼事都親力親為，你需要她的時候，她一定幫你。還有一人說，她始終搞不懂凱蒂怎麼能做那麼多事，竟然還能維持姣好身材，穿下緊身運動服「露露檸檬」（Lululemon），另外三位友人聽了這話也不斷點頭，像教堂會眾一樣齊聲附和。

隔一會兒，凱蒂邀我到她的居家辦公室談天。落地大窗讓整個房間生趣盎然，透過一扇通往露台的落地玻璃門，我看到麥克正在後院準備烤肉。

凱蒂似乎興致很好。我隨即談到她的友人如何如何對她推崇有加。突然間，她有些語帶哽咽。她說友人這些話她愧不敢當，隨即眼眶泛紅，轉頭凝望遠方，開始出神。

我經常碰到這種情況，於是我幽了她一默，問她：「是不是有什麼隱情啊？還是妳其實不喜歡她們？」「什麼？」她困惑地問，但立即發現我在開她玩笑，於是笑道：「哪是！我只是一時有些激動。」

「我看得出來。怎麼了？」

她望向窗外，看著後院中她的先生與友人。她努力整理情緒，坐直了身子，用手背擦著淚。「我朋友的那些讚美對我很重要，布蘭登。我很高興你能夠見到她們和麥克，」她說著說著，聲音又變了，淚水開始不斷流下。隨後，她再次望向窗外，搖頭說道：「對不起，我的人生現在亂成一團糟。」

「一團糟？」我問。

她點點頭，擦去淚水，再次坐直了身。「我知道，這麼說很傻。『喔！可憐的我。』對嗎？那個女人有一份好工作、好家庭卻不快樂，這聽起來就像是很爛的連續劇劇情。我知道你來這裡不是來做心理治療的。當你覺得自己好像過得還不錯，大家都仰頭望著你，實在也很難再抱怨什麼。我請你來，為的正是這個。雖然沒人發現，但是我非常掙扎。我不要你或任何人為我難過，也不要你告訴我，我不是一團糟，因為我的朋友都這麼說。讓我把這些話吐出來對我有好處。我知道我做得很好，但有些事情不對勁。」

「告訴我，是什麼事情不對勁？」

她深吸一口氣說：「你曾否有一種感覺，覺得自己每天庸庸碌碌、渾渾噩噩過日子，或許已經過得太久了？」

我心想，無論是誰，「庸庸碌碌、渾渾噩噩過日子」的時間，難道還有適當的長短？不過我沒有說出口，因為她問的是，我是否有過那種感覺？人們面對情緒掙扎時，經常將情勢外在化，問別人問題，不是深入反思問題根源。

「這是你的感覺嗎，凱蒂？妳正在經歷這樣一段日子？」

「我想是的。」

我傾前身軀。「妳怎麼解釋這兩件事：渾渾噩噩過日子與覺得自己亂成一團糟？」

她躊躇了。「我不是很清楚，所以我才要聽聽你的意見。事情實在太雜太亂，我感覺自己每天都在瞎忙，事情永遠都做不完，這讓我有一團糟的感覺。但是，我很懂我這一行，我可以處理一切。我覺得每天過得渾渾噩噩，所有這些混亂都幾乎成了⋯⋯例行公事。許多事情發生，但我沒有沉溺。我只是感覺沮喪，同時覺得疲憊不堪而已。這合理嗎？」

「合理。妳怎麼處理這些感覺呢？」

凱蒂露出茫然的表情，望著窗外。「問題就在這裡，我不知道我是否在處理這個問題。你知道嗎？我做了一切大家認為我該做的事。他們說，要陪伴家人、要愛家人，我盡力做了。每一天，我都努力對孩子好，對麥克好。他們說要有效率，我一直都擬訂待辦事項清單、計畫、檢查表，保持效率。我把工作做得很好。他們說工作要有熱忱，我很有熱忱。他們說要堅持不懈、要有韌性，我一直都是這樣。我的職涯一路走來，通過太多性別歧視考驗。我很高興沒有人必須為我難過，但我就是不知道，布蘭登……」

「我認為妳知道，告訴我。」

她靠向椅背，兩肩沉了下來，喝了一小口酒，更多淚水奪眶而出。

「在這庸庸碌碌、渾渾噩噩、努力做好一切的日子中，我開始有一種斷線的感覺。一種……失落感。」

我點點頭，等著幾乎一定會出現的下文。

「我就是不知道我還要什麼了。」

我想，你一定認識許多像凱蒂這樣的人——認真工作、聰明、能幹、關愛他人。像許多成功人士一樣，她有一張目標清單，而且完成了清單上大多數的目標。但事實真相是，她不知道怎麼做，才能讓她的人生再次充滿活力。

若是不能夠立刻改變習慣，她會陷入困境。但這不是說她會突然嚴重失常，身心耗竭。高成就者在現實生活中陷入掙扎時，和電視上演的不一樣，不會出現什麼嚴重的生存兩難或中年危機，迫使他們一瞬間放棄一切，他們也不會因為一個瘋狂週末毀了事業或感情生活。

高成就人士不會這樣。當他們陷於掙扎時，特別是當他們不確定自己要的是什麼時，一般會像好士兵一樣勇往直前。他們不願把事情搞砸，不敢驟然改變，因為現實狀況是他們做得不錯。他們不願意就這樣放下自己費盡千辛萬苦取得的這一切。他們不願意後退、鬆懈，不願意被同儕或競爭對手趕上。

他們憑直覺知道，還有另一個層次、不同品質的人生在等著他們，但內心深處充滿狐疑，不知道應不應該改變運作得不錯的現況。對事業有成的人來說，改進一件不好的事不難，但設法改變一件好事？這種念頭令他們想到都害怕。

由於不能確定自己究竟要什麼，成功人士經常選擇保持現狀。但在若干點上，如果他們不確定自己是誰、在人生的這個階段要的是什麼，事情便開始逐漸亂套。一開始，他們的表現縱然有些微下挫但不明顯。他們開始覺得事情有些不對勁，於是略微縮手，這不表示他們對人生出現不滿。他們會說：「我對許多事物很感恩」，但問題不在於他們應該對外在事物感恩，問題在於他們的內心出現狀況。就像凱蒂一樣，儘管日子過得很好，他們感到沮喪、感到不安。

他們開始擔心，「或許我還沒有找到我真正要的東西」，儘管他們已經在那些東西投入那麼多心血。當經過一整天奮戰，辦公室的燈終於熄滅時，在連續幾週苦工，終於得到片刻寧靜時，他們內心的掙扎，開始讓他們對現實質疑。

- 我把人生搞得這麼忙碌，真的值得嗎？
- 在人生現階段，對我的家人和我而言，現在這個方向正確嗎？
- 如果我請個假，或許休息幾個月，學點新東西或嘗試新方向，我會就這樣落伍、被人超前嗎？
- 日子過得這麼好，如果我還想要嘗試新的，大家會以為我瘋了嗎？我是不是太笨或不知感恩？
- 我現在已經繃得那麼緊，真的還能做更多嗎？
- 我真的那麼有本事，能夠再上一層樓嗎？
- 為什麼我開始覺得這麼心不在焉？
- 為什麼我覺得我的人際關係有點不對勁？
- 為什麼我會在人生這個點上，信心缺缺？

這類問題若一直得不到答案，時間一久，心緒開始不安。像凱蒂這樣的人，就會開始回顧她登過的那些山頂，擔心是不是她登了太多錯誤的山頭。她發現，可以成就的事未必都是重要的事。很快，日常的工作動機減退了，他們開始覺得無法發揮或沒有成就感。他們開始專心保護他們的成功，不是另圖進取。無論什麼事，似乎都已不再能夠引起他們的興趣。

但一開始，沒有人察覺情況有異，因為高成就人士仍然很行。當然，他們不再像過去那樣充滿熱情，但至少他們的家人與工作夥伴依舊開心如常（或許只是因為沒有察覺）。

凱蒂發現，她已經陷入這樣的情勢。沒有人知道她「心裡亂成一團糟」，但她揮不開這樣的感覺。最後，這種不滿情緒擴散進入家庭或職場，其他人開始發現異狀。他們的失望情緒開始對家人或同事造成衝擊。他們開始不參加會議、不接電話，無法如期交出成果。他們貢獻的好點子愈來愈少。打電話找他們，得不到回覆。他們自己與身邊的人都心知肚明：他們已經陷入那種渾渾噩噩的深淵。興奮、喜悅與自信的感覺已經消逝，表現也每況愈下。

如果你對這樣的狀況有似曾相識之感，這一章可以幫你重整旗鼓。如果讀到這裡不能引起你的共鳴，或許是因為你還沒有碰上那道障礙。這是好消息，讓我們設法讓你永遠也不必碰上那道障礙。

清晰的基本要件

「感覺很清楚明白，就好像你突然間體驗到全部的本質，脫口而出：對，就是這樣。」

——杜斯妥也夫斯基（Fyodor Dostoyevsky），俄國文豪

這一章的重點是尋求人生的清晰，要討論的是你應該怎麼思考明天，應該怎麼做才能與攸關今天的要事保持連結。追求清晰的基本習慣，能夠幫助高成效人士長期不斷投入、成長、實現。

我們的研究顯示，與同儕相比，高成效人士更清楚他們是誰、他們要什麼、怎麼得到他們要的，以及他們認為有意義的事、願意完成的又是什麼。我們發現，如果能夠提升一個人的清晰度，就能夠提升這個人的整體高成效評分。

無論你的人生清晰度是高是低都不必煩惱，因為你可以學習如何提升。清晰不是一種有些人生來就有、有些人沒有的性格特質。就像發電廠並不「擁有」能、只是轉換能一樣，你也不「擁有」任何特定現實，你創造你的人生現實。基於同樣的思考模式，你並不「擁有」清晰，你「創造」清晰。

所以，不要指望你靈機一動，就會發現下一步該怎麼走。想要創造清晰，你得不斷問問題、做研究、嘗試新事物，發掘人生機會，尋找適合你的東西。有一天你走在路上，突然一個東西從天而降，砸到你的頭，從此你能看清一切，這是神話。清晰是仔細思考與努力實驗的成果，想提升清晰，你得不斷自問問題，進一步精煉你的人生觀。

有關清晰的研究告訴我們，成功的人知道某些基本問題的答案：我是誰？（我珍惜什麼？我的優勢與弱點是什麼？）我的目標是什麼？我的計畫是什麼？這些問題或許看起來很基本，但知道這些問題的答案對你的人生影響之深，會讓你稱奇。

認清你是誰與整體自尊息息相關；也就是說，你對自己的感覺是否正向，與你對自己的認識有多深很有關係。反之，自我認識不清與神經質及負面情緒大有關係。[1]

自我了解所以是初步成功的關鍵原因就在這裡。你必須知道你是誰，你的價值觀是什麼，你的優勢與弱點是什麼，你準備往哪裡去。這類知識讓你對自己、對人生產生較好的感覺。

其次，你需要很明確、具有挑戰性的目標。數十年的研究顯示，特定而艱難的目標可以提升成效，至於這些目標是你自創，或是上級交付給你的並不重要。明確而需要奮力以求的目標，總是能讓我們精神抖擻，讓我們更喜悅、更有生產力、獲利更豐，對工作更滿意。[2]在你的每一個人生領域選擇艱難的目標，是邁向高成效的良好起點。

你還應該為你的目標訂定限期，否則你不會按計畫行事。研究顯示，為你的目標訂定一項特定計畫，讓你知道應該在什麼時間、什麼地點做什麼，能將你成功實現目標的機率至少提升一倍以上。[3]訂定明確的計畫，就像動機與意志力一樣重要。它還能幫你借鏡過去，以免重陷負面情緒——你愈是清晰，愈能完成工作，即使在你疲憊無力時也不例外。[4]

當你見到步驟清楚擺在眼前時，想要不予理會也難。我們的研究證明這一切屬實，在一項調查中，我們要求兩萬多人閱讀下列陳述，從1到5分為自己評分，1分表示「非常不同意」，5分表示「非常同意」。

- 我知道我是誰，我很清楚我的價值觀、我的優勢與弱點。

- 我知道我要什麼，我很清楚我的目標與熱情。
- 我知道怎麼取得我要的。我有一項完成夢想的計畫。

面對這類問題，得分愈高的人，整體高成效評分也愈高。高成效指標的數據並且顯示，清晰評分愈高的人很明顯愈有自信、愈果決，過得愈幸福。根據我們的調查，清晰評分愈高的人一般都表示他們的表現比同儕好，而且覺得他們能夠有所貢獻。舉例來說，清晰評分愈高的學生，GPA也愈高。也就是說，愈清楚了解他們的價值、目標與未來途徑的年輕人，GPA愈高。

當然，這些說法大多是常識，「了解你是誰、你要什麼」算不上什麼前沿建議，但它們禁得起考驗。你清楚自己對這些問題的想法嗎？如果不清楚，我們現在就開始了解吧。要做到並不難，只要針對這些主題，每天不斷思考或記錄想法就行了。但是現在，先讓我們專心探討這本書保證的事：為你帶來更進階的概念，幫助你提升成效。要做到這一點，先讓我們想想，凱蒂已經知道她是誰，幾十年來也不斷訂定、而且達成艱巨的目標。面對凱蒂這樣的人，你要說些什麼？

進階清晰談的是未來

「我遙望遠方，見到應許之地。」
——小馬丁・路德・金恩（Martin Luther King, Jr.），
美國民權運動領袖、諾貝爾和平獎得主

不久以前，我心想，不知道高成效人士是否有一種涉

及清晰的特定世界觀——關於他們自己、他們要什麼，以及怎麼得到他們要的。如果有，他們比大多數人清晰的又是些什麼？

為了尋找答案，我對高成效學員的談話進行分析，請教成就議題研究人員，並且與高成效認證教練討論什麼能讓他們的客戶享有優勢。我純粹以「清晰」為題，針對近百位接受我們調查時自許高成效人士的人進行訪談，向他們提出下列這類問題：

- 有哪些東西是你百分百確定，能夠幫助你表現超越同儕的？
- 為了讓自己能夠投入最重要的事物，你會專注於哪些東西？
- 有哪些東西讓你搞不清楚？它們對你的成效有何影響？
- 當你感到徬徨不安或不知何去何從時，你會做什麼？
- 如果你要向一個接受你指導的人傳授你的成功要訣，你會說什麼？
- 除了你創造的價值、優勢與計畫，你還知道其他什麼讓你成功的條件嗎？

在幾乎每一個關於他們是誰、他們要什麼的基本問題中，高成效人士都非常能夠專注於未來，非常清楚他們要怎麼做才能攀登高峰。他們不只知道自己是誰而已；事實上，他們很少注意他們目前的性格或偏好，而是會不斷思考他們要做什麼樣的人，以及怎麼做才能圓夢。他們不僅僅知道他們今天的優勢而已，還知道如果想要更上一層樓，就必須在今後數月或數年精通哪些更廣的技能組合。

他們不僅僅訂有在這一季達標的明確計畫，還擬有能讓他們繼續逐夢、包含未來各項計畫的清單。他們不僅僅思考怎麼做才能讓自己得到這個月要的，也以同樣專注的熱忱幫助他人，讓他們也能達到他們的人生與職涯目標。

這種「對未來的專注」，遠遠超越他們想當什麼人，或是他們如何達到自己與他人的期望。他們可以非常清楚描述，他們希望今後的工作能為他們帶來什麼感覺，同時清楚哪些狀況會破壞自己的熱情、滿足感與成長。

我們從相關研究中，找出幾項做法有助於養成這種進階清晰的特定習慣。

練習 1

展望高成效的未來四大領域

「做夢就要做得大，這樣你才會不斷逐夢，
有一天夢境才會成真。你保證有一天自己要像什麼樣，
這是你的前景；你預言有一天你要發現什麼，
這是你的理念。」
——詹姆斯・艾倫（James Allen），
19世紀勵志作家、個人發展始祖

高成效人士很清楚他們對自己的意圖，很清楚他們的社交世界、他們的技巧，以及他們對他人的服務。我稱這種「自我」、「社交」、「技能」與「服務」為「高成效的未來四大領域」（Future Four）。

自我

早在兩千四百多年前已經刻在希臘德爾斐神廟上的名句：「認識你自己」（Know thyself），是千古不變的箴言。但「認識你自己」與「想像你自己」有所不同。高成效人士很清楚自己，但不會就這樣駐足不前。[5]他們更關注的是如何將自己塑造成更強、更能幹的人，這是又一項重大差異：一是自省（introspection），一是意圖（intention）。

我們發現，與其他人相形之下，高成效人士更能輕鬆自在地暢談未來的自我。就技術面來說，這表示，當我問他們「如果你能描述你未來的理想自我，描述你希望自己有一天能夠成為的那個人，你會怎麼描述那個自我？」，他們一般都能有更快、思考更周到的答覆。

檢視我的訪談錄音，很明顯可以看出，高成效人士對這個問題的思考勝於其他人。在經過一番「嗯嗯……這是個好問題」之後，他們對問題的真正答覆來得比較快，平均比其他人快7到9秒。他們的答覆也比較不像其他人那樣不著邊際，當我要受訪者以三個字描述他們對自己未來的期許時，高成效人士能夠回答得較快，而且更有信心。[6]

無論對誰來說，想要非常清晰地描繪今後的自己，都不是件簡單的事。大多數人每年只會做一次——沒錯，只在跨年做一次——原因就在這裡。但高成效人士會花很多時間，思考他們期望的最佳自我，思考他們的理想未來。我曾與HPI得分最高與得分最低的各十位客戶訪談，發現得分最高的客戶每週用來思考對未來的自我期許，以及投入活動以實現這些自我期許的時間，比得分最低的客戶幾乎多了六十分鐘。如果你希望自己有一天當一個溝通大師，你不僅只是想像自己與他人談話的情景，還會花更多時間與人溝通。你會積極採取行動，展現你希望有一天能夠擁有的特質。

不過，這倒不是說高成效人士比其他人更加自省。許多人每週自我反省，算得上自我認知，但是成效不佳。許多人不斷自省，但這些思考大體上只是負面沉思。所以，不同之處就在於：高成效人士想像的是未來的一種正向的自己，而且會為了實現而積極投入。這個積極投入的部分很重要，他們不會等到下週或下個月再展現一種他們憧憬的特質，他們現在就要設法展現。

我想，你懂我的意思了。那麼，就讓我們在這項建議上，附加一些簡易可行的事吧——以更有意圖心的做法，處理你將來想成為什麼樣的人的問題。超越你的現況，想像你的遠景。想像你有一天會有多棒，然後今天就開始像那樣運作。這件事未必一定複雜，我在十九歲那年，掙扎著從一次嚴重車禍中重新站起來時，就靠三個用一個單字表達的簡單指令扭轉我的人生。前文曾經提過，或許你已經知道了，這三個指令是我在生死關頭學得的人生教訓，很簡單，就是：「live」（活著）、「love」（愛）、「matter」（緊要）。

這三個字成為我人生旅途中的清晰檢驗站。每天夜裡躺在床上，我總會在入夢前自問：「我今天活得充實嗎？我有愛嗎？我的所作所為緊要嗎？」二十幾年來，我每晚都會自問同樣問題。不瞞你說，面對這三個問題，有時我無法厚著臉皮說「是！」像所有人一樣，我也有走霉運的日子。不過，每當我能對這三個問題說「是」的那個晚上——當我很清楚自己在做什麼，知道自己沒有走岔路時——我總是能夠睡得特別好。這道簡單三問，是我這輩子做過、最讓我清楚了解自己的做法。直到今天，我仍然戴著一只刻有這三個英文字的手環。我不需要這只手環，我不需要繼續問這三個問題，但是我戴著它，繼續自問這三個問題，因為這麼做讓我清楚自己在做些什麼，讓我知道自己沒有走岔路。

這與我對凱蒂採取的做法類似。她的認同形成（identity-formation）做法已經停滯。

她有很長一段時間沒有思考更好版本的自己會是怎樣，因為她已經做得非常好。

所以，在一次教練課程中，我要她自我描述過去幾週她在不同場合——回到家陪孩子玩耍、在職場上簡報工作、與友人互動、與麥克約會——的生活。然後，我要她再描述一次，但這次我要她想像日後她做得比現在更好時的生活。她發現，過去幾週的她，與她期盼中幾年以後的她不一樣。對任何人來說，這一招都有將人喚醒的功效。

接下來，我要她找出三個最有抱負、最能夠描繪她的未來自我的英文單字。她找出的三個英文單字是「alive」（有活力）、「playful」（有樂趣）與「grateful」（感恩）。她的描述或她找出的關鍵字，都與她最近那種「渾渾噩噩過日子」的感覺大不相同。這套做法很簡單，但是幫助她再一次張大了眼。有時，簡單的思考過程，能夠幫助我們重新聚焦。凱蒂大體上很有自信，問題出在她已經停了下來，不再想像自己今後的成長目標了。這使她受到傷害：沒有遠景，沒有熱情。因此，我要她把她找出的那三個關鍵字輸入手機，作為提醒標示，每天響三次。凱蒂的手機每天會響三次，讓她看到那三個關鍵字，提醒她不忘對未來的憧憬。

現在，輪到你了。

1. 請你自我描述過去幾個月處於下列情景中的你——與你的另一半，在職場上，與孩子或團隊在一起，與陌生人在社交場合。
2. 請你自問：「這個人真的是我期待中的未來的自己嗎？」我的未來自我的外觀、感覺與行為，應該與我之前描述的那些情景有何不同？
3. 如果你可以用三個最有抱負的字詞——最能夠代表你心目中最好的未來自我形象的字詞——自我描述，會是哪三個字詞？為什麼這些字詞對你有意義？想好這三個字詞以後，把它們輸入你的手機，提醒自己，每天響個幾次。

社交

高成效人士對如何待人也有明確的意圖。他們具有高度情境意識與社交智慧，這有助於他們成功、領導他人。[7] 在每一種關鍵場合中，他們知道自己要當什麼樣的人，知道如何與他人互動。

如果這聽起來像是常識，且讓我們看看是否是你的日常生活實踐：

- 上次會議你在準備開會時，是否事先想過你在會後打算如何與與會人士互動？
- 上次在你打電話交談之前，是否想過用什麼樣的語氣和對方溝通？
- 上次你和另一半或朋友晚上一起出去之前，是否想過要把場面弄得多熱？
- 上次在你處理衝突時，是否想過你的價值觀，想過當你跟對方交談時，要如何好好表達你的想法？
- 你是否真正想過要如何當個好聽眾？如何激發他人的正向情緒？如何成為良好的模範？

這類問題或許可以幫你自省一下，衡量你的意圖層面。

我發現，高成效人士還經常在即將與人互動之前，自問一些基本問題，大致如下：

- 在這個場合，我該怎麼做，才能成為一個用意良善的人或好的領導人？
- 對方可能會有什麼需求？
- 我要用什麼態度或語氣面對？

我也發現一些更有趣的事。在要他們選幾個字，描述他們與他人的最佳互動時，高成效人士最常選用的幾個英文字是：「thoughtful」（考慮周到）、「appreciative」（感激）、「respectful」（尊重）、「open」（開放）、「honest」（誠懇殷實）、「empathetic」（具同理心）、「loving」（仁愛）、「caring」（關懷）、「kind」（親切）、「present」（當下）與「fair」（公正）。要他們選幾個字，描述他們希望別人如何看待自己，高成效人士最希望獲得的是「尊敬」和「賞識」。

在與高成效人士的談話中，「尊敬」這個議題出現得特別頻繁。他們希望獲得他人尊敬，也喜歡向他人表示敬意，這件事在人生的所有領域對他們來說都很重要，包括在家裡。對美國兩百對結婚至少四十年、生活仍然美滿的夫婦進行的一項實地研究發現，這些夫婦的頭號價值觀與優勢就是尊敬。[8]導致離婚的四大惡行——吹毛求疵、防衛心強、蔑視、故意冷落，就是因為容易讓人感覺遭到貶抑或不受尊重，往往感覺被冒犯。[9]

所有高成效人士顯然都具備的一項特色是，他們預期正向的社交互動，並且不斷努力創造這樣的氛圍。

這是一種普世性發現：當高成效人士與他人互動，不會讓事情自動進展，他們有意圖，這使得他們的表現不斷改善。

展望未來，他們顯然也對社交生活有遠大憧憬。他們想到希望人們記憶中的他們會是什麼樣子，他們想到自己的性格特質與傳承。高成效人士遙望遠方，超越今天，超越這次會議，超越這個月的待辦事項。他們不斷想著，「我希望我愛的、我服務的那些人，有一天會怎麼記得我？」

與凱蒂一起工作，你會很清楚發現，她非常珍惜、非常愛她的家人。但是，她也知道自己要處理的事情太多，不能如願時時陪著家人。她曾經說過：「我覺得我應該給他們更多，但我不知道我有沒有那麼多可以給。」你知道這件事的問題出在哪裡嗎？當你一整天從早忙到晚，感到筋疲力盡時，你不會想到未來，你沒有餘裕，你只能先想著要怎麼活過今天。就這樣，你開始失去明天如何好好與家人、團隊互動的明確意圖。

對力圖進取的人來說，這是一種常見的掙扎，他們想要成為更好的另一半與父母，又感覺自己繃得太緊了。他們犯了凱蒂犯的同樣錯誤——她不斷想著，她需要更多時間，才能當個好母親和好妻子。她心想：我總有一天能夠稱職當個好媽媽，陪著我的孩子，能夠稱職當個好太太，陪著我的先生。但你我都心知肚明，所謂「總有一天」，其實就是「永遠不可能」。為了幫助凱蒂改善她的關係，我要她事先想像她打算如何與他人互動，然後每天依計行事。她不需要更多時間，不需要多等一天，這種問題與「量」無關、與「質」有關，重質不重量。於是，我要求凱蒂嘗試下列活動，我建議你也試試：

1. 寫下你最親密的家人與團隊成員的名字。
2. 想像二十年後，他們每個人都在描述他們為什麼愛你、尊敬你。如果每個人都可以用三個字詞概述他們與你的互動，你希望這三個字詞是什麼？
3. 下次當你和他們在一起時，請把你們共處的這段時間，視為展現這三種特質的機會。把這些字詞視為你的目標，努力展現這些特質。請你挑戰自己，現在就成為這樣的人，這能讓你的人際關係再次充滿活力。

我一再告訴凱蒂：只要擁有明確而且必須遵守的意圖，就算想要「渾渾噩噩過日子」也幾乎不可能。

技能

我們也發現，高成效人士非常清楚自己需要哪些「現在培養、未來勝出」的技能。當你問他們：「你正在努力發展哪三項能讓你明年更成功的技能？」，他們不會一臉茫然、無法回應。

當我與《財富》500大的高級主管共事時，我要他們打開行事曆，討論他們今後幾天、幾週、幾個月的計畫。我發現，與他們那些「高成效指標」得分較低的同儕相比，得分較高的主管計畫將未來更多時間用於學習。他們會在這裡撥出一個小時接受線上訓練，在那裡撥出一個小時接受主管教練，另外再找點時間閱讀、找點時間練習嗜好，例如：鋼琴、語言、烹飪等。他們為自己訂定課程，積極投入學習。能將時間做這樣的切割運用，證明他們很想發展特定技能。線上訓練的授課內容可能是如何編碼、如何提升理財技巧；主管教練的課程主題可能是發展聆聽技巧；他們閱讀的書籍主題是他們想要學習的技能，可能是策略、開會技巧或故事發展能力等；他們對嗜好的投入也很認真，不是只為了消遣，也為了積極發展技能。

還有一項重大差別：高成效人士會努力提升我所謂的「主要興趣領域」（primary field of interest, PFI）。他們不是漫無目的的學習者，會專心投入自己熱衷的領域，訂定計畫發展這些領域的技巧。如果他們「喜愛音樂」，他們會找出自己想學的音樂類別，然後學習。主要興趣領域是特定的，他們不會只說自己「喜愛音樂」，然後什麼都想學，又玩吉他，又加入管弦樂團，又搞band，什麼都想嘗試。他們可能會選一種五弦吉他，找位專業的音樂老師，抽空練習琴藝，而不是偶爾沒事才拿起琴來把玩一番。換言之，他們知道自己的熱情所在，並且會撥出時間練習技巧，將這些熱情轉化為技藝。也就是說，高成效人士對學習的做法走專才，不走通才。

讀到這裡，你對我的工作應該有了若干了解，我就用我的職涯發展為例。一開始，我在一家全球性顧問公司擔任變革管理分析師。在上工後最初六個月，我就像大多數的同事一樣，以一種全科性做法面對我的工作。我設法學習關於這家公司、我的客戶、這個世界的一切。當你很菜，就得這樣做。

很快地，我發現這家公司的許多高級主管，都有特定的專業領域。如果想在這家公司八萬多名員工中嶄露頭角，我得盡快學得一技之長才行。於是，我選擇我在碩士班主修的「領導」，特別鑽研如何為領導人與團隊建立課程的技巧。「領導」是我的「主要興趣領域」；「組建課程」是我的「技能」。我要求負責或創辦相關項目，我的職涯開始一飛沖天。

當我離開公司，成為專業作者與訓練師時，我做了類似的決定。我將「個人發展」當作我的主要興趣領域，但是成千上萬的作者、部落客、講師和訓練師同樣如此，我該怎麼做才能與眾不同？我發現，我這些同行大多數最欠缺的，不是與他們的發展主題相關的專業技巧，而是行銷能力，我也一樣。個人發展一直都是我的熱情所在，我也將大部分的私人閱讀時間花在心理學、神經學、社會學與行為經濟學的研究上，這些課題讓我心嚮往之。但是，我不需要再設法多花一點時間在那些方面，我需要更專心打造我的品牌。所以，我做出一項巨大的改變：我將行銷做為我的主要興趣領域。

對我來說，這是一項關鍵重大的決定，因為我在行銷這個領域，完全沒有一點天賦、技巧、優勢或背景。但我認為，想在我這一行出人頭地，敲開成功之門的關鍵就在行銷，於是我開始鑽研技巧。不過，我不是用通才方式投入研究所有行銷技巧，而是聚焦於電子郵件行銷與影音製作。我去上關於這些主題的線上課程、參加研討會，還請了一位教練。我的行事曆上都是培養這兩種技能的排程，前後十八個月時間，我幾乎全部精力投入學習與電子郵件行銷與影音製作相關的東西。特別是，我學會運用電子郵件，學會每週向訂戶發新聞信，讓他們上我的網站觀看訓練影片。我還學會如何把我所有的影片放進一個線上會員專區，向進入這個專區的人收費。

十八個月後，我發現我已經成功打響線上教育先驅的名號，數以千計的人報名參加我的線上課程，有些課程收費超過一千美元。許多同行認為我是在變魔術，認為我是線上教育天才，都不是，我只是展望未來，找出怎麼做才能在今後幾年在這個產業取勝，然後調整我的行動、發展取勝所需要的技巧，如此而已。道理真的很簡單，但是威力強大：

展望未來
找出關鍵技能
極力發展這些技能

道理聽起來雖然簡單，但在這個處處讓我們眼花撩亂、事事讓我們消極被動的世界，已經成為一種不傳祕技。我們很容易忘了幫自己的人生安排課程，就算是最一流的頂尖人才也不例外。我記得有一次有幸為歐普拉與她的主管團隊做講習，主題就是這種高成效人士為自己打造課程的概念。我還記得，在講習課程結束後，歐普拉團隊挑出我說的一句話，作為講習總結：「如果你放任你的成長自生自滅，你永遠只能活得平庸。」

我希望這段討論的重點很明確：無論你現在的績效表現是高是低，你必須認清你的主要興趣領域與達到下階段成功所需要的技巧，這必須是你的優先要務。

重新燃起你的熱情，想好要怎麼發展更多相關技能，讓你扭轉乾坤、反敗為勝。凱蒂只要能做到這一點，自然能夠將那種渾渾噩噩的感覺一掃而空。我們花了一些時間討論她如果想在今後十年取勝，需要在主要興趣領域上做些什麼，發現她可以學一些與她的產業相關的新技能。她報名參加了幾個課程，找到一位職場前輩幫助她學習，之後她發了這封email給我：

> 真的很神奇，在我的職涯的某個點上，我竟然會因為我太在行，忘了原來我那麼喜愛學習。我忽略了為迎向未來需要學習的東西，今天我完成一

項線上課程，這麼一件簡單的事為我帶來的成就感卻是難以言喻的，就像我從中學再畢業一次。學習打開我的心靈，我再次憧憬未來，對未來充滿樂觀。我不敢相信，只要選擇再次學習，就能改變我的感覺，事情竟然這麼簡單。

你也可以像凱蒂一樣，請你這麼做試試看：

1. 想想你的主要興趣領域，寫下讓該領域人士成功的三種技能。
2. 針對每一種技能，寫下你要做什麼來發展它。你需要閱讀、學習、找教練、受訓嗎？什麼時候？擬定計畫發展這些技能，在行事曆上記下來，持之以恆。
3. 接下來，想想你的主要興趣領域，寫下三種你想要五到十年後在該領域成功所需要的技能。換言之，請你設法想像未來，五到十年後，你可能會需要什麼新技能？請不斷關注這些技能，盡可能及早開始發展。

服務

對凱蒂來說，那種工作帶來的成就感，已經成為太久以前的往事。她喪失那種為他人服務的精神，開始覺得職場生活渾渾噩噩，原因就在這裡。儘管一切並無實質顯著變化，但她開始覺得自己每天只是庸庸碌碌、毫無意義瞎忙。明確地說，雖然凱蒂是一位十分傑出的領導人，確實盡心盡力為團隊服務、領導團隊，但她已經失去了與客戶的連結，而受她與她的團隊服務影響最大的正是這些客戶。

實際上，凱蒂已有多年未曾與任何客戶做過任何交談。她成為一家大公司的內部主管，遠離第一線，遠離他們服務的那些有血有肉的人。於是，她開始每個月拜訪一次客戶，親自傾聽他們的心聲，詢問他們今後對他們公司的需求。沒隔多久，她重燃了過去的那種工作熱情。

「高成效的未來四大領域」的最後一項，繼自我、社交、技能之後的「服務」，涉及高成效人士如何展望明天，如何考慮他們對這個世界的服務。更特定地說，高成效人士深深關切他們未來可能對他人造成的影響，於是努力投入今天，用心盡力地做出貢獻。這話聽起來似乎過於泛泛，但高成效人士就是這麼說的。他們經常說，為了能在明天留下持之久遠的傳承，今天就得多下工夫，令他人留下深刻印象，這一點非常重要。對許多高成效人士而言，如何對待他人或如何處理工作細節非常重要。高成效服務人員非常在意餐桌擺設是否齊整、精確，不僅因為這是他們的職責，也因為他們在意顧客的整體用餐體驗，以及餐廳現在與今後給人的感受。傑出的產品設計師對風格、好用與功能挑剔異常，為的不僅是創造本季的銷售業績，也為了創造粉絲的忠誠度，進一步打響品牌。這一切作為的共通性，就在於對未來的關注：「我該怎麼做，才能夠提供最佳服務，為這個世界做一份特殊貢獻？」

反面的例子隨處可見。

當一個人與未來脫節，不再有貢獻未來的念頭時，表現自然不佳。

既然對明天不抱什麼令人心動的指望，他們也懶得關注今天的細節。領導人必須不斷地與部屬討論關於明天的事，原因就在這裡。

怎麼做，才能為你服務的人帶來最高價值？這是高成效人士念念不忘的問題。我說「念念不忘」，可不是隨便說說而已。在我們的訪談中，我們發現高成效人士用非常多的時間思考服務的問題：如何增加價值？如何鼓勵身邊的人？如何創造差異，讓事情變得更美好？想了解他們對服務的重視，可以觀察他們對適切性、差異性與極致性的追求。

要做到「適切性」，就必須除去不再相關的東西。高成效人士不會活在過去，不會把做好玩的「寵物專案」（pet projects）擺在主要位置。他們會問：「現在最重要的是什麼？我該怎麼才能交出成績？」為了追求「差異性」，高成效人士會仔細觀察他們的產業、他們的職涯，甚至他們的關係，尋找使他們與眾不同的東西。他們想要脫穎而出，比其他人添加更多價值。至於「極致性」則是來自一種內心標準，自問：「我該怎麼做，才能超越預期？」對高成效人士來說，「怎樣才能提供最佳服務？」大概是他們最關心的問題了。

呈現強烈反差的是，低成效人士一心只想到自己，不會想到服務。他們最關心的不是「我服務的那些人現在要什麼？」，而是「我現在要什麼？」。他們不會問「我該怎麼做，才能提供最佳服務？」，只會問「要怎麼做，才能夠花最少工夫？」。低成效人士會問「為什麼沒人看見我的獨特優勢？」，高成效人士會問「我該如何提供獨特的服務？」

我在本章最後附了一份工作表，列出所有關於「高成效的未來四大領域」的重要概念。接下來，我要介紹「成效提示」（Performance Prompts）這個單元，它是每道練習的摘要。這些提示像造句一樣，能夠幫助你進一步反思你學到的各項重要概念。我強烈推薦你運用記事本，寫下、完成每一個句子。如果你需要專用版本和更多持續更新的工具資源，可以造訪HighPerformanceHabits.com/tools。無論你使用專用工作表或你的記事本，我建議你認認真真寫下你對人生的要求。沒有目標就沒有成長，沒有清晰就沒有改變。

成效提示

1. 當我想到關於「高成效的未來四大領域」——自我、社交、技能、服務時，我的意圖心還有待加強的領域是……
2. 我在有些地方還沒有為我服務、為我領導的那些人著想，這些地方是……
3. 為留下歷久彌新的傳承，我現在就可以開始努力創造的貢獻有……

練習2

決定你要的感覺

「不要問這個世界需要什麼，問什麼能夠讓你生趣盎然，
然後就去做，因為這個世界需要的是生趣盎然的人。」
——霍華德・瑟曼（Howard Thurman），
美國人權運動啟蒙導師

能夠幫你提升並保有人生清晰度的第二項練習就是，不斷自問：「我要為這個場合帶來的主要感覺是什麼？我想從這個場合取得的主要感覺是什麼？」

大多數人在這方面做得很差，成效低的人尤其搞不清楚他們體驗到的是什麼感覺，也不知道他們追求的是什麼人生體驗。他們進進出出各種人生場景，情緒隨之起伏。他們缺乏自我認知、自控能力不足，從這點可見。

高成效人士展現極強的EQ，以及我所謂的「主控感」（willful feeling）。處於表現場合中的他們，可以精確描述他們的情緒；更重要的是，他們還可以評估自己從這些情緒中取得的意義，決定他們要持續保有的感覺。

讓我給你舉個例子，我與一位奧運短跑選手合作，他那年在短跑項目排名頂尖，但在之前幾年表現時好時壞，有時在比賽中奪冠，有時卻連資格賽都過不了。當我接到與他合作的邀約時，他已經一整年連戰皆捷。在我們第一次的課程中，我問他：「如果要你只用三個字說明你現在為什麼贏，你會用哪三個字？」他說：「Feeling, Feeling, Feeling.（感覺、感覺、感覺。）」

我要他解釋含義，他說：「我非常清楚我在進場以前，在起跑線暖身時，需要什麼樣的身心感覺。我知道我跑到半途時會有什麼感覺，我知道我希望在跨過終線以後會有什麼感覺。」

我問他，這是否表示他能夠控制情緒，不再有那種唯恐自己表現不好的焦慮感？他笑答：「不是。當我走近起跑線時，我的身體仍然徹底感受到那種激動與情緒。我的身體很自然知道重大關頭將至，一種恐懼感油然而生，無論如何也趕不走。不過，我並不焦慮，我能夠界定這種感覺。我告訴自己，我感覺到的是一種準備就緒，一種興奮。」[10]

我聽過太多高成效人士用各種形式描述這樣的做法。他們能在任何指定的一刻感覺到他們的情緒狀態，但經常用他們要的感覺加以界定，凌駕世俗界定的那種情緒狀態。

我們且暫停一下，將「情緒」與「感覺」做個區分。研究人員對情緒的定義各有不同，但許多人都同意情緒與感覺不一樣。[11]情緒一般來說是本能的，一種觸發事件——可能是一種外在情境，或者只是我們的腦子預期將有什麼事發生——讓我們產生恐懼、歡樂、悲傷、憤怒、寬慰或愛的情緒性反應。這種情緒性反應往往在不知不覺間出現，我們的腦察覺一件事正在發生，而我們主要根據過往經驗下定義引發情緒，所以會突然間感受到情緒。但這不意味我們能夠意識到所有情緒，或是我們不能有意識地產生一種情緒。舉例來說，看見小寶貝向我們笑，能讓我們打從心底產生喜悅，但即使沒有實際看見小寶貝向我們笑，只要有意識地想到那幕情景，同樣可以產生喜悅。

儘管如此，我們在日常生活中感受到的情緒，絕大部分是自動且自發性的。

這裡談到的「感覺」，指的是對一種情緒的心理描述。我們可以將情緒主要視為一種反應，而將感覺視為一種詮釋——這麼說並不精確，但在這裡很有幫助。[12]就像我服務的那位短跑選手，恐懼情緒始終出現，但他不必因此就得選擇感到害怕而逃避。你可能會突然間感覺到一陣恐懼來襲，但下一秒你可以立刻選擇鎮定。每當你「試著讓自己冷靜下來」時，你就是選擇用一種不同的感覺壓制你原先的情緒。在進入任何表現場合以前，高成效人士會先設想，無論出現什麼情緒，他們要的是什麼感覺。他們還會事先盤算好，一旦離開那個場合，無論出現什麼情緒，他們要的是什麼感覺，然後他們運用自控能力達成這些意圖。

再舉另一個例子說明，如果我跟人開會，突然有人與我唱起反調，我可能會頓時產生恐懼、憤怒或哀傷的情緒。我的反應幾乎可以預期：心跳開始加速，手掌開始冒汗，呼吸逐漸急促，這些情緒很快就引發害怕或焦慮的感覺。一旦了解這種現象，即使這些情緒本能出現，置身會議室的我可以選擇另一種感覺。我可以告訴自己，這些情緒不過是在對我說，要我注意，要我為自己的說法辯解，或者要我以同理心對待他人而已，我不必因為這樣的情緒而感到恐懼。我可以不予理會，做幾下深呼吸，選擇警覺但保持冷靜。我可以有意識地放慢呼吸，以平穩的語氣說話，舒舒服服地坐在椅子上，正向思考與會人士的話，讓自己成為風暴中的一股寧靜力量——這所有的選擇都能為我帶來一種與之前不同的感覺。

我可以不讓那股自動衍生的情緒主宰我。
我的感覺是屬於我的。

經過一段時日，如果我選擇另創有別於本能情緒的感覺，我的腦子也會逐漸習慣這些新感覺。恐懼突然間沒有像之前那樣可怕了，因為我的腦已經發現我能夠處理得很好。情緒為我帶來的感覺開始出現變化，情緒對我的影響也改變了。[13]恐懼的情緒仍然可能出現，但我現在感受到的是我創造出來的感覺。情緒來來去去，它們大多是立即、本能而生理的，但是感覺可以持久，往往是沉思的結果，而沉思是你可以控制的。憤怒是油然而生的情緒，但是你可以選擇不要讓揮之不去的痛苦陪伴你一輩子。

讀到這裡，希望各位不要覺得我在玩弄文字遊戲，我也要再次承認我的描述並不精確。[14]（任何對心靈或對身體功能的描述都不可能精確，因為變數永遠存在，而且世上沒有單獨的思考或情緒，我們的感官與意圖在廣大的神經網路上互動與重疊。）我之所以提出這項論點，只因為情況至為明顯：**高成效人士一般不會任由情緒擺布，他們會刻意選擇他們想要擁有的感覺**。當優秀運動員說他們正在「進入狀況」時，他們的意思是說，他們正在運用有意識的注意力，縮小他們的焦點與感覺。所謂「進入狀況」，指的不是任由情緒出現、受到情緒影響，運動員得將令自己分神的事物限縮到最小，全神貫注投入正在進行的事。對優秀運動員與各行各業的高成效人士來說，進入心流是他們的一種選擇，心流是他們刻意選擇的感覺，不是在節骨眼上油然而生、時機恰到好處就有的一種情緒。

當我們不再能夠有意識地處理我們的感覺時，麻煩就來了。世上種種負面事物開始激起負面情緒，如果我們不能控制它們的含義，這些負面情緒能夠招致長期的負面感覺，這些負面感覺又能為我們帶來可怕的人生。如果我們能夠努力體驗人生與隨之而來的種種情緒，但是在人生高低起伏的旅程中選擇鎮定、快樂、保持強壯和關愛，我們可以擁有一番成就。當我們能夠發揮「主控感」的威力，突然間人生會讓我們有一種得其所哉的感覺。

被凱蒂遺忘的，正是這種感覺。她不斷迷失在難以預測的情緒之海中，她沒有選出她要的、沒有拋開她不要的感覺。她對於如何處理自身情緒與體驗一無所知，只是被動見招拆招。她不僅僅是「渾渾噩噩過日子」而已，還在情緒的汪洋中載沉載浮，不再能用她希望的方式感受生命。

我需要做的，就是讓她在面對每一種情景選擇她要的感覺，如此而已。單是這種選擇意圖與活動，已經能將更多的活力與色彩帶回她的人生。

在你的日常生活中，請你開始自問：「我今天要的是什麼感覺？我應該如何界定這一天的意義，讓我可以感受到我要的感覺？」下次當你跟人約會時，想想你打算營造什麼感覺？當你坐下來陪孩子一起做數學作業時，你自問：「我希望在幫助孩子學習時，我有什麼感覺？我希望他們對我、對家庭作業、對他們的人生，有什麼感覺？」

這種清晰與意圖感，能夠改變你的人生體驗。

成效提示

1. 最近我體驗很多的情緒是……
2. 有些人生領域我感覺不到我要的感覺有……
3. 我希望在人生中能夠多體驗到的一些感覺包括……
4. 下次當我感覺負面情緒出現時，我要對自己說……

練習3

決定什麼對你有意義

「不幸就是不知道自己到底要什麼，卻拚了命去追求。」
——唐・海洛德（Don Herold），美國幽默作家、插畫家

只要下定決心，高成效人士可以做到他們想要做的幾乎任何事。並非每座山都是值得攀登的，高成效人士與眾不同之處，就在於他們能用批判的眼睛，發掘對他們的人生經驗有意義的事物。他們把更多時間花在這些他們認為有意義的事物上，這讓他們快樂。

讓我們的人生充滿不快的罪魁禍首，不是對優勢的追求，而是缺乏一種決定性目標，缺乏值得奮鬥的東西，缺乏能讓我們滿懷鬥志、勇往直前的宏偉宗旨。對有意義人生的追求，是造成我們心理福祉的主要因素之一。[15]

所謂的「意義」，指的究竟是什麼？

絕大多數的人在談到「工作意義」時，通常討論（a）

工作帶來的樂趣，（b）個人價值觀與工作的一致性，（c）工作成果創造的成就感。

當研究人員界定什麼對人們有意義時，通常聚焦於你認為一項活動對你有多重要，你在這項活動上花了多少時間，你的承諾程度，你對它有多投入，以及是否即使薪酬很低，你仍然願意做這項工作？他們想了解的是，你是否只是將這項工作視為一份職務，或是將它視為一段重要生涯或人生職志。[16]他們往往將明確的宗旨感與人生的整體意義意識連結在一起。[17]

高成效人士是否也這樣看待意義？我們從高成效指標得分最高的15%的人中，隨機選了1,300人提出類似下列問題：

- 你如何知道你在做的事情是否有意義？
- 那是什麼感覺？
- 如果你得在兩件好案子中做一個選擇，你如何選擇對你最有意義的那件？
- 你怎麼知道你在做的事情對你的人生沒有意義？
- 走到生命終點時，你如何知道自己這一生活得有沒有意義？

這些都是沒有標準答案的問題，我們將受訪者的答覆進行梳理，尋找型態。我們發現，高成效人士往往將四項因素與意義畫上等號。

首先，他們將熱誠與意義連結在一起。舉例來說，被迫從兩項工作擇一投入時，許多高成效人士說，他們會選擇最能夠激發熱情的那一項。這個發現與其他相關研究成果不謀而合，根據這些研究，熱誠能夠帶來人生滿足感、正向情緒、較少的負面情緒、環境掌控、個人成長、正向關係、自我接納、人生宗旨、投入、正向的人際關係、意義與成就。[18]

很顯然，你若想要擁有積極進取的人生，只要盡可能熱情投入準錯不了。正是這些發現，讓我每天早上在淋浴時都自問這個問題：「今天有什麼讓我興奮、充滿熱情的事嗎？」這個簡單的問題，能讓我每天都興沖沖地展開一天的工作，你試試看。

與意義連結在一起的第二項因素是關係。社交生活孤立的人，很多都認為他們的人生失去意義。[19]社交關係，特別是與我們最親近的人的聯繫，是最常為人提到的人生意義來源。[20]

就像所有人一樣，高成效人士也珍視他們在生活和工作中的關係，但他們的與眾不同之處在於他們的關係經常能與意義產生連結，特別是在工作方面。關係的重要影響性在於挑戰，不在於舒適，當同儕團體能夠挑戰他們時，高成效人士認為他們的工作更有意義。在日常生活中也是一樣，跟那些相處起來很有趣或人很好的人相比，高成效人士更喜歡跟有抱負、能夠激勵他們成長的人在一起。

第三，高成效人士會將滿足感與意義結合在一起。如果他們做的事能夠創造個人滿足感，他們會覺得生命更有意義。想了解「滿足感」對人們的意義，就像想釐清人們對「有意義」的注解一樣困難。但對高成效人士而言，能夠帶來個人滿足感的因素很清楚：當你投入的心血與你熱愛的事物相互呼應，導致個人或專業成長，對他人做出明顯有利的貢獻時，你會認為你的工作有滿足感。

熱情＋成長＋貢獻＝個人滿足感

其他研究人員發現，安全感、自主性與平衡意識，也是帶來滿足感的重要因素，在職場上尤其如此。[21]

讓高成效人士認為努力有意義的第四項因素，就是覺得「人生有道理」，心理學家稱這種感覺為「一致性」（coherence）。[22]意思就是，你能以若干方式了解你的人生故事，或是最近發生在你的人生中的一些事件。對高成效人士而言，這種一致性的感覺似乎特別重要，他們要知道他們的辛勞與一些重要事物相互呼應，要知道他們的工作很重要，要知道他們的人生在創造一種傳承、在成就更大的目的。

對高成效人士而言，讓事情「有道理」的願望，往往比自主性與平衡意識更加重要。如果他們發現他們做的事情有道理，有助於成就更大的目的，他們會將本身對於主控的意願或工作生活平衡意識拋在一邊。

當然，想進一步了解高成效人士對意義的看法還需要更多研究，不過我的團隊與我進行的研究為我們帶來一個好的開端。你會發現，下列這個簡單等式很有幫助：

熱情＋連結＋滿足感＋一致性＝意義

當然，並非所有這些因素加在一起才能給我們意義感，有時只是望著你的孩子走過房間，或是完成一篇重要報告，就能夠讓你感到一種意義感。晚上一次美好的約會或主持一次午餐會，也能讓你的人生更有意義。

重點是：**你需要以更有意識、更前後一貫的思考界定你的人生意義**。首先，你得了解你對「意義」的定義，然後在人生中加強提升意義。當你知道庸碌工作與職志兩者之間的差異時，你已經踏上宗旨之路的第一步。

成效提示

1. 我目前做的哪些事情為我帶來最大意義……
2. 由於不再能夠帶來任何意義，我應該放棄不再做的事情或項目是……
3. 如果要多做一些事，讓我感覺更有意義，我首先要加的幾項是……

全部整合在一起

「人生的意義端看你如何定義。」
——喬瑟夫・坎伯（Joseph Campbell），美國神話學家

你必須為你自己展望未來。你必須了解你今後想要什麼樣的感覺，釐清哪些事情對你有意義。沒有這些探討，你對人生沒有夢想，沒有努力的目標，你的日常生活索然無味，不能持續鼓舞你奮發進取。

我們在這一章已經談了許多，該如何將這一切整合在一起，讓我們可以強有力、前後一貫地追求清晰？

當凱蒂覺得她的日子過得渾渾噩噩、麻木不仁時，我給了她建議。現在，我向你提出同樣的建議。你應該還記

得，她的成績實在太好，根本不需要再進一步嘗試什麼。但是就這樣，她忘了展望未來，不再有強烈意圖，最終導致她整天忙忙碌碌，卻沒有成就感。她感覺自己迷失。

為了幫助她找回自己，我要她開始培養一套簡單的沉思習慣，這套習慣內容涉及本章談到的所有練習。我給了她一套叫做「清晰表」（Clarity Chart™）的工具，這是一份單頁的記事單，我要她在每週日晚上填寫，寫十二週。這裡有簡化版本，你也可以上HighPerformanceHabits.com/tools下載英文完整版。

當然，你不需要每週填寫這張表（你不需要做我建議的任何事。）但是我保證，就算你每週的反應不會出現多大差別，這麼做對你有好處。高成效清晰之所以出現，正因為我們將這些概念植入良知的儀表板。或許，你偶爾也會想到我們在本章討論到的概念，但是我們的目標是要讓你以前所未有的方式，更一貫地專心投入這些概念，造成你的根本改變。更多專注帶來更大清晰，更大清晰導致更一貫的行動，最後創造高成效。

清晰表 The Clarity Chart™

自我

最能夠描述我的最佳自我的三個字詞是……

___

___

___

我要如何在接下來這週更常體現這三個字詞？

___

___

___

社交

哪三個字詞可以說明我想如何對待他人？

___

___

___

我可以在本週改善與哪幾個人的互動？

___

___

___

技能

我現在最想發展的五項技能是……

___

___

___

___

本週我可以如何學習或練習這些技能？

___

___

___

服務

我可以在本週用哪三種簡單的方法為身邊的人增加價值？

___

___

___

___

我可以在本週用心、專注地把哪件事情做到最好，幫助他人？

___

___

___

專注創造感覺

本週我想在日常生活、人際關係與工作上培養幾種主要感覺，包括……

我用來培養這些感覺的方式是……

決定什麼對你有意義

我可以做什麼或創造什麼，為人生帶來更多意義？

高成效習慣＃2

激發活力

「這個世界屬於有活力的人。」

——拉爾夫・沃爾多・愛默生（Ralph Waldo Emerson），19世紀美國文學家

釋放緊張，設定意圖

創造喜悅

優化健康

「照這樣繼續衝下去，遲早我會燒成灰燼，可能會直接掛掉。」

亞尊笑著，在椅子上不安地移動著身軀。「而且說實話，這一切到底是為了什麼？」

他看起來似乎有幾個月沒有好好睡覺了。他的臉頰凹陷，眼睛布滿血絲，閃亮的眼神沒了。去年出現在商業雜誌封面上那個人的那種活力，早已離他遠去。

我裝出一副驚訝的表情。「直接掛掉？你認為這『終究』何時會發生？下週？今年？明年？」

「不知道，不過別跟別人說。」

他很有勇氣告訴我這些，沒多少人願意承認自己在用工作慢性自殺，特別是在矽谷，這個以不眠不休工作為榮的地方。在這座小小的半島上，有不少年輕、聰明的工作狂，攝取過多的咖啡因，瘋狂追逐著拚個幾年成為億萬富豪的美夢。

六個小時前，一位友人打電話來，問能不能介紹亞尊與我通個話？我們寒暄了幾句，兩個小時後，亞尊的私人噴射機來接我。現在，我坐在他位於舊金山近郊辦公樓的玻璃帷幕會議室裡。時間是凌晨三點，我們是這整棟大樓僅剩的幾個人，有些工作狂不到三更半夜是不肯休息的。

我不是很確定他為什麼用飛機把我接來這裡。他在電話上只說事情緊急，他認為我可以幫他。我原本也想說哪天有榮幸能夠會會他，所以同意了。

「出了什麼事？」我問道。「我想，你把我大老遠接來這裡，應該不是為了當你媽，勸你多睡點覺。」

他笑了，往後向椅背靠。「不是，當然不是。我知道我需要多休息。」

「你知道，但你不休息？」

「我會的。」

我聽過這樣的話，就是那種「有一天我會照顧好自己」的故事。「但現在，我必須繼續往前衝」，他們會這樣說。「再拚命衝一下，等到征服世界。」

「可是你不會，亞尊。不過沒關係，實情是，你也不會燃燒殆盡。你會像過去十五年一樣，瘋狂拚命工作，你不會燒盡，你只會變得痛苦不堪。有天你醒來，發現自己比今天更有錢、更有成就，但就是得不到你想要的那種人生。你還是不會把自己燒盡，但你可能會突然做出糟糕的決定，不是放棄，就是挫敗。你會發現，你的身心並沒有讓你失望，讓你失望的是你的選擇。我想，你應該已經知道這些道理了。」

「沒錯，」他說著，隨即捲起左手衣袖，指著手臂上一個注射針痕。「不要怕，這不是毒品，我打的是邁爾氏雞尾酒（Myers cocktail）那種維他命B群的營養劑。不過，可能沒什麼用，對嗎？」

我沒有回應。這樣的事我見得太多：孤注一擲、鋌而走險用各種快速解方想找回人生的鋒頭人物。當大多數的人想要優勢，總是習慣先向外尋找。

「你覺得應該怎麼做才對呢，亞尊？你是聰明人，或許已經知道答案了。既然如此，請恕我直言，我不想浪費你的時間，現在是凌晨三點，找我來是為了什麼？」

「我想要再次體驗到好過的感覺，不想再像坐雲霄飛車一樣，情緒高低起伏不斷，我不想要這麼累。一定有什麼辦法既能把事情做好，又能做得快快樂樂。他們說這是可以辦到的，但四十年來我還是沒有想出辦法，我很確定。不過，我知道你能幫我。」

「你怎麼知道？」

亞尊捲起另一隻手臂的衣袖，舉起手腕，出示手腕上那只皮手環，手環上刻著我說過的一句話。他用手指指著那句話說：「我要把『這個』要回來，兄弟。」

「這手環哪來的？」

「我老婆給的。說來慚愧，但我老實告訴你，我們之間有點問題。她去參加了你的講習會，現在變成不同的人。她說，她幫我買了這只手環，因為我需要，因為『我們』需要。」

「她說得對嗎？」

他嘆了口氣，站起身，看著他的辦公室。「我不能帶我們……我自己都這麼低落，又怎能帶著這些員工往前衝。我已經精疲力竭，我的團隊可以感覺得到。我不快樂，我不想再這樣下去。」

那只皮手環上刻著幾個字：創造喜悅。

活力的基本要件

「活力是內在的喜悅。」
——威廉・布萊克（William Blake），
19世紀英國詩人、畫家

如你所期，想要取得長期成功需要很多活力。高成效人士擁有那種神奇的三連勝活力：正向而持久的心理、生理與情緒活力。他們能在許多人生領域表現出類拔萃，靠的就是這種關鍵力量。高成效人士能夠那麼熱情、有耐心、有動機，原因就在這裡。若你能夠持續保有這種活力，世界是你的。

在我們的高成效研究中，我們要求受訪者針對類似下列陳述，從1到5分自我評分：

- 我有心理耐力，能夠專注於當下、投入一整天的活動。
- 我有足夠體能可以達成日常目標。
- 整體而言，我覺得開心而樂觀。

我們也用類似下列陳述做逆向評分：

- 我感覺頭腦遲鈍、思緒不清。
- 我很容易覺得筋疲力盡。
- 我經常感受到太多的負面能量和情緒。

你應該會發現，活力不是只有體能方面，但大多數人比較關注到的只有這個方面。精神警覺、正向情緒同等重要；事實上，熱情、耐心與樂觀進取的動機，都與高成效相輔相成。也因此，請記住，我在本書提到的「活力」，包含所有精神、情緒與生理活力。

我們對這個主題的研究發現：活力低的人，整體表現也差。這個發現似乎不足為奇，但相關細節應該可以引起你的注意。當你的活力評分愈低……

- 你的整體幸福感愈低；
- 你接受挑戰的熱忱愈低；
- 相較於同儕的成功，你對自身成功的感知愈低；
- 面對逆境，你的信心愈低；
- 你對其他人的影響力愈低；
- 你吃得好、營養充足、規律運動的可能性愈低。

所以，欠缺活力不僅影響你的整體表現，還損害你在各項人生領域的表現。你覺得自己不快樂，你不願意接受重大挑戰，你覺得每個人都在超越你。你的自信心低落，你的飲食習慣愈來愈糟，身材愈來愈胖。你掙扎說服其他人相信你、聽從你、跟隨你、支持你。

反過來說，增加活力有助於改善你在各項人生領域的表現。

不僅如此，活力與教育程度、創意與果決也有正向關係。這表示，愈有活力的人愈可能追求高學歷，在職場上提出創見，為自己發聲、採取行動逐夢。全球各地的組織與學術機構應該極力發展研究員工與學生的活力評分，原因就在這裡。

若依職位角色區分，執行長與高級主管擁有最高活力評分，比經理人、基層員工、學員／實習生、總務行政人員等高出甚多，甚至當我們在研究中控制年齡因素時，情況依然不變。我們訝於發現，執行長與高級主管擁有的活力，竟然與職業運動員相當。我們的研究指出，想當執行長，你得像美國國家美式足球聯盟（NFL）的四分衛一樣照顧好自己的活力，因為兩者需用的活力約略同級。

基本原則：活力愈充沛的人愈可能快樂，在主要興趣領域攀上高峰的可能性也愈高。

事實證明，就像有助於長壽一樣，婚姻對你的活力也有好處。根據我們的調查訪談，已婚夫婦比他們那些不結婚的同儕更有活力。[1]所以，跟你那些恐懼婚姻的朋友說，婚姻令人乏味、疲倦、不快樂的說法並不正確。

最後，活力與生產力大有關係。[2]如果你想要辦事更有效率，你不需要花錢購買新軟體，或是想方設法用更好的方式組織你的文件，也能夠成就更多事。重點不在於你把電子郵件處理得多好，而在於你對活力的管理好不好。

我為一流卓越人士擔任教練的個人經驗證明，這些資料都是真的。我經常見到有人為了創業而疏於管理活力，災難接踵而至。我見過欠缺活力毀掉婚姻，讓良善好人變成緊張神經質的怪物，還有許多公司只因為執行長心力交瘁，不出幾個月就把多年來的財務利得燒光。

幾乎所有現代健康保健相關研究，都證明「福祉」（well-being）的重要性——這個名詞用來定義較為全面的活力。不幸的是，我們在照顧身心福祉這方面做得不好。超過三分之一的美國人過於肥胖，美國每年因此花費的醫療開支超過1,470億美元。[3]僅有約兩成的美國人根據疾病管制與預防中心（Centers for Disease Control and Prevention, CDC）的建議，做了僅達最低限度的有氧運動與肌群強化訓練。[4]其他研究顯示，42％的美國成年人表示，他們在管理壓力上做得不夠；20％的美國人表示，他們從未做過任何抒解或管理壓力的活動；每五個美國人中就有一個表示，他們找不到能在情緒上支援他們的人。[5]

每三個就業的美國人，就有一個長期處於工作緊繃狀態。不到半數的美國人說，他們的組織積極照顧員工福祉，[6]儘管提升員工福祉的公司更有生產力，支付的醫療開銷成本較低，更能留住員工，員工也更能做出較好的決定。[7]

壓力是活力與福祉的終極殺手，它減緩新的腦細胞產生，降低血清素（serotonin）與多巴胺（dopamine），這兩種物質對你的精神狀態至關重要。壓力自發性降低你的海馬體（hippocampus）功能，大量釋出杏仁體（amygdala），讓你記憶力衰退、毛躁不安。[8]

關於「福祉」這個主題，可以寫好幾本專書來討論，還是只能搔到一點邊。我在這本書要談的是一開始描述的活力評估，了解與個人高成效的關係。

好消息是，只須持續幾項簡單練習，就可以大幅度提升你的活力與整體成效。你目前擁有的活力，不是一種固定的精神、生理或情緒狀態。我要再說一次，就像發電廠一樣，你並不「擁有」能量。發電廠轉換能發電，基於同理，你並不「擁有」幸福／快樂，你只是把你的思考轉換成快樂或不快樂的感覺。所以，你不必「擁有」哀傷，你可以把它轉換成其他感覺。

也就是說，你不必「等候」喜悅、動機、愛、興奮，或生命中其他任何正向情緒出現，你可以透過習慣的力量，根據你的需求，隨時隨地創造。就像任何其他人生領域或技能，活力是可以提升的。高成效人士透過不斷練習，維持他們的優勢與活力，接下來要討論他們最慣用的三大練習。

練習1

釋放緊張，設定意圖

「登峰造極是心態的具體表現。」

——蘇格拉底（Socrates），古希臘哲學家

在逾十年的高成效人士教練生涯中，我發現想幫助他們增加活力，最簡單、快速、有效的方式就是教他們「掌握轉換的能力」。

由於不能有效轉換，人們每天都會損失大量專注、意志與情緒活力，得不到更大的心理與生理耐力所帶來的好處。我所謂的「轉換」，指的是什麼？每天早晨當你醒來、展開新的一天時，你體驗到一種從休息到啟動的轉換，你的一天的開始就是一種轉換。

你把孩子送進學校、準備上班——從家庭時間轉換為開車上班時間。你開車到公司，下車走進辦公室——從獨處時間轉換為與他人一起工作的時間。

在公司，你完成簡報，開始檢查電子郵件——這是一種轉換，你從創作模式轉換為email模式。開完會後，你走回辦公桌前坐了下來，開始電話會議——這同樣是一種轉換。當一天的工作結束，你回到車上，開去健身房——

再經過兩次轉換。經過漫長的一天，你把車子停進家裡車庫，再度當起老爸或老媽——轉換。

現在，你懂我的意思了。我們每天都經歷一連串的轉換，這些轉換極具價值，是活動與活動間的一種強有力的自由空間。就在這些空間，你會發現你擁有最大的機會修復與放大活力。

請你想想你一整天經歷的各種轉換，花點時間寫在這裡：

＿＿＿＿＿＿＿＿＿＿＿＿＿＿＿＿＿＿＿＿＿＿＿＿

＿＿＿＿＿＿＿＿＿＿＿＿＿＿＿＿＿＿＿＿＿＿＿＿

＿＿＿＿＿＿＿＿＿＿＿＿＿＿＿＿＿＿＿＿＿＿＿＿

＿＿＿＿＿＿＿＿＿＿＿＿＿＿＿＿＿＿＿＿＿＿＿＿

＿＿＿＿＿＿＿＿＿＿＿＿＿＿＿＿＿＿＿＿＿＿＿＿

寫好之後，讓我問你幾個關於這些轉換的問題：

- 你是否曾把一項活動的負面能量帶到下一項活動？
- 你是否常有這樣的經驗：儘管已經筋疲力盡，知道自己應該休息一下，卻還是馬不停蹄展開下一項活動？
- 一整天行程下來，你是否時間愈晚就愈感到對人生、對其他人興味缺缺、無法專注？

大多數的人對這三個問題的答覆都是「是」。

我相信，如果我們能讓你改變你從一種活動進入另一種活動的方式，就能夠幫助你適時激發活力。你準備好再接受一次實驗了嗎？

從現在起，每當你從一項重要活動轉換到另一項重要活動時，試一下：

1. 把眼睛閉上一、兩分鐘。
2. 在心裡一遍又一遍默唸「釋放」。一邊唸，一邊命令你的身體，把藏在你的肩膀、頸部、臉和下巴的緊張感完全釋放。釋放藏在你的背部與腿部的緊繃感覺，釋放藏在你的心靈與精神中的緊張壓力。如果這麼做對你而言有困難，只須專心想著你的身體各部位，深呼吸，在心裡重複默唸「釋放」就行了。這不需要做很久，你只須重複默唸「釋放」一、兩分鐘就好。
3. 一旦你覺得已經釋放若干緊張——不必所有壓力，就可以展開下一部分：設定意圖。想想當你張開眼睛、展開下一項活動時，你希望能有什麼樣的感覺？你希望能夠達到什麼目標？你可以自問：「我要將什麼活力帶到下一項活動當中？我該怎麼做，才能將下一項活動做得盡善盡美？我該如何享受整個過程？」當然，你在問自己時可以不用這麼精確，但是這樣的問題可以幫助你的心思在下一項活動中更進入狀況。

如果你能在一整天中刻意練習，這個簡單的練習能夠幫助你更妥善管理壓力，幫助你保持專注、更進入狀況，功效非常強大。

不相信嗎？試一下，現在就試。你知道該做些什麼，讀完這段，請你把書放下來六十秒就好。請你利用這段時間做幾個深呼吸，釋放你體內的緊張感覺，自問：「當我重新開始閱讀時，我想要感受到什麼活力？我該怎麼做，才能更有效吸收書中資訊？我該怎麼做，才能更享受閱讀體驗？」誰知道？也許你會讀得更加津津有味、畫出更多重點，或者搬到你最喜歡的角落去讀，或是找杯咖啡來喝，盡情享受閱讀。這樣你大概發現這項練習的功效了嗎？

你知道該怎麼利用這項練習了，你可以想出幾十種轉換來運用這項練習。比方說，想像你即將回完一封電子郵件，接下來要做一份簡報，在這兩項活動中間，你在座椅上往後一靠，閉上眼睛一、兩分鐘，重複默唸「釋放」，直到你稍微放鬆，內心一片寧靜。然後，你設定意圖，決定你要用什麼感覺做你的簡報，以及你想要簡報的成果像什麼樣子。

我在運動前後、在打電話之前、在寫email給我的團隊之前、在拍攝影片之前、在下車與友人共進午餐之前、在上台面對兩萬名觀眾之前，都會做這項「釋放緊張，設定意圖」的練習。在我走進房間接受歐普拉訪問以前，在我坐下來與美國總統共進晚餐以前，在我向我的妻子求婚以前，這項練習曾經多次幫助我免於焦慮，做出好表現。我只能說，感謝老天爺讓我學會這項練習！

你也可以在活動交替之間，為你的人生找出新的活力。記住，只要閉上眼深呼吸，「釋放緊張，設定意圖。」如果你想要更進一步掌握，不妨嘗試一種需要二十分鐘、叫做「釋放冥想技巧」（Release Meditation Technique, RMT）的練習。我訓練過兩百多萬人做這項冥想練習，見證全球各地的學員認為RMT是他們學會最能夠為人生帶來最大改變的習慣之一。

這項冥想練習的做法是：輕輕閉上雙眼，坐直身軀，深呼吸，不斷告訴自己「釋放」，讓緊張的感覺慢慢從你體內消逝。此時，你難免不由自主產生一些念頭，不要設法趕走這些念頭，或是思考自己為什麼會有這些想法，只要隨它們去，重複提醒自己「釋放」就好。這項冥想練習的目標，在於釋放生理與精神緊張。如果有人在背景音樂中帶著你做，對你應該會很有幫助。有興趣的人，可以上YouTube輸入我的英文姓名Brendon Burchard和Release Meditation Technique就可以找到了。

無論你選擇閉目休息、冥想或其他方法處理壓力，重點都在於養成習慣，持續去做。大部分的冥想練習都能夠顯著緩解壓力與焦慮，提升你的專注力、親臨感、創意與福祉。[9]神經學者發現，經常冥想的人，腦部注意力網路之間，職司注意力等認知技巧的前額葉皮質等腦區之間的聯繫也會增加。[10]冥想的正面效果不僅出現在練習冥想期間，還會在日常生活中持續出現。[11]一項研究顯示，練習冥想幾個月的正面效應（例如：焦慮感減輕），可以持續三年以上。[12]

還記得本章一開始出現的那位科技公司創辦人亞尊嗎？他不想讓自己累到燃燒殆盡，想要多體驗一些人生樂趣。所以那天夜裡，就在我們於凌晨四點半左右結束談話、他的司機載我返回機場前不久，我教他使用這項練習。兩天後，我收到下列這封email：

嗨，老兄：

我要再次感謝你飛來見我，非常高興與你談話，特別感謝你能接受這樣的臨時邀約過來，期盼今後還能與你合作。我想與你分享一項現學現賣的勝利戰果：今晚，當我把車子在家門口前停下時，我試了你教我的那套釋放技巧。我在車子裡坐了幾分鐘，再走進家門。我閉上雙眼，重複告訴自己要「release」（釋放）。我想我大概默唸了五分鐘，然後我自問：「我該怎麼樣才能拋開工作與業務，一身輕快地回家？如果我想證明自己是世上最好的先生，我該怎麼迎向我的妻子？如果我認清這段時間對我女兒一生的重要性，我今晚應該怎麼跟我女兒相處？如果我希望自己看起來精神抖擻、容光煥發，我該以什麼樣的面貌出現？」

我現在不記得當時全部的想法，但我設定好意圖之後走進房子，使出渾身解數向妻子示愛。我像是中了人生樂透大獎一樣，以新人之姿踏入家門。你應該事先提醒我要準備一下的，因為我太太一開始以為我瘋了，但她很快就知道不是。我女兒也注意到了，我們度過一個最最美好的夜晚。我不知道該怎麼說，不過你讓我再次得回我的家庭。她們現在準備上床了，我迫不及待向你致謝。我要你知道，很長一段時間以來，我首次有了一種再世為人的感覺。我太太說，你總是強調意圖能夠扭轉人生，在我身上又是一例。謝謝你。

成效提示

1. 每天最讓我緊張的事是……
2. 有什麼方法可以在一整天中提醒我，要我釋放那股緊張……
3. 如果我每天可以更有活力，我更可能會……
4. 當我每天運用這項練習重新調整活力時，我希望在展開下一項活動時，我能夠感覺……

練習2

創造喜悅

「大多數人只要打定主意自己要多快樂，就能多快樂。」
——亞伯拉罕・林肯（Abraham Lincoln），美國前總統

我們的研究顯示，喜悅是高成效人士所以成功的一大因素。你可以說，喜悅是高成效體驗三大正向情緒之一，另外兩項是信心與全心投入，通常稱為專注於當下、進入心流或正念。

我建議，若你只能決定設定一項意圖，激發你的活力、改變你的生命，就要在日常生活中創造更多喜悅。喜悅不僅能夠幫助你成為高成效人士，還能夠為你帶來人生中幾乎每一種正向情緒。我不知道這世上還有任何比愛更重要的情緒，但我相信沒有喜悅的愛讓人感到空洞。

整體而言，正向情緒是美好人生——高活力與高成效——最重要的指標。擁有較多正向情緒的人，擁有較美

滿的婚姻生活，賺的錢較多，也較健康。[13]當正向情緒出現時，學生考試能考得較好，[14]經理人能做出較佳決定，管理團隊也較有效率，[15]醫師能做出較佳診斷，[16]人們也較善良、願意幫助他人。[17]神經學者甚至發現，正向情緒能夠促進新細胞成長，負面情緒則是造成細胞衰退。[18]

高成效指標數據顯示，整體高成效評分比同儕高、較為成功的人，比同儕更開心、更樂觀，負面活力與情緒也較低。在接受訪談時，高成效人士津津樂道他們的專業技能、職涯與關係，喜悅非常。他們並非永遠喜歡手邊那些辛苦的工作，但他們對工作與機會感到感激與欣喜。事實證明，最能夠為他們帶來活力的正是喜悅。你如果感到喜悅，你的身心與情緒現實都會大幅提升。

你是否聽過一句話：「只要出現就成功了八成」？如果你想成為高成效人士，不但要出現，還要帶來喜悅。這聽起來當然好極了，但如果你缺乏正向情緒怎麼辦？如果日子沒那麼好過怎麼辦？如果你身邊的人都唉聲嘆氣，簡直就是負面軍團又怎麼辦？

要是這樣，你得想辦法改變。正向情緒是高成效的先決條件，而且只有「你」能夠主控你的長期情緒體驗。別忘了上一章那個教訓：你「可以選擇」你的感覺，你可以用你的意思詮釋你感受到的情緒，而且你愈是這樣做，就愈能夠調整你的情緒體驗。你可以控制你的感覺——這或許是我們人類最偉大的天賦之一。

當然，這並不表示高成效人士永遠快樂、萬事美好、人生簡直棒呆了。就像所有人一樣，他們同樣會遭遇負面情緒，只是他們能將負面情緒處理得更好。或許，更重要的是，他們能夠刻意引導自己的思考與行為，促成正向情緒。高成效人士能夠憑藉意志進入正向狀態，就像運動員會做特定事情幫助自己「進入狀況」一樣，高成效人士會刻意耕耘喜悅。

為了了解他們如何做到這一點，我對一群獲得HPI高分的人士進行隨機訪談，請他們描述如何讓自己有正向情緒與感覺。有什麼特定事物能或不能為他們的人生帶來喜悅？他們是否會刻意養成什麼習慣，幫助自己更常活在喜悅之中？他們的答覆顯示，高成效人士一般都有類似的日常習慣，一般都會：

1. ……在重要事件（或在展開一天作息以前），為他們想要體驗的情緒定調。他們思考自己想要感受些什麼，問自己一些問題，並且會做視覺化練習，幫助自己產生這些感覺。（這與上一章討論的「專注於你要的感覺」很契合。）
2. ……預測他們的行動會有肯定的成果。他們保持樂觀，相信行動會有回報。
3. ……想像可能會出現的緊張情勢，並且想像自己要怎麼做，才能夠處理得很好。雖然他們預期正面成果，但並非不切實際，會為可能需要面對的難題做好準備。
4. ……不忘為日常挹注感激、驚喜、新奇與挑戰。
5. ……設法將社交互動導向正面情緒與體驗。他們是其中一位受訪者所謂的「有意識的好事傳播人」。
6. ……經常回想所有令他們感激的事物。

如果你能夠有意識持續做這六件事，你一定可以感受到喜悅。我知道，因為我就是這樣。

找回我的人生

2011年，與友人在沙漠度假時，我以大約四十英里時速，開著一輛越野車在海灘疾馳時發生事故，撞爛了那輛車，撞斷了我的手腕，扭傷了臀，弄斷了幾根肋骨，之後確診患了腦傷導致的腦震盪後症候群。我在前著《為你的人生充電》（*The Charge*）的一開始就談到那次經驗，在這裡就不再細述，我要說的是，那是我人生中一段可怕的歲月。腦傷損及我的集中力、情緒控制、抽象推理能力、記憶力，以及生理平衡。前後幾週時間，我完全無力控制我的情緒，不能有效管理好日常生活中免不了出現的那一切沮喪——老實說，我想我也沒有盡力做好。我一心一意只想著癒合我的生理創傷，疏於調整心理狀態的需求。結果，稍有不如意就對我的團隊不滿、對我太太發脾氣，我不再對未來有所憧憬，覺得什麼事都不對勁。

有一天，在讀完我們有關高成效人士的一些發現之後，我察覺我已經有多天沒有做每天早上必做的練習了。我知道，如果不設定一些新的心理扳機，幫助我啟動更多人生正向情緒與體驗，我的腦傷將難以痊癒，這會讓我長久處於消極、痛苦的狀態。根據高成效人士做六件事找回人生喜悅的研究發現，我為自己訂了一套新的晨間慣例。

每天早上淋浴時，我會問自己三個問題，準備積極迎向新的一天：

- 今天有什麼事值得興奮的嗎？
- 可能有誰或什麼事會找我麻煩，帶來壓力？我該如何從大我的角度，以一種正面方式回應？
- 我今天可以用一句感謝、一份禮物或一次讚賞讓誰驚喜？

我選擇自問第一個問題，是因為太多高成效人士表示，期待一件樂事的喜悅，並不輸於這件樂事本身帶來的喜悅。神經學者同樣發現：期待一件樂事讓人釋出的多巴胺這類令人快樂的賀爾蒙，與樂事本身讓人釋出的多巴胺一樣多。[19]當然，有時我站著沖澡想了老半天，始終想不到什麼令我興奮的事。這時我就會問：「既然這樣，今天可以做些什麼，讓我感到興奮？」

我選擇自問第二個問題，是為了向高成效人士學樣，想像可能會出現的緊張情勢，再想像如何以最從容優雅之姿完善處理這些情勢。我一般都會以第二人稱大聲問出這個問題，然後大聲作答。換言之，我會站著沖澡一邊說：「布蘭登，今天可能有什麼棘手的事嗎？如果真的發生了，你能夠妥善處理嗎？」「布蘭登，當X發生，你想到Y，然後做Z。」我甚至可能想像自己正在處理問題，還會描述我可能有的感覺，例如：「布蘭登正在開會，他感到有些緊張，他的心跳得太快，因為他忘了做深呼吸，一心只想到他自己。現在，他需要放鬆一下，需要面對當下，需要專心問他人問題，為他人服務。」

我知道，我知道，這種景象光是聽起來就很詭異：我每天一早站在浴室淋浴，想著令人緊張的情景，還大聲自言自語。但是，預想困難再用第二人稱對自己說話，比用第一人稱對自己說話更加強有力得多。[20]這麼做能讓你自我反思，跳脫自我，聽到一些建議，我稱這項練習為「自我教練」（self-coaching），因為基本上你就像是以教練身分在教導一名友人如何處理困難情境，只不過你教練的是你自己。許多高成效人士都會這麼做。

這個過程與心理學家所謂的「認知脫鉤」（cognitive defusion）的做法頗為相似，所謂「認知脫鉤」就是設法透過具體化，與令人難受的情緒或困難情勢「脫鉤」。舉例來說，你可以告訴一個焦慮的人，為他的焦慮取個名字，例如：「掃興戴夫」。這樣一來，這個人將他的焦慮外化成一個壞人，焦慮不再是個人議題，他可以與焦慮脫鉤。接下來，他可以將焦慮視為一道找上門來的外來議題，選擇自己應不應門。

最後，我選擇自問第三個問題，是為了保證每天我都可以預期我的行動能夠帶來好成果。我知道，思考我該如何用感激為他人帶來驚喜，事實上能夠為我帶來兩項好處：1）只要想到能向某人致謝，已經讓我心存感激；2）當我向那人致謝時，又能讓我感到一陣感激。一早自問這個問題，還能幫我將感激、驚喜、稱奇或挑戰的感覺主動注入一天的生活。

每天早上自問這三個問題，讓我精神抖擻地展開一天的工作，冷靜迎向挑戰，以感激之情與他人交往。這項簡單的晨間練習，可以創造期待、希望、好奇與樂觀，這些都是能夠讓你快樂，幫助你降低皮質醇、緩解壓力、延年益壽的正向情緒。[21]

新的心理扳機

我訪談過的每一位高成效人士，都談到他們如何控制他們的思考，讓思考朝著正向心理狀態移動。他們不會等候喜悅上門，而是會設法創造喜悅。我決定，腦傷逐漸康復後，我要培養一套「心理扳機」(mental triggers)，提醒自己將社交互動帶往正向情緒與體驗。

1. 第一道扳機是我所謂的「通知扳機」(notification trigger)。我將「創造喜悅」這幾個字設為提醒標籤，輸入我的手機，每天分別在三個時段提醒我。我可能正在開會、在接電話或在寫email，突然間手機開始震動，跳出「創造喜悅」幾個字。(前文提過，我還會將其他一些字詞輸入手機，自我提醒要當個什麼樣的人、要如何與他人互動。) 手機震動，你往往會看一下，對嗎？就這樣，在我忙得昏天暗地時，手機突然響了，要我「創造喜悅」。直到今天，這個行之多年的自我提醒做法，一直幫助我調整我的意識與下意識心靈，要我為每一天的生活創造正面感覺。
2. 第二道扳機是我所謂的「門框扳機」(door frame trigger)。每當我通過一道走廊時，我會告訴自己：「我要找出這間房裡的好東西。我要以準備提供服務的快樂人之姿，走進這個房間。」這個做法讓我活在當下，讓我學會讚美他人，讓我做好服務他人的準備。每當你通過走廊準備進入房間時，你可以對自己說些什麼積極、有意義的話呢？

3. 第三道扳機是我所謂的「等候扳機」（waiting trigger）。每當我排隊購物時，我會自問：「從 1 到 10分，我現在感覺到的活力指數有多少？」問自己這個問題，可以讓我檢視我的情緒狀態，打個分數，看看有沒有達到我要的及格標準。當我覺得只有5分、甚至不到5分時，我會提醒自己：「嘿，老兄，你能活著已經很幸運了。打起精神，好好享受你的人生！」有時，只須知道自己活得無精打采、不夠有活力，便足以讓你鼓勇直行。
4. 第四道扳機是我所謂的「接觸扳機」（touch trigger）。每當我經過介紹與什麼人認識時，我一定會擁抱對方一下。不是因為我天生就愛與人擁抱，我會選擇這樣做，是因為太多研究報告都說，接觸對福祉與快樂極為重要。[22]
5. 我設定的第五道扳機是我所謂的「禮物扳機」（gift trigger）。每當身邊出現美好的事物時，我會說：「真是恩賜！」我這麼做，是因為太多高成效人士談到他們在日常生活中有一種崇敬與神聖感，有時這種感覺來自精神層面，他們覺得獲得上天祝福而感到喜悅。有時世上美景令他們感動不已，有時他們談到人生的恩賜，讓他們「感激到自責」，他們覺得自己得到的太多、擁有太多機會，深感自己有責任回饋，才能不枉這些福賜。無論經由哪一種方式，他們將他們的人生與福份視為一種禮物。（有些科學家甚至說，我們以神聖感注入日常活動與互動的能力，是另一種人類智慧形式——精神智慧。[23]）所以，每當談成合作、有人傳來好消息，或是發生什麼喜出望外的好事，我會說：「真是上天的恩賜！」

6. 第六道扳機是「壓力扳機」（stress trigger）。我的腦傷讓我經常感到急迫感，幾近恐慌。有一天我下定決心，不再讓匆忙與壓力打擾我的人生。壓力是自我創造的，我決定不再創造壓力。我一直相信，即使處於混亂中，我們仍然可以選擇一種內心的平靜與喜悅，所以我決定這麼做。每當我發現事情似乎就要失控，我會站起來，做十次深呼吸，然後自問：「我現在可以專心投入什麼積極、正向的事，我可以採取的下一項正面行動是什麼？」一段時日後，拜這項練習之賜，腦傷帶給我的那種急迫感與恐慌消逝了。

除了這六道心理扳機，我開始在晚間寫日記，寫下三件白天讓我開心的事。我會閉上眼睛，花點時間將這些開心的事再經歷一遍。我讓自己再次置身當時情境，看見我當時看見的，聽到我當時聽到的，感覺到我當時感覺到的。往往在回想的過程中，我比事發當時更能以關愛與專注的心享受過程。我笑得更開懷，心跳得更快，哭得更大聲。我有一種更大的神奇感、滿足感，覺得人生更有意義，更令我感激。

每週日的晚上，我也開始做這項練習。我回顧一週發生的那些令我感激的事，全心全意投入其中。如果我閉眼五分鐘，一直想不完所有值得感激的好事，我就知道這一週我活得很用心。

感激是一切正向情緒之祖，也是許多正向心理運動的重心，因為它十分管用。想要提升幸福感，最好的辦法或許莫過於展開感激練習。[24]

感激是黃金相框，我們透過它看見人生意義。

所有這一切，讓我在從腦傷康復的過程中仍能滿心喜悅。我見過許多高成效人士也曾運用類似做法，幫助他們脫離疾厄苦痛。當我將這段經驗與本章一開始提到的科技巨子亞尊共享時，我們發現他這輩子從未創造任何能夠啟動正向情緒的有意識心理扳機。就像他說的，他「通常很冷靜，擅長很酷地回應人生。」但是他發現，只是「回應人生」，就算回應得很好，也只能享有有限人生。如果不能憑藉自己設定的意圖，不能主動設定心理扳機為人生創造喜悅，你無法充分品嚐人生風味。

設定了三、四道新的心理扳機後，亞尊完全改變了。他有兩道最喜歡的心理扳機：第一道是每當他感到緊張且一人獨處時，就站起身來做十次深呼吸，然後自問：「最好版本的我，會怎麼處理這件事？」第二道扳機是，每當太座對他不滿，他就對自己說：「你來到這世上為的就是這個女人，為她的人生創造喜悅吧。」

亞尊設定的意圖，為了身邊的人力求奮發，我希望你也能夠效法這種精神。如果你一直處於匆忙、焦慮、緊張的狀態，你又怎能要求其他人保持樂觀、積極？高成效人士留意他們想些什麼、專注於什麼、如何投入、如何回想一整天的生活，從而耕耘他們的喜悅。**這是一種選擇，他們改變意志和行為，創造喜悅**。這麼做讓他們活得更精彩，同時服務他人。所以，是時候覺醒，以年輕的心重新進入這個世界。

成效提示

1. 每天早上，我可以自問三個問題，讓這一天充滿正向情緒，這三個問題是……
2. 我可以為自己設定幾道新的心理扳機，包括（可以參考我在前文提過的通知、門框、等候等扳機）……
3. 我可以養成一種新習慣，重演白天發生的開心事，這個新習慣是……

練習3

優化健康

「你或許不覺得自己有多強大，如果你是一般體型的成年人，假設你知道如何釋出你體內的能量，而且真心想要來個致命一擊，藏在你體內的潛能不下於 7×10^{18} 焦耳，堪比引爆三十枚非常大的氫彈。」

——比爾・布萊森（Bill Bryson），英美旅遊科普作家

在開始寫這一章以前，我站起身來離開電腦，走進廚

房，喝一杯水，來到樓下，在我的室內飛輪上衝刺三分鐘，做了兩分鐘「流瑜伽」（Vinyasa flow yoga）。然後，我走回我的工作桌，坐下來，閉上眼，進行「釋放緊張，設定意圖」練習。如果你在我主持的研習會中來到後台，你也會看到我在做類似的例行練習：為身心注入活力，讓我能夠好好地提供服務。我從高成效人士身上學到這樣的紀律——我發現，高成效人士總是隨時隨地透過運動和呼吸，提升他們的活力。我發現，和一般大眾相比，高成效人士吃得更健康、鍛鍊得更多，於是我也開始這樣做。

但是，我原本並非如此，大概在我二十八、九歲的時候，我的身體很糟。當時我擔任顧問，每天工作12~16個小時。我的工作大多數是坐在電腦前寫說明會講稿與課程，長時間伏案引發舊疾造成背痛，背痛又讓我無法運動健身。沒隔多久，我就落入我們太多人落入的陷阱：不再照顧自己。我睡得很糟，吃了一堆垃圾食物，而且根本就不運動。我發現，我的工作成效與我的人生也因此蒙上陰影，但我很難突破這個惡性循環，因為我不斷告訴自己一些蠢故事，說什麼維持健康體態不容易之類的。

人之所以不健康，問題不是出在他們不知道如何保持健康。我們都知道如何強健我們的身體，這已經是常識，基本方法不外乎：運動——要多鍛鍊；營養——要吃健康的食物；睡眠——要睡七到八小時。這應該沒有爭議，對嗎？

不幸的是，很多人頗不以為然，舉出一大堆莫名其妙的理由，為自己的不健康辯解。許多工作忙碌的人說，他們不健康是因為「我身體本來就差」，或是因為他們這一行、他們公司的文化或個人責任太忙，無暇兼顧健康。

我曾經也是這樣，會說出很多沒有惡意、但認真想就知道不成立的話，例如：

- **「我們這一行每個人都這麼拚，我總得犧牲一些什麼才行。」**

犧牲什麼？健康。當然，當我說「我們這一行」時，我指的其實不是我們這一行的慣例，而是我那五個不照顧自己健康、不管家庭生活的工作狂同事。還好，當時我在一家全球性公司工作，我也注意到，我的同儕很多都很健康。顯然，有人知道怎麼做既能做好工作，又能保持身體健康。事實上，我注意到，許多與我同級或比我高層的人，不僅將身體照顧得更好、享受更美好的人生，達成的工作成果也比我更好。

- **「每天只睡五小時，我照樣做得很成功，所以睡眠對我來說不是一項重要因素。」**

我忽略了更有邏輯的概念：既然這樣，只要再「多」睡兩個小時，我應該會更成功。「睡眠不足」並不是為我帶來成功的原因，它不是一項成功優勢。但當時的我「年幼無知」，甚至還開始設法減少我的睡眠時間。幸好，五十年來有關睡眠的種種研究成果在我眼前不斷出現，告訴我充足睡眠（幾乎所有成年人都需要七到八小時睡眠）導致較高認知評分、較少壓力、較高的人生滿意度、較好的健康狀態、較高的生產力、較大的獲利、較少的衝突等。這些研究成果說得很清楚：睡眠品質不佳與精神失常、肥胖、冠心病、中風等疾病有關。[25]

- **「我現在很忙，三個月後再認真照顧健康與身心福祉，讓我先忙完。」**

說這話的人一般都會長期處於疲勞狀態。他們說「三個月」，但往往實際的狀況是，直到許多年後他們才終於休息，感覺擁有自己的人生。曾經有一度，這就是我的寫照。我發現，我們在日常生活中的作為，往往形成難以打破的習慣。

- **「我天生就是這樣。」**

由於我有脊柱裂的天生缺陷，又曾經出過車禍，我常以生理或遺傳論據為由，為我的不健康辯解。不過，這種說法根本站不住腳。毫無疑問，家族史或特定遺傳因素能夠帶來疾病，特別是家族癌症史、心血管疾病、糖尿病、自體免疫疾病與精神病，尤其影響深遠。但你不必花費太多時間查看前後對比圖也知道，我們可以顯著改變自己的健康狀況，對自身整體與長期健康有非常強大的個人主控權。我們的日常生活習慣與環境，可以啟動或不啟動遺傳傾向。[26]而且無分研究領域，事實一再證明，不運動是造成所有負面健康後果的罪魁禍首。

- **「我沒有時間……。」**

「……」一般指的是規律運動、飲食健康、練習冥想等，但我發現，這些事沒有一件必然「耗費」你的時間。事實上，由於它們往往能讓你精神抖擻、效率增加，還能為你掙來許多時間。由於你肯花時間鍛鍊健身、吃得更健康，你會變得更敏銳、更有把握，把事情做得更好。這些體能鍛鍊或健康飲食，反而能夠幫助你節省時間。

我提出這些與你分享，是因為我知道世上像我這樣曾經淪為錯誤想法犧牲品的還大有人在。上述這些藉口你也曾經說過嗎？為了讓你繼續選擇不健康，你還對自己說了什麼其他故事？我知道，這些都是很難回答的問題，但是非常值得好好想一下。現在，就讓我們來評估一下你的生理健康狀況吧。從1到10分，你認為你的生理健康狀況有幾分？1分只比死人稍微好一點，10分則幾乎永遠生龍活虎、充滿活力。你拿了幾分？

如果你自評不超過7分，或許對你來說，這本書最重要的一句話就在這裡：只要將你的身體照顧得更好，你可以立即顯著提升你的身心活力，而且你需要這樣，因為你看待這個世界的角度，取決於你的心理與生理活力狀態。當你感覺奇糟無比時，事情似乎也變得奇糟無比；當你感覺美好到極點時，事情似乎也變得美好到極點，我們要你美好到極點。

現在就開始健身

如果你夠誠實，你就知道你需要運動，很多運動，特別是如果你關心你的心理成效。運動增加腦源性神經營養因子（brain-derived neurotropic factor, BDNF），BDNF能使海馬體與其他腦區長出新的神經元，幫助你增加可塑性，讓你學得更快、記得更多，改善整體腦功能。[27]太多人忽略了非常重要的一點：運動改善學習。運動還能夠抒解壓力，而壓力是心理成效的殺手。[28]壓力降低BDNF與整體認知功能，想要抒解壓力，運動是你的最佳對策。

由於能夠提升活力，運動還能夠幫助你工作得更加快速、更有效率。它提升你的記憶力，讓你心情更好、更專注、更警覺，從而增加你的績效。[29]

如果你的工作或生活需要你迅速學習、面對壓力、提高警覺、謹慎小心、記得重要事情、保持好心情，你必須更加重視運動。

如果你關心你對這個世界的貢獻，就應該關心你自己。當然，這不是說你要讓自己累死在跑步機上，「適量運動」才能達到這些正面效果。這表示你應該安排每週做幾次運動，要有一項好的運動健身計畫。事實證明，只需要六週的運動，就能夠增加腦內多巴胺的產生與感受力，提升你的心情與心理成效。它還能夠增加去甲基腎上腺素（norepinephrine）的產生，幫助你在面對心理挑戰性濃厚的任務時減少犯錯。[30]記得，活力包括生理、情緒與心理三大類型，而運動對於每一類型都有改善作用。

我們對兩萬多名高成效人士的研究有一項驚人的發現：最頂尖5%的高成效人士，每週至少運動三天的可能性，比其他95%的人高出40%。很顯然，如果想加入最頂尖成功人士的陣營，你得認真面對運動這件事了。

如果你有孩子，你得加倍認真面對這件事。你必須鼓勵孩子保持健康，健康的孩子比不健康的孩子更能集中注意力，運動能為他們的智商與長期學業成績帶來顯著差異。[31]

如果你年歲已長、不再年輕，運動是你應該關切的優先事項。對緩解憂鬱症狀而言，運動的效果不亞於藥物，但不應將運動視為藥物替代品。或許因為運動能夠增加腦內的多巴胺，多運動的人較不易沮喪。[32]運動還能夠增產血清素，幫助睡眠，而睡眠又能產生更多的血清素。[33]（或許你不知道，大多數抗憂鬱症藥物的療效都在於它能釋出、再攝取血清素，許多研究人員建議憂鬱症病人無論吃不吃藥都要運動，原因就在這裡。）[34]運動還能夠減少疼痛（效果幾乎相當於THC／大麻）和減少焦慮，而疼痛和焦慮都是年長成年人的重要問題。[35]

我敢說，我們都承認在今天這個世界，壓力有增無已，無處不在。抗壓的最好辦法就是：體驗更多的正向情緒（刻意為人生注入喜悅）；透過運動抒解壓力。我向你保證，只要你能讓運動成為你人生中的重要部分，許多好事都會神奇發生。

一旦你養成運動的好習慣，就會開始改善你的飲食。今天在美國，60％成年人體重過重或病態肥胖，但不能將一切歸咎於欠缺體能活動，造成這種現象的主因是吃得太多。[36]美國人吃得太多，造成可怕的健康後果。研究人員發現，暴飲暴食很像成癮症，或許是有些人腦部運作的結果。不過，研究人員也達成結論說，吃得太多其實也只是一種壞決定的後果——為了逞一時口腹之欲，有意識地忽視長期的健康結果。[37]

如果保健衛教人員需要特別反覆強調一點，那會是：

當你心情不好，應該特別留意自己吃下肚的東西，是否只是為了自我滿足，不是為了攝取營養而吃。你得小心，不要用吃東西作為一種壓制負面情緒的方法。如果你心情不好，可以稍微動一下，出去散散步，在進餐之前改變你的情緒狀態。這件事知易行難，我知道。不過，絕對值得你用心，因為如果你能在吃東西之前改變你的感覺，你可能會選擇比較健康的飲食，而這是關鍵。事實證明，就像運動一樣，你吃了什麼也能決定你是否健康、是否有生產力。「吃得好，感覺好，表現好」是自明之理，而且不僅對個人如此而已，吃得營養對整個國家的宏觀經濟表現都有重大正面效果。[38]特別是對孩子而言，認知成就與學業的成功與適當營養直接有關。[39]

你需要吃得更健康，這件事或許你早已知道，所以我要對你說的是：開始行動吧！我同時建議你，找位醫師和營養師幫你檢測食物過敏問題，食物過敏經常令人疲憊不堪，他們可以幫你訂定最適合你的需求的飲食。

從哪裡開始？

從我長年個人教練過很多想要提升活力的人的經驗，我的建議是：如果你想讓自己變得更健康，如果你大體上相當健康，應該從規律健身著手。當人們開始認真健身，一般都會更關心自己的飲食與睡眠品質。

另一方面，我發現，對健康狀況不佳的人來說，從良好的飲食習慣著手，也能夠讓他們開始規律運動。與每週上健身房三次相比，改變飲食習慣更容易達到減肥效果。上健身房對個人來說可能是新鮮事，吃東西絕對不是。改變一個人的飲食，會比要他們養成規律運動的新習慣容易得多。

老話一句，改變你的體能狀態或保健習慣之前，你可以先諮詢醫生。好醫生總會建議你要睡得好，吃得營養，規律運動。如果你諮詢的相關醫療照護人員，不問你有關個人保健習慣的問題，也不能根據你現在與今後的健康目標提出飲食、運動與睡眠型態的建議，我建議你另請高明。

此外，我也建議你把眼光往外看，在身邊建立一個好環境，讓身旁充滿關心健康的人。如果你在一家公司工作，這家公司不鼓勵運動、不在乎員工的身心福祉，包括安全感、健康、快樂與成就感，你可要三思了。不在乎員工身心福祉的公司，表現比不上競爭對手。[40]儘管如此，不到半數的美國勞工說他們的公司重視員工身心福祉，每三名美國勞工就有一人表示工作令他們長期緊繃，僅有41％的美國勞工說雇主會幫助同仁養成健康的生活方式。[41]顯然，我們每個人都必須積極照顧自己的健康與身心福祉，因為沒人會幫我們做這件事。

當我與企業主管共事時，我會把話講得很清楚：如果你每週盡心盡力服務的這個組織不重視員工的身心福祉，你應該在內部推動、改善員工福利，要不就是開始另謀棲身之地。如果你希望與高成效人士一起工作，希望你自己也能夠表現優異，你應該這麼做。

我在研討會上向與會人士挑戰，要他們利用今後一年時間練出人生中最好的體能與體態，我沒想到竟然有這麼多人從未真正投入這件事。如果你願意為自己努力看看，下列是幾件你可以開始做的事：

- 你知道很多讓你變得更健康的方法，現在就請你開始做。你知道自己是否應該多運動，應該多吃蔬果，應該擁有更充足的睡眠。如果你夠誠實，或許已經知道你究竟該怎麼做，現在的問題只在於承諾與養成習慣而已。
- 你應該了解自己的身體狀況。你可以找醫生做檢查，得出一份完整的健康檢查報告。告訴醫生，你要在今後一年內讓自己提升到最健康的狀態，請他們為你做一切必要的檢查，幫助你評估健康狀況。他們會幫你算出你的身體質量指數（Body Mass Index, BMI）、膽固醇數值、三酸甘油酯數值與風險係數。不要只要求例行檢查，請他們為你提供最全面的健康診斷。如果你打算今年在什麼方面花一筆大錢，花在你的健康上準沒錯。我建議你做一次全面性的大健檢，包括全套的實驗室檢測、胸腔X光、疫苗評估、癌症篩檢、腦部掃描等。
- 除了找醫生做全面評估，我建議你找一位優秀的運動醫學醫生，與職業運動員共事的那種。運動醫學醫生往往有截然不同的方法，可以幫助你優化健康。
- 如果你不知道如何處理營養問題，找一位優秀的營養師幫你量身打造飲食計畫。記得要做食物過敏檢測，釐清你應該吃什麼、吃多少、什麼時候吃。找對營養師，能夠改變你的一生。
- 開始訓練自己每晚睡足八小時。我說「訓練」，是因為大多數的人無法睡足一整夜，不是因為生理原因，而是因為缺乏一夜睡到天明的條件。你可以試試看下列做法：在睡前一小時不看任何螢幕；夜間將室內溫度調到20°C；關閉臥室內一切燈光與聲音。如果你半夜醒來，不要起床，別看你的手機，讓自己躺在床上。訓練你的身體知道，無論如何就是得在床上躺八個小時。如果你需要這方面的小技巧，可以閱讀我的好友雅莉安娜・哈芬登（Arianna Huffington）所著的《睡眠革命》（*The Sleep Revolution*）。

- 找一位私人教練（Personal Trainer, PT）幫你。如果你把健康當作人生重要目標，就應該找位私人教練幫你一起優化體能和體態。沒錯，你可以在家裡看健身影片自主訓練，但責成一位PT幫你做，效果會更好。如果你純粹負擔不起，可以找體能和體態甚佳的朋友，跟他們一起運動健身。在這件事上，請別讓面子問題干擾你，如果你無法完全跟上，還是可以跟著練。養成習慣規律健身，把它當成一種社交生活。
- 如果你需要簡單的新手入門計畫，你的醫生也贊同，我建議你先做「2×2」，就是每週兩次20分鐘的重訓，加上兩次20分鐘的有氧運動。在做這些運動時，要施力75％，比平常更激烈一點。這樣，你每週有四次較為激烈的運動，其他三天你可以每天在室外快走20~45分鐘。同樣，你應該諮詢醫生什麼方法對你最好，還有要漸進而為，記得要暖身，不要一下子就施足75%的力，這麼突然會傷到你自己，或是讓你全身痠痛，結果認定這項運動不適合你，這樣就太糟糕了。

- 最後，要盡量多做伸展。每天早晚各5~10分鐘的伸展操或瑜伽，能夠幫助你加強柔軟度與靈巧性。伸展能夠讓你的身體放鬆，使你的身體不致承受過多緊張。

成效提示

1. 我要在人生這個階段盡可能讓自己身體健康，因為……
2. 如果我想讓自己的體能和體態達到最佳狀態，首先要戒除的三件事是……
3. 我要開始做的事包括……
4. 我可以訂定什麼樣的一週計畫，幫助自己變得更健康，而且實際上可達成……

許下承諾

「要振衰起敝、重建活力，就得下足工夫。」
——賀拉斯（Horace），古羅馬詩人

活力是高成效的關鍵，如果沒有活力，就算你養成其他一切好習慣，仍然不會感到快樂。沒有人願意一直沉浸在負面情緒中，整天萎靡不振、筋疲力竭。所幸，這些狀況通常都是壞決定，而不是壞基因造成的後果。只要你有意識選擇，就可以優化你的整體活力指數。由於我們怎麼工作、怎麼愛、怎麼行動、怎麼崇拜、怎麼與人交往、怎麼領導，最終都得取決於我們的活力，或許保持活力才是我們的終極職責。

現在就許下承諾，提升你的活力。開始用更多時間釋放潛藏在你身心的壓力，主動選擇為你的日常生活體驗創造喜悅。現在就決定要在今後一年內建立最佳的人生狀態，我知道這不是一個容易達到的目標，但如果這是讀完這本書以後，讓你做成的唯一決定，光是做出這項決定已經足以改變你的人生。如果一年後，我收到你寄來的email說：「布蘭登，你建議的那些事我一樣也沒做，不過我變得更健康了。」嗯，我仍然會非常快樂。

高成效習慣#3

提高必要性

「只有能將全部力量與靈魂投入一件事的人，
才能成為一位真正的大師。基於這個理由，
想精通一件事就得全力奉獻。」
——愛因斯坦（Albert Einstein），現代物理學之父

要知道誰需要你提供最佳狀態服務

要確認為什麼

要提升你的人際交往圈

「我還能怎麼樣？」

當女服務生過來為他們加咖啡時，坐在艾賽克身邊的三名陸戰隊員點了點頭。

我問道：「你沒有選擇餘地了？」

他笑說：「選擇總是有的。在那一刻，我有三個選擇：痾屎、逃跑，或是當個陸戰隊員。」

我笑到不行，其他人沒我笑得這麼兇，他們聽慣了這種笑話。

我問他：「當你向爆炸地點跑去時，你對自己說些什麼？」

當艾賽克的排所屬的一輛車撞上詭雷時，艾賽克正在執行徒步巡邏任務。爆炸把他震得昏倒在地。甦醒時，他看到這輛車正在燜燒，籠罩在滾滾濃煙中，而且遭到敵火攻擊。他開始向它跑去。

「你只想著你的同袍，希望他們不要死。你心裡真正想的就是這些：你的同袍。」

艾賽克凝視咖啡廳窗外，沒有人說話。有好一陣子，每個人似乎都沉醉在自己的故事中。

「有時，」艾賽克繼續說：「你人生的一切都在一瞬間出現了。那只有短短幾分鐘，但我記得感覺就像一場兩個小時的電影，好像你的一生與你奮鬥的目標，都在一瞬間派上用場一樣。」

他低頭看著他的輪椅。「只不過，結果不像我希望的那樣而已。我現在成了廢人，一切都結束了。」

艾賽克可能永遠無法走路。他因為提供掩護，協助一名美軍撤離爆炸現場而成為英雄。就在他護著那名受傷美軍撤往安全地點時，他中彈了。

同桌另一名陸戰隊員立即回道：「沒那回事，兄弟。你會康復。你不會有問題的。」

艾賽克氣沖沖地說：「你看到我這個樣子了嗎？我連自己都搞不好了，別提什麼為國服務了。還有什麼好說的？」

他的友人望著我。

「你說得沒錯，除非你自己下定決心，否則沒什麼好說的。你可以用你的痛昭告世人：『我放棄，這是我的選擇。』你也可以用你的痛向你自己、向你的陸戰隊同袍、向世人證明，沒有任何事能夠阻止你或你的服務精神。」

這幾句話沒什麼效果，艾賽克只是交叉著雙臂回應：「我還是看不出有什麼好說的。」

他的一位友人開了口：「如果你找不到理由，就永遠也不會有什麼好說的，兄弟。你就真的玩完了！重點是，理由是你自己選的。你不必振作、變得更好，但你可以選擇你必須變得更好。一切都在你自己。一個是爛選擇，讓你一輩子痛苦悲傷，另一個幫助你重新站起來。」

艾賽克喃喃自語：「為什麼要試？」，然後就不說話了。沒人想要打破沉默，大家只是看著他，就像看著一個掛在懸崖邊的人，不知道他會直接放手，還是努力爬上去求生一樣。

過了一會兒，很明顯，艾賽克看起來不覺得他需要在此刻做出選擇。我看得出他的友人都很沮喪，猶豫不決可不是陸戰隊的專長。最後，其中一人幾乎鼻子碰鼻子地把臉湊近艾賽克面前，以只有軍人才有的那種凌厲眼神望著艾賽克說：「因為，媽的，艾賽克，你沒有其他的選擇了。因為你得像訓練步兵一樣投入全力復健，像個陸戰隊員一樣，因為你的家人靠你！因為我們都在這裡幫你，我們不接受藉口，因為戰士的命運比他的傷口更大。」

我與你分享這個故事，是要告訴你一個令人喪氣的事實：你其實可以不必做任何事。你不必為了你的人生、你的工作、你的家人努力。日子辛苦時，你不必掙扎著從床上爬起來。你不必費盡苦心提升自己，也不必奮發求進，創造美好人生。

但是，有些人認為必須這樣做，為什麼？
答案是：表現必要性。這是促使人類奮發進取、登峰造極的最強有力動機。

艾賽克的體能能否改善？從許多方面來說，這完全取決於他個人。醫生說，如果他努力嘗試，他有可能再次行走。他們告訴他，事情能不能成並無把握，但可能性是存在的。他的情緒能否好轉？這同樣全靠他自己。他身邊許多人都願意支持他，但許多需要支持的人，並不接受其他人的支持。唯一的差別就在於，這個人是不是下定決心，認為自己必須做得更好。**沒有必要性，也就沒有因應的行動。**

必要性是情緒驅動力，使得卓越表現不是一種偏好，而是一種必要。不大強烈的欲望會讓你想做一件事，但必要性不一樣，它要你非採取行動不可。當你感覺到必要性時，你不會坐在那裡希望或想像，你會站起身來採取行動，因為你必須這麼做，你沒有多少選擇，你的身心靈還有事情發展都要你採取行動。你也知道自己必須採取行動，若不採取行動你會責備自己，你會覺得對不起自己，沒有盡到應盡義務，沒有實現自己的職責或命運。由於個人認同感的積極投入，必要性為你帶來高於尋常的鼓舞意識，讓你產生必須行動的急迫感。

這些「身心靈」與「命運」之說，對某些人聽起來或許有點假，但高成效人士在描述他們的許多行為動機時，用的往往就是這些字句。在與高成效人士訪談時，我經常問他們，為什麼這麼努力工作，怎麼能夠這麼專注、這麼投入？他們的答覆經常像這樣：

- 我就是這樣的人。
- 我想不出來自己還能做其他事。
- 我天生就是做這個的料。

他們的答覆往往還透著一種義務與急迫意識：

- 現在大家都需要我，他們靠我。
- 我不能錯過這次機會。
- 如果我現在不做，我會後悔一輩子。

他們會說類似艾賽克說的那句話：「好像你的一生與你奮鬥的目標，都在一瞬間派上用場一樣。」當你擁有高度必要性時，你會非常贊同這句話：「我深感一種必須成功的情緒鼓舞與承諾，它不斷迫使我努力工作、嚴守紀律、自我督促。」

非常同意這類陳述的人，在幾乎每一類型的HPI得分都較高。根據他們的說法，與同儕相比，他們也更有信心、更快樂，更能夠取得長期成功。一旦沒了這種必要性的情緒鼓舞，無論採取什麼戰術、工具或策略都幫不了他們。

如果說我從我的研究，以及逾十年高成效教練的工作中學到什麼事，那就是：**如果你沒有那種絕對必須勝出的感覺，你不可能出類拔萃、持續表現卓越**。你必須在情緒上不斷用心投入你做的事，直到你來到一個點上：成功對你而言不是一時興起之作，而是一種發自內心深處的必要性。本章討論的就是如何做到這一點。

必要性的基本要件

「必要性是自然的導師與指南。
必要性是自然的主題與發明人，是她的規範與永恆之法。」
——李奧納多・達文西（Leonardo Da Vinci），
義大利文藝復興主要代表人物

高成效的必要性包含四項要素，我稱為「必要性的四原力」（Four Forces of Necessity）：認同、痴迷、責任與緊急。前兩項因素大體上為內在因素，後兩項因素大體上為外在因素，它們都是動機的原動力，結合在一起能夠保證你表現得更好。

高成效的必要性

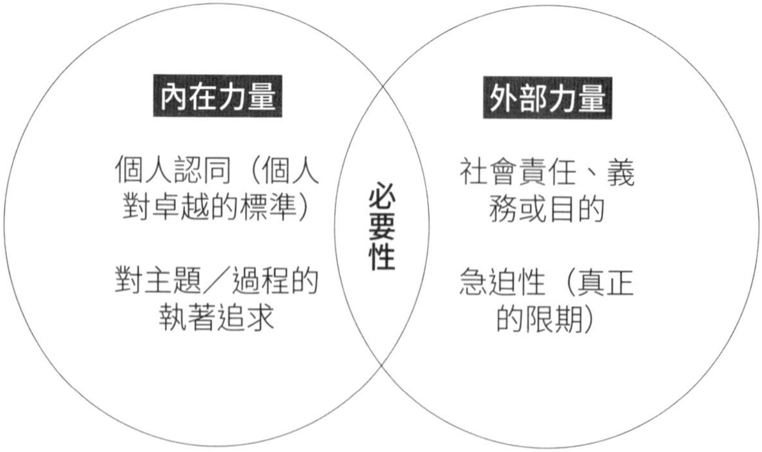

這些高成效的必要性因素未必明顯，在進入練習之前，我要花點時間描述。不要急，請聽我說明，我敢打賭，你會發現必要性在你的一些人生重要領域，有扭轉局面的作用。

內在力量

「我這一生，無論我想做的是什麼，我總是盡心做好；
無論我投入什麼，我總是全部投入。」
——查爾斯・狄更斯（Charles Dickens），
19世紀英國批判現實主義作家

你是否注意到，當你沒有遵照你的價值觀行事，或沒有展現最佳的自我時，你會感到慚愧？或許你認為你是個誠實的人，但又覺得你撒的謊太多。你訂定目標，卻做不到。反之，當你誠誠懇懇、說到做到完成目標時，你是否注意到你的感覺受用極了？這種對自己的表現感到慚愧或開心得意，就是我所謂的「內在力量」。

人類有許多塑造行為的內在力量，包括：你的價值觀、期望、夢想、目標，以及對安全感、歸屬感、一致性與成長的需求等。不妨將這些內在力量視為一種內在導向系統，它籲請你「做你自己」，活出你的最佳自我。終你一生，這些內在力量不斷塑造、再塑造你的個人認同與行為。

我們發現，有兩種特定的內在力量——對於卓越的個人標準，以及對一項主題的執著追求，對於你能否取得長期成功特別具有決定性影響力。

高度個人標準＆對卓越的承諾

「一個人的人生品質，與這個人對卓越的承諾成正比，
無論選擇發展哪個領域。」
——文斯・隆巴迪（Vince Lombardi），
NFL最受敬重教練之一

毫無疑問，高成效人士為自己設定高標。特別是，他們非常關心任何他們認為攸關個人認同問題的工作或活動上，他們的表現是否良好。促使他們把事情做好的，是他們的個人認同感，未必是因為他們選了或他們喜歡這項工作或活動。[1]舉例來說，運動員未必特別喜歡教練為他們指定的訓練項目，但由於他們自視為精英，願意為了創造佳績嘗試一切，所以還是照做不誤。組織的研究人員也發現，人們所以表現良好，主要不是因為他們做的是自己滿意的工作，而是因為能夠有效設定對個人有意義的挑戰性目標。[2]也就是說，滿足感不是優異表現的原因，而是成果。當我們做一件與自己的未來認同合拍的工作時，我們更有可能把工作做好。我們都想把重要工作做好，這是自然。

但是，高成效人士比其他人更在乎卓越，因此更努力投入。

我們怎麼知道他們更在乎？因為他們會以較其他人更頻繁的頻率，不斷地自我監督個人行為與表現目標。高成效人士不僅知道自己設有高標準、要做得盡善盡美，每天還會自我審查幾次，看看自己是否做到了這些標準。他們

能夠不斷精進，靠的就是這種自省能力。另一方面，我在數以百計的績效評估中發現，成效不佳的人往往自我意識不清，對自己的行為與成果不大在意。

這些發現與有關目標及自我意識的研究成果不謀而合。舉例來說，主動訂定目標、不斷自我監督的人，比其他人達標的可能性高出幾乎兩倍半。[3]他們也會設定更精確的目標、更努力按照計畫完成目標。[4]在對一萬九千多名參與者進行的一項研究中，研究人員發現，是否監督進度對達標的重要性，幾乎與目標設定是否清晰同樣重要。[5]

如果你不能有效監督你的進度，不如乾脆不必設定目標，也不必指望做到自己的標準。這個道理適用於人生的方方面面，就算是最平淡無奇之處也不例外。假設你認為自己是個健康的人，想要甩掉幾公斤的體重，如果你不設定目標、追蹤進度，你的減重計畫幾乎必敗無疑。一項統合分析發現，自我監督是提升減重成效最有效的辦法。[6]

但這與高成效有什麼關係？你得有一套檢驗做法，才能知道自己是否做到設定的標準。想做到這一點其實不難，你可以在每天晚上寫日記，想想：「我今天有沒有把事情做好？我盡力做好工作，無愧於我的價值觀與自我期許了嗎？」

每天自問這樣的問題，可以幫助你面對一些難以面對的事實。世上沒有十全十美的人，你難免有時表現未盡理想，這是預料中的事。但是，你若不能自省，你的表現比較不容易一致，進度也會比較慢。你若能夠持續自省，雖然可能會不時感到沮喪，但這是非常正常的。

高成效人士如果發現自己沒有成長，或者表現未能盡善盡美，一定會對自己更加嚴厲。不過，這不表示他們會因此悶悶不樂，或者因此變得神經緊張，總覺得自己就要失敗。可別忘了數據：高成效人士比同儕快樂，認為他們面對的壓力比同儕輕，並且覺得他們的努力造成重要影響，也獲得豐厚回報。他們所以這麼想，是因為他們認為自己走對了路。而他們所以認為自己走對了路，是因為他們不斷自我檢視。

在與高成效人士的每一次討論中，我都發現他們非常樂意面對他們的缺失，補強他們的弱點。他們不逃避這類討論，不會假裝自己十全十美。事實上，他們喜歡討論如何改善，因為本質上他們的個人認同與人生喜悅都與成長息息相關。

那麼，高成效人士如何能夠不斷照著鏡子反省，卻始終不氣餒呢？或許就只是因為自省是他們的習慣，他們樂於自我檢視，就這麼簡單。他們不怕面對自己、找出缺失，因為他們經常這麼做。一件事情你做得愈多，做起來也就愈順手。

高成效人士一旦失敗，可能會嚴厲苛責自己，因為追求卓越對他們的個人認同過於重要。當你的個人認同是：「我會把事情做好，盡量做得盡善盡美」，或「我追求成就，注意細節，關心事情發展」，一旦事情出了差錯，你自然會小心在意。對高成效人士而言，這類認同陳述不只是陳述而已，還是他們不可分割的一部分。也就是說，他們的內心有一股要他們把事情做好、難以抗拒或推卸的壓力。

當然，如果高成效人士不能小心在意，這些高標準可能產生逆火。如此一來，很容易就會變得過於自責，自我評估很快開始等同痛苦。一旦發生這種情況，我們不是停止自問是否把事情做得夠好（因為答案總是令人過於痛苦），或者還是不斷自問，但是把自己搞得神經緊張、就要崩潰。過度擔心犯錯令人焦慮，工作成效降低。[7]當明星高爾夫球選手突然僵在第十八洞、不知如何揮桿時，並不是因為他們欠缺求勝的必要性，而是求勝的必要性為他們帶來難以承受的期望與壓力。

不過，對高成效人士而言，這種突然僵住、無法運作的情況非常罕見，因為高度必要性是他們個人構成的一部分，早已習以為常。[8]值得注意的是，我們有關低成效人士的研究發現，與高成效人士相比，低成效人士每週自我檢討的次數，只有高成效人士的三分之一到一半。此外，面對「我渴望追求卓越，這是我的個人認同，我的日常行為就是明證」這樣的陳述，低成效人士一般不會點頭。或許，對低成效人士來說，追求卓越風險太大。如果你經常因為表現不佳而感覺很差，自然就會設法回避自我評估。對低成效人士而言，這成為一種最大的反諷：如果不多加自我評估，他們的表現無望改善。但是，如果他們多加自我評估，又必須面對無可避免的失望與自我批判。

想要掙脫這樣的困境，低成效人士必須設定新的標準，必須更常自我檢視，必須學習以嚴厲的眼光關注自己的成績。

當然，我不會騙你說這是件簡單的工作。逃避面對潛在的負面情緒，是深植人心的一種本能，而且強烈的必要性也未必總是那麼令人嚮往。在人生的每個領域全力以赴，可能讓你筋疲力盡。不斷地自我要求、把自己逼到極限，對很多人來說聽起來就是一件令人喪膽的事。你或許做得不好，你可能搞砸，或是因為做得不夠理想而感到沮喪、自責、慚愧、悲傷、羞恥。不斷自我鞭策，未必是一件令人舒坦的美事。

但我想，這是高成效人士必須付出的終極代價。他們感覺「必須」追求卓越，做不到就得忍受負面情緒的折磨，就這麼簡單。他們非常重視必要性帶來的績效優勢，權衡之後，利大於弊。

不要害怕這種必要性的概念，許多人在我向他們介紹這種概念後，顯得有些猶豫遲疑，害怕自己準備不足或應付不來。但必要性並不只是意味著「壞事」即將出現、你現在就「必須」行動，也不表示你得背負著讓你疲憊不堪的重擔。我經常這麼告訴表現不如預期的人：

有時，想重返人生勝利組，最快的辦法就是再度自我期待。

努力向前，讓你的個人認同與表現良好結合在一起。請你記得，要為自己設定富有挑戰性的目標。歷時數十年、對四萬多人進行的研究顯示，與那些目標訂得模糊不清、也沒有挑戰性的人相比，訂下困難而明確目標的人表現得更好。[9]

把自己視為一個熱愛挑戰、敢於做夢的人。你比你想像的強大，你的未來憧憬無限。當然，你可能失敗、可能不快，但你不這麼做又將如何？退縮？落在人生末段班，自怨自艾？躲在自己的小泡泡裡，庸庸碌碌、沾沾自滿地蹉跎一生？不要讓這個成為你的命運。

高成效人士敢於指望自己成就大事，也肯付出，長期來說必然成功。他們不斷地告訴自己，「必須」把事情做好，因為行動或成就才是他們的理想認同。

高成效人士對卓越人生的夢想，不只是單純的希望與幻想而已。他們將夢想當成一種必要，他們的未來認同與它結合在一起，期待自己有一天實現，然後奮力投入去做。

執著追求了解與精通一個主題

「想在教練或任何領導職位取得長期成功，
就得在某方面痴迷。」
——帕特・萊利（Pat Riley），NBA前明星總教練

如果追求至善的內在標準使得優異表現成為必要，好奇的內在力量則使得優異表現成為一種賞心樂事。

可以想見，高成效人士也是非常好奇的人，急著想要了解、精通他們的主要興趣領域；事實上，這種好奇心正是他們成功的一項標誌。觀察所有高成效人士，無論各行各業，結論都是這樣。高成效人士會在高度內在力量的驅動下，長期專注於他們的興趣領域，主動營造必要的能力。心理學家說，他們有高度的內在動機（intrinsic motivation）——他們做事，是因為做這些事很有趣，讓他們感到開心、滿足。[10]高成效人士不需要報酬或他人督促才會做事，他們發現這些事本身相當值得去做。

幾乎現代所有關於成功的研究，都注意到這種對特定主題或科目長遠、深入的熱情。談到「恆毅力」（grit）時，我們說的是「熱情」加上「不屈不撓的毅力」。你若聽過「刻意練習」——往往誤解為投入一萬個小時的規則，就知道在做一件事情時，長時間專心投入、不斷練習的重要性。這些研究成果十分明確，無論哪一行，能夠成為世界級大師的人，專心投入的時間都比其他人長，鍛鍊得比其他人辛苦。[11]

但是我發現，除了熱情，高成效人士一定還有一些什麼關鍵特質。熱情是人人都理解的，那是大家都接受的。我們接受的教育都告訴我們要保持熱情，要熱情生活，要熱情去愛。熱情是期望，是通往成功的第一扇門。如果你長期保持情緒投入，即使當動機與熱情難免因興趣波濤而時起時伏，即使當其他人指責你（而你知道他們或許是對的），即使當你一再失敗，即使當你為了繼續攀高、被迫遠遠走出你的安樂窩，即使當獎勵與認可怎麼也等不到，即使當所有人都已經放棄了，即使當一切跡象都說你應該放棄時，高成效人士還是會繼續前進——那不只是有恆毅力而已，許多人或許會說，那是一種幾近不負責任的執著與痴迷，與魯莽、不顧後果非常近似。

我在《自由革命》（*The Motivation Manifesto*）這本書中談到這一點：

我們的挑戰是，我們的環境一直要我們相信這類事物的反面為真——要我們相信，大膽的行動或快速進步是危險或魯莽的。但是，想要進步或開創任何事物，想要做出新的、了不起、有意義的貢獻，某種程度的瘋狂與魯莽有其必要。若是沒了魯莽，人類怎能成就那些豐功偉績？想要成就不凡——穿越海洋、廢除奴隸制度、把人類送進太空、建造摩天大樓、基因解碼、開創新事業、革新整個產業，就得有所謂的「魯莽」。嘗試從未有人做過的東西，違背傳統行事，在一切條件都不成熟理想的情況下展開行動，這是魯莽。但是，大膽的人都知道，想要取勝就得先展開行動。他們也深深了解，想要獲得真正豐厚的回報，冒險是無可避免而且必要的。沒錯，任何闖入未知的行動都是魯莽之舉，但是不入虎穴，焉得虎子？

我又在玩弄文字遊戲了嗎？不是的，這些都是全球各地的高成效人士對我說的話。

當你對你做的事充滿熱情時，大家都能夠理解。當你過度執著到痴迷時，他們認為你瘋了。這就是兩者的差異。

就是這種近乎魯莽投入一件事的痴迷，令人覺得有必要做得更好。

無論在任何領域，缺乏投入感的人往往一看便知：隨便看看的顧客、不用心的戀人、不負責任的領導人。整體來說，他們好像欠缺強烈的興趣、熱情或意願，但未必如此，有時他們也非常有興趣、熱情與意願，就是少了一樣東西：持久、止不住的執著追求。與一個人見面，很快你就會知道這個人是否對什麼著迷。如果一個人對某件事物著迷，他們會很好奇、用心投入，非常興奮學習、討論對他們很重要的特定事物。比方說，他們可能會說：「我真的很愛做這件事，我有點入迷」，或「我靠這個活下來，我無法想像自己做其他事，這就是我。」他們會充滿熱情、如數家珍地談論自己如何追求巔峰、掌握選擇的領域，他們會一小時又一小時地記下研究、練習與準備的過程，你可以在他們的行事曆上看見他們如痴如醉、辛苦揮汗的痕跡。

當你對一件事的投入從熱情昇華為痴迷時，你知道這件事已經與你的個人認同結上不解之緣。

它從一種對特定情緒狀態——熱情——的渴望，轉變成對一種特定人事物的追求。開始成為你的一部分，成為你最看重的東西，成為你的必要性。

就像有些人不敢為自己設定高標準一樣，許多人也害怕變得執著、痴迷，寧可淺嘗輒止。只是有熱情，不必賭上自己的認同，活起來輕鬆得多。

值得提醒你一句：高成效人士能夠處理這樣的內在壓力，他們不介意潛入熱情最深處。執著、痴迷不是可怕的事，正好相反，它幾乎像面榮譽獎章一樣。當人們為了一件事而痴迷時，很容易沉醉其中，對其他人的想法置若罔聞。他們夜以繼日努力，不斷改善自身技巧，樂此不疲。

你可能要問，這世上有沒有「不健康」的痴迷？我想，這得看你如何定義。如果你太著迷，迷戀成癮，想不做都不行，那確實不健康。如果你像《韋氏字典》（Merriam-Webster）為「obsession」（痴迷）下的定義之一，認為痴迷是一種「持續的、令人不安的全神貫注」，痴迷到「令人不安」的地步確實不健康。不過，《韋氏字典》對於「痴迷」還有下列釋義：

- 是一種狀態，在這種狀態中，人不斷或經常想著一些人或一些事，特別是以一種不正常的方式這樣想著
- 人不斷或經常想著的一些人或一些事
- 是一種人非常有興趣或花了許多時間投入的活動
- 是一種對一些人或一些事持續、而且強烈得不正常的興趣

我從《韋氏字典》的這些釋義中，沒有看到任何特別不健康的字眼。請容我再說一次，這得看你如何定義。我對高成效人士的認識是，他們確實花非常多時間思考，做那些令他們痴迷的事。這樣「不正常」嗎？當然不正常。

但正常也未必健康。

老實說，在今天這個不斷令人分心的世界，你可以花在幾乎任何事物上的正常時間量約為兩分鐘。所以，如果將多得不正常的時間投入一件事物是「不健康」的，高成效人士確實不健康。不過，根據我的觀察，高成效人士並

沒有不健康——而我花在觀察他們的時間，比其他人都多。如果你想知道自己是否有任何一種不健康的痴迷，想要找出答案並不難：如果你不再能夠主控，你痴迷追求的人事物開始成為你的主宰，甚至開始撕裂你的人生、破壞你的人際關係，為你帶來種種不快，那就有問題了。

但是，高成效人士沒有這種問題，否則就定義而言，他們不是高成效人士。相關數據就是明證：[12]高成效人士很快樂、充滿自信、吃得健康，而且規律運動。他們比同儕更能應付壓力、熱愛挑戰，而且可以感覺得出他們正在創造歷史新頁。換言之，你可以說，他們享有主控權。

我所以鼓勵人們不斷嘗試新事物，直到發現一些能夠引發他們不尋常興趣的東西，原因就在這裡。一旦發現這樣的東西，如果能夠吻合你的個人價值觀與認同，投入就對了。要讓自己保持好奇，讓自己一頭栽進一些東西，不斷地深入探索，重燃你體內想要精通一些東西的那份執著痴迷。

當高度個人標準與高度執著結合在一起時，就會產生高度必要性，高成效隨之出現。而這些只是必要性的內在遊戲，讓事情真正精彩的是外在力量，在我們開始探討外在力量以前，請你先花點時間思考下列這幾件事：

- 對我的人生很重要的價值觀包括⋯⋯
- 我最近在一個場合中沒有按照我的價值觀行事，這個場合是⋯⋯
- 我在那一刻覺得不必按照我的價值觀行事，是因為⋯⋯
- 我很得意，因為我最近在一個場合中能夠謹守我的價值觀、做自己想做的人，這個場合是……
- 我覺得自己必須做那樣的人，是因為……
- 我發現自己迷上了幾件事，包括……
- 我還沒能以健康方式足夠入迷的一件事是……

外在力量

「你永遠不知道自己有多強，直到你別無選擇。」
——巴布・馬利（Bob Marley），雷鬼樂之父

必要性的外在力量，指的是任何驅使你表現良好的外在因素，有些心理學者稱這些因素為「壓力」。[13]我很少使用「壓力」這個名詞，因為它有許多負面含義。高成效人士大體上不覺得他們迫於壓力不得不力求表現，就像所有人一樣，高成效人士也面對義務與期限，區別在於：他們是有意識選擇了這些職責，因此不認為這些職責是對他們的負面壓力。他們並非「被迫表現」；他們是「樂於表現」。

我過去把這件事搞錯了。在我們對高成效指標的一項種子研究中，我們問受訪者是否非常同意下列問題：「我可以感覺到來自同事、家庭、老闆、導師或文化的外部壓力，要我創造佳績。」讓我稱奇的是，這項陳述與高成效並不搭調。[14]當我們就這件事詢問高成效人士時，我發現這項陳述之所以與高成效不搭調，是因為高成效人士認為，他們感受到的成功需求並非來自他人。如果他們確實感受到來自他人、讓他們表現得更好的壓力，這種壓力多半只是針對他們業已投入的選擇或行為的補強。換句話

說，高成效人士未必將外力視為負面因素，或者視為督促他們表現的原因。

意思是，高成效人士所以表現良好，與心理學者所謂的「抗拒」（reactance）無關，「抗拒」指的是因為想要反擊或抵抗一項侮辱或威脅而採取的行動。高成效人士所以採取行動，並不是要與「體制」或壓迫他們的人作戰。高成效人士所以衝刺，並不是因為他們叛逆或感受到威脅。這類「負面」動機當然存在，但單獨一項極少能夠持久，成就不了什麼事。

高成效人士往往將「正面」的外在力量，視為提升表現的因果原因。他們想要把事情做好，因為這有助於達成他們認為有意義的宗旨。甚至是令許多人厭惡的義務與難以完成的限期，在高成效人士的眼中，也成了提升表現的正面因素。

基於這種理由，有兩種最主要的正面外在力量，可以帶來能夠提升表現的動機或「壓力」。

社會責任、義務與目的

「職責讓我們把事情做好，
愛則是讓我們把它們做得美好。」
——菲利普斯・布魯克斯（Phillips Brooks），
IBM System/360之父、圖靈獎得主

高成效人士往往因為一種對某人或某事的責任感，覺得自己必須做出好成績。他們覺得有人仰賴他們，或是覺

得自己必須實現諾言或負起責任——我從廣義詮釋「責任」一詞，因為高成效人士也這樣做。有時，當高成效人士談到「責任」時，他們的意思是他們對他人的虧欠，或是必須對自己的表現負責（無論是否有人要他們這樣做。）有時，高成效人士將責任視為滿足他人期望或需求的一種義務。有時，他們將責任視為必須遵守的一種團體規範或價值，或將責任視為必須奉行的一種對錯道德意識。[15]

我們往往為他人做得多，為自己做得少——這個事實最能說明責任何以能讓我們表現得更好。儘管我們知道自己需要睡眠，但是會在半夜三更起床，安撫哭鬧的孩子，原因無他，只因為在我們腦中這樣做更有必要。這種類型的必要性，往往是促使我們力爭表現的最強動機。所以，如果你覺得自己表現欠佳，不妨自問：「現在誰更需要我？」

如果你像這樣把事情攬在自己身上，當大家知道需要幫忙時找你準沒錯，必要性會變得更強。數不清的研究顯示，人們在為他們的表現成果負責、在經常受到他人評估、在有機會展現專業或獲得服務對象的尊敬時，更能保有動機、更加付出，達到更好的成果。[16]換言之，如果你覺得為了他人你必須做好，或是覺得做得好能夠展現你的專業，你就會更覺得有必要做得更好。這就是為何當我們在眾目睽睽之下工作、必須為團隊成效負責時，通常會工作得更賣力、表現更好。[17]

這聽起來雖然很好，但是我們都知道，對他人的責任感往往在短期間給人一種負面的感覺。期待能夠在半夜醒來為寶寶換尿布的父母很少，他們這麼做主要是出於義務，不是為了展現溫馨親情。父母會抱怨這樣的義務嗎？當然會。但長期克盡這類「正面」義務，讓父母覺得自己是好父母，至少這種感覺也是父母們會這麼做的部分動機。換句話說，我們為盡到人生義務而感到的外在需求，可能在短期間令我們不快，但之後能夠帶來強有力的成果。

低成效人士很難了解義務未必是壞事的道理，我們發現，在職場上，低成效人士對責任的抱怨比高成效同儕的多，原因就在這裡。有些義務自然容易引起抱怨，舉例來說，對家人的義務可能讓你住在父母住處附近，或是匯錢給你的父母。對許多人來說，這類對家人的責任或許給人一種枷鎖感，但克盡這類責任也有助於增添福祉意識。[18]

在職場上，「做正確的事」的感覺，也能讓我們產生正向情緒。組織研究人員發現，特別是在情勢有變之際，最投入的員工認為，如果他們離開公司會損及公司前途，他們離開公司是「錯」的。[19]他們甚至往往不惜延長工作時間，加倍努力幫助主管。對工作的責任感，讓他們放棄了短期舒適。

由於高成效人士了解他們必須克盡義務，他們很少對工作、對職責有所抱怨。他們知道，克盡職責、為他人的需求服務，是必經過程的一部分。即使現在痛苦，到了明天，也會成為正向的好事。正是這些發現鼓舞了我，讓我能以不同眼光觀察我的人生義務。我學會調整我對那些必須做的事情的態度，我的抱怨減少了，而且發現大多數我「必須」做的事情，其實是一種福賜。

我學會了一件事：當你有機會為他人服務時，不要抱怨因為服務而付出的努力。

當你感覺到服務他人的衝勁時，你的優異表現可以持續得更久。軍人的事跡往往可歌可泣，原因就在這裡——他們有超越自己的職責感，認為他們必須為國家、為同袍服務。

大多數高成效人士提到，「目的」鼓舞他們把事情做到最好，原因也在這裡。他們對更高層視野、使命或召喚的責任或義務感，驅使他們不畏艱辛、成就事物。

事實上，當我與高成效人士談話時，他們經常說自己「別無選擇」，只能全力以赴，把該做的做好。但是，他們並不認為自己被剝奪自由，好像被專制領導人逼著做事一樣。他們的意思是，他們覺得自己被召喚必須做那件事。他們覺得自己獲得一份獨特的禮物或機會，而且他們往往認為，現在的表現影響他們的未來，還可能以奧祕的方式影響許多人的未來。

當你與最頂尖15%的高成效人士談話時，這種呼應更高層召喚的責任感幾乎無所不在。你會經常聽到他們談論傳承、命運、天賜良機、老天爺，或說對子孫後代的道德責任使得他們全力以赴。他們會說他們需要好好表現，因為他們知道別人需要他們。

真正的限期

「沒了急迫感，渴望就失去價值。」

——吉姆・羅恩（Jim Rohn），國際知名勵志演說家為什麼運動員在賽事前幾週會加緊苦練？為什麼業務在季末有較好的業績？為什麼在家帶孩子的父母在開學以前，總是做事比較有條理？因為最能讓人起而行的，莫過於一個沒有討價還價餘地的限期。

在成效管理上，設定真正的限期是一種為人忽視的有效工具。我們喜歡談論目標與時間表，訂下「希望能夠完成」這些目標的時間，但只有當真正的限期出現時，高成效才會出現。

什麼是「真正」的限期？它是一個攸關成敗的時間，如果不能如期達成會帶來重大負面後果，只有如期達成才能有成。每個人都在人生旅途中面對各式各樣的限期，不同之處在於：高成效人士似乎不斷擁有他們認為重要、需要努力完成的真正限期。他們知道事情需要在什麼時候完成，知道這個限期涉及的真正後果、利弊得失；同等重要的是，高成效人士不會追逐假限期。

什麼是假限期？是一種認知有誤的活動，雖然設有完成期限，但只是某個人的偏好，不是一種實際需求，即使做不到也不會有什麼真正嚴重的後果。我有一位身為「綠扁帽」（Green Beret）特種部隊的客戶，稱這種假限期是「作秀演習」。

這種真、假限期之間的差距，經常出現在我的生活中。每當有人發email給我提出一項請求，無論有沒有注明時間，我都會這樣回覆：

謝謝你提出的要求，但你能不能給我完成這件事的「真正限期」？我的意思是，世界真的會開始爆炸、你的職涯會毀滅，或骨牌效應會導致你我徹底沉淪的那個時間點。在那個時間點以前，你訂下的任何限期，都只是你喜歡的限期。但是，不瞞你說，在你送來這項請求之際，我已經收到一百件排在你前面的請求了。為了能夠為你提供最佳服務，我不得不依照真正限期將你排序。你能不能給我一個無法再商議的限期，並且告訴我為什麼非得這樣做不可？等你給我這樣的限期之後，我會決定優先順位、盡全力與你配合，一如既往為你提供最佳服務。謝謝！

——布蘭登

我發出這樣的email，是因為我知道，如果我要設法滿足其他人那些並非真實需求的假需求，我的成效很快就會變得十分低落。我總是想要盡力取悅所有人，對什麼都有興趣、很容易分心，幸好我已經養成這種分辨真假限期的習慣，使得我（與我認識的每一位高成效人士）都能保持卓越績效。

不久前對1,100百名高成效人士進行的調查顯示，他們那些低成效同儕投入假急迫、假限期的次數，比他們多了三倍半。[20]高成效人士比其他人更能專心投入真正重要的事。

不過，這不是因為高成效人士是超人，隨時都能專心投入自己訂定的限期，把成果做出來。實際上，在大多數的情況下，高成效人士戮力以赴的限期是他人、是外力加諸他們身上的。奧運選手不能選擇比賽要在什麼時候舉行，執行長也無法指定市場的季度需求。

如果只是根據我自己訂定的限期，我或許永遠都完成不了這本書。但是我知道，如果不能如期完成這本書，我的家人會造反，我的友人會綁架我，我的出版商會把我拋棄。當然，我誤了幾次自己設定的假限期，一旦真正的限期出現，我的出版商向零售通路保證出書，我的妻子期待假期，每小時完成字數的進度立即暴增。

不過，這不是說高成效人士全力以赴趕在限期內完成，是因為害怕耽誤限期會有嚴重的負面後果。事實上，大多數高成效人士所以能夠不誤限期，是因為他們渴望見到工作成果，也為了想要展開自己選定的下一項工作或發展機會。我渴望完成這本書，不僅是因為我擔心不按時交稿可能會帶來的惡果，也是因為我希望盡快將這本書交到你的手中，讓我有更多精神關心我的家人，讓我將訊息帶給更多學員。

這個例子說明了真正的限期的另一個層面：本質上，它們是「社會限期」。高成效人士所以能夠不誤限期，是因為他們知道自己的時間進度會影響到其他人。

現實情況是，當你選擇關心他人、幫助這個世界變得更加美好時，你面對的限期會增加。

或許有人認為，時間壓力真是令人痛苦，但是根據我的觀察與其他人的研究，事實並非真的如此。不久前的一項研究發現，有了限期不僅讓人更加專心，還能讓人盡速完成手邊作業，全力投入下一項活動。[21]也就是說，限期幫助我們加緊在活動與活動之間做個了斷，讓我們可以全力投入，因應當下的需求。

保持火力

認同、痴迷、責任、限期，可想而知，這四種力量的任何一種，都能夠讓我們表現得更好。但是，當內在與外在需求結合時，會產生更強大的必要性，幫助你勇往直前。

請容我再次重複這個敏感的議題，許多人非常不喜歡必要性，討厭任何形式的壓力。他們不要內在壓力，因為那令人焦慮。他們也不要外部壓力，因為那會帶來焦慮與真正的失敗。但數據會說話：高成效人士喜歡必要性；事實上，他們需要，一旦沒了必要性，他們的火也熄了。

請你想像你和幾位頂尖2%的高成效人士共事，他們對你說：「我覺得我不像過去那樣，也沒有那麼自律了。」你會對他們採取什麼行動？要他們再做一次性格測試或優勢評估，或是要他們到森林去僻靜一下？

我一定不會這麼做。我會與他們好好談談必要性，找出他們曾經自認表現良好的時間點，然後與他們探討「必要性的四原力」，了解過去讓他們表現得這麼好的原因是什麼，然後再次對四原力一一探討，讓這幾位高成效人士更深入地與他們對成就的渴望結合。如果他們覺得沒有什麼值得追求、沒有什麼能讓他們感到痴迷，如果他們覺得自己沒有什麼必盡的義務，即使做不好也不會失去什麼，我會要他們找回一些深切關心的事。我會讓他們自由發揮，直到真的釐清這四原力為止。

我對艾賽克——本章一開始提及、覺得自己已成為廢人的軍人——採取的正是這種做法。我要他用全新的方式想像他的未來，與他在受傷前曾經有過的執著重新連結，要他為他的家人下定決心改善身體健康和心態，以便重返崗位。這不容易，但艾賽克後來終於尋回自我，再次找回對生命的熱愛。

基本原則：只有在「必要」時，我們才會做出重大改變，獲得重大改善。當加諸身上的內在力量和外在力量都夠強時，我們會力求改善，更上一層樓。當情勢困難險惡，我們由於想起了我們的目的，才能夠保持前進。當我們心驚膽戰，陷入黑暗困境奮力掙扎時，我們記起自己為了光明而戰，於是不斷克服困難，長期締造佳績。接下來要進入本章的三道練習，幫助你提高必要性。

練習 1

要知道誰需要你提供最佳狀態服務

「我們不僅要有長處，還要有專精。」
——亨利・大衛・梭羅（Henry David Thoreau），
19 世紀美國作家、詩人

為了幫助你善用必要性的內在與外在力量，請試試這項簡單的小練習，為自己設定「案頭扳機」。從今以後，每當你在桌前坐下來、觸發這道扳機時，請你自問：

「此時此刻，誰最需要我的最佳狀態服務？」

你一坐上椅子就問，這就是你的練習。我很愛這項小練習，基於下列幾個原因：

- 很簡單，任何人都可以做。
- 扳機很容易觸發，就做你經常做的事：坐到辦公椅上。無論你的「辦公椅」是在餐桌旁，或在高樓角落辦公室內，我敢說你一定經常坐在那上面。
- 這件事會迫使你快速自省一次。僅僅提到「你的最佳狀態」，就能迫使你思考：我的「最佳狀態」是什麼樣子？我今天是這樣嗎？在接下來一、兩個小時，我的「最佳狀態」會是什麼模樣？
- 這個問題還能夠迫使你想到他人。無論基於職責、義務或目的，他們在你心目中出現，現在你有了提供服務的對象。當你必須為了他人採取行動時，通常會做得更好。
- 最後，我喜歡「此時此刻」這幾個字，它讓人立即專注精神。而「最」這個字，也讓人檢視優先順序——沒錯，你猜到了！——核實真正的限期。

我開始向我的客戶傳授這種做法，因為我見到的每一位高成效人士，無不經常思考自己是否竭盡全力——不僅為了自己，也為了他人。他們經常評估自己的表現，我請你練習設定這種「案頭扳機」，就是要幫你養成以最佳狀態投入工作的習慣。我還要幫你準備踏入一種服務精神，因為高成效人士就是這樣做的，他們對生命充滿感激，對其他人也很慷慨。

大家經常問我，所謂「最佳狀態」究竟是什麼模樣？

要怎樣才能進入「最佳狀態」？所謂「最佳狀態」指的就是，你竭盡全力專心投入手邊的工作。想要進入最佳狀態，你得運用內在與外在的必要性需求。特別是，你得自許為高成效人士、擁有這種個人認同，建立需要全力投入的情勢。也就是說，你得透過個人認同與專心致志進入你的最佳狀態。在人生旅途中，你必須選擇你的個人認同——你希望自己有一天能像什麼樣子，能以什麼樣貌示人。個人認同的選擇，對你的成效有極大的影響，請想想下列這些個人認同的差異：

遊戲人間的人（Dabblers）擁有短暫的興趣，喜歡在人生這場遊戲中淺嘗輒止。他們觀察許多東西，也嘗試許多東西，但從不全力真正投入任何一件事。

新手（Novices）也有興趣，至少有意願想在一個領域發展專精。他們比遊戲人間的人更深入，但他們的問題是一旦受挫，容易一蹶不振。他們很容易遇挫打住，因為他們欠缺奮力求勝的認同。

業餘人士（Amateurs）擁有的不只是興趣，而是熱情。他們願意深入鑽研，能夠真正投入一個主題，而且想要做得更好。他們比新手更能克服困難，但除非能夠得到迅速、正面的反饋或認可，否則往往停留在技術不臻純熟的境界。換言之，他們需要許多外部認可才能持續下去。

玩家（Players）有熱情，也有更宏大的承諾與技巧。他們全力投入，讓自己專精於人生遊戲的一個領域。他們做得非常好，只要有機會一展長才、有機會得到報酬，他們也非常快樂。不過，如果遊戲改變或遊戲規則改變，他們立即抱怨連連。玩家極度需要規則與慣例，不喜歡突發狀況或負面反饋。他們需要高度公平才願意參與，如果團隊裡有人獲得比他們優厚的報酬，他們會大發雷霆，立即退出。他們專心投入，成為領域佼佼者，但是在人生、在其他領域很少能夠取得全面性的成功。對他們來說，一切只是一場必須贏的遊戲，如此而已。

高成效人士（High Performers）有點像玩家，但有更大的全面必要性、技巧與團隊精神。他們將一切投入、全力以赴，不計較外部認同或報酬，因為參與本身就是他們的報酬，也是他們服務世界人生觀的一部分。他們的個人認同與遊戲結合，同時與團隊和他們服務的人綁在一起。他們不僅想掌握這場遊戲的某一領域，還想了解遊戲本身。此外，與玩家不同的是，他們不介意與他人分享鎂光燈。他們個人非常卓越，對團隊克盡責任，他們是每場遊戲的強棒。他們脫穎而出，不僅因為他們的個人表現傑出，也因為他們透過影響力讓團隊每個人都表現得更好。

與我在這本書其他地方所做的描述相比，這些描述比較不那麼正式，但我經常與人分享，讓大家都知道他們有所選擇。如果你想建立你的「最佳狀態」，你就不能遊戲人間，不能是新手、玩家或業餘人士。你必須有意識地選擇，努力讓自己成為高成效人士。如果你想不斷維持你的最佳狀態，你就必須為自己找到那個認同，全力以赴，每一天都不放棄。

除了選擇你的高成效認同，你還必須讓自己完全浸淫其中，迫使你不斷努力，積極向外延伸。你不能只是華麗登場，認為自己很行；你必須創造場面，證明你真的很行。研究已經明白指出，你該怎麼做才能找到這些富有挑戰性、讓你沉浸其中的體驗。在正向心理學中，這種概念稱為「心流」（flow）。根據米哈里・契克森米哈伊（Mihaly Csikszentmihalyi），一旦出現下列因素，「心流」應運而生：

1. 你有明確而富挑戰性，但是可以做得到的目標。
2. 注意力需要非常集中、聚焦。
3. 你做的事情本身就是一種報酬。
4. 你失去一些自主意識，有一種寧靜感。
5. 時間停止——你太專心投入，一時失去時間感。
6. 你因你的表現得到立即的反饋。
7. 你的技能水準與你面對的挑戰是平衡的。你知道要做的事即使很難，仍是可以做到。
8. 你感覺能夠掌控情勢與成果。
9. 你不再思考你的生理需求。
10. 你能夠全力專注於手邊的活動。[22]

你可以用這張清單，提升你以最佳狀態為他人提供服務的可能性。「心流」所以威力強大，或許主要在於「為他人提供服務」這一部分。我要你將這項練習視為一個為他人提供服務的機會，原因也就在這裡。超越你的個人成效或感覺，以他人的需求作為你全力投入的理由。找出值得你奮鬥的人事物，如果你能夠激發必要性，讓自己以最佳狀態為他人提供服務，你就能更快交出高績效，持續卓越的表現。

成效提示

1. 在人生的這個點上，需要我提供最佳狀態服務的人有……
2. 他們每個人需要我的原因包括……
3. 我要為他們每個人提供高成效服務的原因是……
4. 當我像……思考、感覺或行動時，我知道我處於最佳狀態。
5. 讓我掉出最佳狀態的事物有……
6. 我可以……，更有效應付這些事物。
7. 我可以為自己設定幾個提醒，不忘以最佳狀態為他人提供高成效服務，這些提醒包括……

練習2

要確認為什麼

「當一個人絕對全然投入的那一刻，天意也隨之而動。」
——哥德（Goethe），德國文豪

高成效人士不會隱藏或避而不談他們的目標或追逐這些目標的原因，他們會充滿信心地向自己與他人反覆談論這些目標。如果說有一項必要性練習，可以最明顯區分高成效人士與低成效人士，那就是本段要談的這項練習。低成效人士往往不清楚他們為什麼工作，即使知道也不去確認、不加討論。所謂「確認」，就是宣示或強調一件事物的有效性或必然性，就是以充滿信心的語氣表明某件事物的真實性或必然發生性。

高成效人士就是這樣討論他們的目標與行事方法，不會語帶懷疑，會對他們戮力以赴的理由深具信心，會得意地向你說明他們的目標。事實上，我發現高成效人士喜歡討論他們做的幾乎每一件事。舉例來說，高成效運動員非常喜歡描述練習的過程，特別是當天為什麼採用一套特定練習。他們會不厭其煩地告訴你，為什麼要做這些例行性訓練，例如：「我今天要做三組75％的深蹲，因為我覺得有些失衡」，他們會告訴你練習的內容是什麼、怎麼做。

當我與高成效人士接觸之初，我時常心想，或許他們不過是些喜歡高談闊論、非常外向的人罷了。也或許他們有某種魅力，讓他們的行動理由比其他人的更動聽？我的這兩項假定都錯了。個性與高成效無關，內向與外向的人，一樣可能成為高成效人士。[23]

我還發現，雖說高成效人士樂意與人分享行動理由，卻很少宣稱自己的做法永遠正確。沒錯，他們對自己的宗旨深具信心，但訪談結果明白顯示，大多數高成效人士對他們的做法是不是最佳做法表示懷疑。正因為他們對更好做法的這種開放態度，高成效人士總是能夠找出新方法往前推進。簡言之，**高成效人士對他們的「為什麼」充滿信心，對於「怎麼做」則是保持開放。**

由於能與他人確認做法，高成效人士不僅更具信心，還能創造社會後果與義務。如果我告訴你，我要努力達成一項目標，還告訴你這項目標為什麼對我很重要，而且我的語氣彷彿這事就要發生，強調我會要它成真，那麼我已經賭上了我的自我——社會賭注出現了。我保證事情會發生，如果沒有發生，我的諾言沒有兌現。我對你說這話是冒有風險的，如果我說了做不到，我要不像個傻瓜，要不像個說話不算話的人，兩者都不是我樂見的。基於這些因素，我建議你要更持續不斷地向自己、向他人強調你的「為什麼」。

當我要你向自己強調「為什麼」時，我指的是，你要用確定的字眼真真實實地向自己強調「為什麼」。這裡談一段個人經驗，大約十一年前，我決定要將我在動機、個人與專業發展領域的研究成果推廣給更多人。在那段時期，YouTube、線上影音行銷與線上教育都處於襁褓階段，正在成長。我決定我應該開始錄製影音和線上課程，問題是我在鏡頭前面簡直是個災難。在鎂光燈照射下，就算你付我錢，我也說不完三句話。我無法讓自己保持冷靜，也不知道該把手往哪裡擺，慘不忍睹。

不過，我確實擁有一項優勢：我知道怎麼向自己與他人強調「為什麼」。所以，我在即將開始攝影以前，會對自己說：「布蘭登，你這麼做是因為這麼做很重要。要記得你的學員，你可以鼓舞他們，幫助他們達到目標，這是你的宗旨。為他們造福，你會愛上這件事的，你能夠幫助許多人。」

當我對自己說這些話時，我的目的並不是要我對自己上鏡頭的能力充滿信心，那完全不是重點。我只是充滿信心地談到，為什麼當天我要在鏡頭前侃侃而談，正是這個「為什麼」的提醒，創造了成效的必要性。此外，我以第二人稱的方式對自己說話，而且我的確認以本質性報酬（幫助人、愛這件事）為主，不是以外在性報酬（錄好影片、銷售課程賺錢、贏得獎項或獲得正面反饋）為主。你或許可以仿效這個方式，因為確認並非都是相等的，本質性的確認比較強有力。[24]

如果你覺得我這些話聽起來很假，那你真得多花一些時間與高成效人士相處，因為這正是他們會說、會做的事。他們會大聲告訴自己，提醒自己什麼才是真正重要的。走進奧運選手在出場前聚集的空間，你會發現很多人都在自言自語，在確認他們的「為什麼」，即使用的字句未必是這樣。來到世界級演說家的後台，你會聽到他們不僅重複演練他們的講詞，還會自我強調上台的原因。研究人員在治療過程中也有同樣發現，焦慮症病患在鼓起勇氣接受治療時，最常採用的策略就是自我提醒恢復健康的價值。[25]

為了在影片上表現得好一點，我還向許多認識我的人確認我的「為什麼」。我開始告訴家人朋友說我準備錄製線上課程，告訴他們為什麼這件事對我很重要。我對他們說，我要在下週將我的線上課程連結給他們，請他們在當週給我反饋。當然，許多人對我這番作為只是報之一笑，並不當真。但我不需要他們的肯定，我需要公開肯定我自己，以便創造一種情勢，讓我必須遵守承諾。一旦放了話、提出保證，在言行一致的人性需求鼓舞下，我更加全力以赴，如期達標。我主動創造我將做一些事的外在期待，然後如實做到這些事。如果當年我沒有這麼做，就沒有現在逾百萬名因此受益的學員。確認「為什麼」，始終是我能夠多產的祕訣。

當我們口頭承諾一些什麼時，那些事變得對我們更加真實、更重要，讓我們覺得自己更得遵照行事。所以，下一次當你想要提升你的成效必要性時，請記得向你自己與他人宣示你要做什麼，以及為什麼你要這麼做。

成效提示

1. 我希望能將三件事做得特別好，這三件事是……
2. 我希望把這三件事做得特別好的原因分別是……
3. 我準備將我的這些目標和設定這些目標的原因告訴一些人，包括……
4. 我要大聲告訴自己，以確認這些原因，我可以對自己說的自我肯定的話包括……
5. 我可以用一些方式自我提醒這些重要的目標與原因，這些方式是……

練習3

要提升你的人際交往圈

「找一群能向你挑戰、能鼓舞你的人，
花很多時間與他們相處，這樣能夠改變你的人生。」
——艾米・波勒（Amy Poehler），知名美國喜劇女演員

我在受雇提供高成效教練服務時，最容易、最快速的取勝之道，就是要服務對象在他們的支援網路中，找出一

些最正向、最成功的人，然後多花時間與這些人相處。你的支援網路包括那些在家裡、在職場上、在社區中每天與你一起共處的人。他們是與你最常講話、最常見面的人。我告訴我的客戶，他們的工作就是開始與同儕團體中最成功的人多相處，盡可能遠離比較負面的人。這麼做很有立竿見影之效，但不是全貌。

如果你真的想在人生的每一個領域提升表現，你應該找一些指望與重視高成效的新面孔，擴大你的同儕團體，納入更多專業能力比你更強、比你更成功的人。所以，你不僅應該多與現有的良師益友相處，還應該設法增添新血。你或許已經知道你應該這麼做，但還不是很清楚你的社會環境對你究竟有多大的影響。

過去十年，研究人員對一種叫做「群聚」（clustering）的現象有了許多驚人的發現。他們發現，行為、態度與健康成果，往往能在社會聚落中成型。圍繞在你身邊的人，甚至可以影響你睡多少覺、吃什麼東西、花多少錢或存多少錢。[26]根據研究，這種也稱為「社會感染」（social contagion）的效應，有利也有弊。

研究人員發現，就負面效應而言，抽菸、病態肥胖、寂寞、憂鬱、離婚、毒品濫用等壞行為與後果，往往能在社會聚落中愈滾愈大。[27]如果你的朋友抽菸，你可能也會抽。在你的朋友中，體重過重或離婚的人愈多，你體重過重、離婚的機率也愈大。

同樣的，快樂與親社會行為這類正向事物，似乎也會在社群中傳播。[28]如果你有個生活得幸福快樂的友人，你感到快樂的機率也會增加25％。研究人員已經發現，音樂、足球、藝術、棒球、網球等領域的專業與世界級表現有群聚出現之勢。[29]

「感染」效應一般與「三度分隔理論」（three degrees of separation）相關。也就是說，可以影響你的，不僅是你的朋友與家人而已。研究人員發現，你的朋友的朋友能夠影響到你，你的朋友的朋友的朋友也能夠影響到你。分隔度每增加一度，環境對你的影響也減少一分，超過三度以後不再有顯著影響。[30]必須慎選社交圈的原因，就在這裡。

當然，我們未必能夠完全決定誰在我們的圈子裡，特別是當我們年輕時尤其如此。今天有這麼多行為惡劣、甚至反社會的人，原因就在這裡——他們受到壞影響。相對於生長在心理與生理健康家庭的人，重大機能不全（亦即離婚、毒品濫用、精神病、忽視或凌虐）家庭長大的人，日後出現與身心健康有關負面後果的風險也較高。[31]這類家庭的孩子還會因為經歷的凌虐而有重大認知與情緒後果，亦即前額葉皮質（prefrontal cortexes，職司決策的腦區）較小，海馬體（腦部記憶管理中心）較小，以及壓力反應過激等。[32]生長在貧窮家庭的孩子，還可能面對過高的犯罪、暴力、監禁、缺乏父母管教、毒品濫用、性與生理凌虐等問題。[33]

這麼說來，對那些天生運氣不佳、沒有良好社會環境的人來說，這一切證據看來能將他們壓得喘不過氣來，讓他們不禁自問：「我有這樣的同儕團體，這輩子大概別想翻身了吧？」

答案當然是一個大聲的「不」。**事實證明，高成效與你的文化或社會環境無關，因為高成效是一項長期競賽的議題**。經過一段時日，你可以從負面影響力中拾回你的人生，將你的心智習慣與社會環境導向高成效。我這些話，可不是隨便說說而已。研究不斷顯示，人們只要能有正確信念與策略，就能超越他們的文化傾向與相關影響力。眾多研究成果顯示，只要認定肯下工夫就能改善，就能幫助生長在弱勢社區的孩子，將成績從吊車尾提升到名列前茅。[34]

近年對16.8萬名十年級的孩子進行的一項研究，幫助證實了這一點。研究人員蒐集學生學業成績、社會經濟狀況，以及是否相信自己有能力努力改善的相關資料。[35]如你料想的那樣，來自社會經濟狀況較佳的學生，表現比來自社會經濟狀況較差的學生好得多，但認定只要自己努力就能改善現狀的學生，可以扭轉這種情勢。事實上，來自社會經濟狀況最差10%、但認定自己能夠改善的學生，成績與來自社會經濟狀況最佳20%、認為自己的能力不會改變的學生沒有兩樣。這表示，認定自己只要努力就能改善的學生，可以大體上消弭經濟差距與隨經濟狀況不佳而來的壓力大、學校差、營養不良等負面因素。

科學研究不斷顯示，某些人即使在周遭環境或文化不理想的情況下，仍能保持優勢。[36]關鍵就在於他們的想法。也就是說，無論有沒有社會支持，你都可以用你的想法改善你的心態、情緒、記憶、反應、整體福祉與成效。[37]

沒有人必須受困於過去的經驗或環境，我們對那些能夠改善人生與成效的因素，擁有極大的個人掌控權。我提出這一點與你分享，是因為有太多人認為沒有理想的同儕團體，他們無法取勝。在我要你改善你的同儕團體以前，請不要有任何你不能憑自己的力量改善人生的念頭。社會支援只是能使個人發展與整體人生的成功更容易、更快速，更讓人欣喜而已。

基於所有這些理由，高成效人士會把更多時間花在正向、而不是負面人士身上。

他們會不斷想方設法，與能力、經驗、整體成就與他們同等或高他們一等的人共事。

他們透過人脈或團體活動與更成功的人結交。在職場上，他們經常與經驗更多、在組織階梯上「高」於他們的人溝通。在個人生活中，與其他人相較，他們會更加自願投入，不願把時間花在負面或充滿衝突的關係上，會向比他們成功的同儕求助。[38]

但這不表示高成效人士會把所有負面或難纏的人完全趕出他們的人生。有人說，想要快樂或成功，你就得「趕走」你人生中所有負面的人。我們聽到有人說：「如果有人不支持你的夢想，不要把他們當朋友，和他們保持距離。」「你的另一半不能為你加油打氣，滿足你的每一項需求？離婚吧！」「學校那些孩子不喜歡你的兒子？轉學吧！」

這種建議並不負責，學習與自己不同、能向你挑戰的人相處，是學習成熟與成長過程的一部分。只因為某人不夠聰明、不能每天大放光明，就把他趕出你的人生，你最後必然只能活得像座孤島，對著椰子樹自言自語。

每個人都有走霉運的日子，沒有人能夠永遠一帆風順。不是每個人都必須跟著你亦步亦趨，為你加油喝采。我們得接受這個事實，不能只因為某人讓你看不順眼，就把他趕出你的人生。你的家人、朋友與同事，會碰上許多不開心的事，他們對你的許多言語和態度，其實與你無關。

他們有他們的世界，有自己的難題。大多數的人都會受到精神壓力所苦，你的大多數友人會在你的人生進進出出，這種看不順眼就把人趕走的概念，既不成熟、也不合理。有時，愛就是同理與耐性。

主動滿足你的需求

「要有意識地設法讓自己身旁都是正向、有教養、奮發進取的人——他們相信你，鼓勵你追夢，為你的勝利鼓掌。」

——傑克・坎菲爾（Jack Canfield），世界級勵志作家

不過，再怎麼說，你都不需要花太多時間或精力在負面人士身上，有使命感的人沒有很多時間可以虛擲在無謂的鬧劇上。所以，我的建議是這樣：不要把所有負面的人完全趕出你的人生，特別是他們如果是你的家人、朋友、忠實夥伴或需要幫助的人，花更多時間（a）與你那些正向、成功的友人相處，（b）營造一個正向的新同儕團體。你可以花時間捲入那些鬧劇，告訴那些人說你不需要他們，你也可以用同樣的時間營造一個新的社交圈。拆除舊關係或營造新關係？我會專心營造新關係。

我還要談一個我不斷會聽到的藉口，特別是從年輕人那裡：「我接觸不到成功人士。」這幾乎永遠是個未經探討的個人信念，並非事實。事實是，在這個全球化的世界，若說你找不到一個可以學習、可以共事、可以效法以改善人生的對象，實在很難令人信服。真正的問題不是這樣的人是否存在，是你是否願意下工夫去找他們、聯繫他們、緊追他們，或是努力自我提升，以便與他們共事。

你該怎麼做？我為那些有意營造更成功同儕團體的人，列出下列這份工作清單：

1. 再加一個了不起的友人。

想要改變你的人生，你不需要好幾打新朋友，只需要多一個積極進取的人，鼓舞你奮發向上。所以，找出你最正向、最成功的友人，請他在下一次與你出遊時，帶上一、兩個他的友人。然後開始與你這些新朋友多聚聚，每週多聯絡半個小時就可以。多結識一個積極進取的人，能讓你朝向美好人生再邁前一步。

2. 做義工。

面對那些覺得自己身旁充滿負面人士的客戶，我提出的第一個建議總是要他們做義工。義工是一群精神抖擻、積極進取的人，他們是施予者。無論怎麼說，為了你的個人與精神發展，你需要接近這樣的服務精神。義工往往是教育程度較高、較成功的人，這是你需要與義工為伍的又一原因。在美國，年齡超過二十五歲、擁有學士以上學位的人，幾近40%當過義工。擁有專科文憑的人當過義工的比率為26.5%；中學畢業生的義工比率為15.6%；沒有中學畢業文憑而當過義工的人，比率僅有8.1%。[39]往往在非營利組織、特別是在董事會與委員會層級工作的義工，是社區裡最富有的人。

但是，當義工的要旨並不只是能夠接近更富有、教育程度更高的人而已。重點在於服務他人，培養同理心與服務精神，以便日後處理人生各種關係時，可以更得心應手。如果你身邊有個負面人物不斷騷擾著你，透過義工取得的世界觀，可以幫助你揮別那些陰影。

想了解你的社區有什麼好的義工機會，可以先從詢問親友著手。你或許沒想到，你的許多親友已經當過義工。此外，只須用你的城市名輸入「義工」搜尋，就會看到許多選項。如果你行程不是滿檔，這個星期就去做。一旦你見到更多努力改善這個世界的人，你的人生也會有明顯改變。

3. 投入運動、加入比賽。

你可以加入市內聯盟、造訪俱樂部、報名高爾夫球會、到公園玩玩，讓自己處於競爭情勢，能讓我們學習如何更加注意我們的表現。當我們學習時，自我成效評估能夠督促我們，讓我們表現得更好。一旦我們將競賽過程，視為一種對卓越、個人佳績與團隊貢獻的追求，往往能讓我們盡力爭取表現。若你關心的只是排名、成果、打敗對手，你追求的並非真正卓越的表現。[40]

4. 尋找導師。

所謂「導師」（mentors），就是可以讓你終身請益、高度受人尊敬的成功人士。我告訴高成效人士，至少要有

一、兩位這樣的導師。我要你每個月找他們一次。我還要你每三年找到一位新的「領域導師」，擁有你想在你的領域勝出所需的技能，你應該每個月聯絡一次。換言之，你至少要有兩位導師，一位是終身導師，一位是特定領域專家，可以為你帶來非常觀點與省思。想要找到這樣的導師，你同樣可以先從詢問朋友和家人著手。你可以先自問：「我是否認識什麼有智慧與影響力、我可以學習請益的人？」你或許能在職場上，或是透過前文所述的行動——當義工、參加比賽等，找到導師。對這方面有興趣的人，可以上YouTube輸入我的姓名「Brendon Burchard」與「how to find a mentor」（如何尋找導師），看一下我的影片，發掘更多構想。

5. 努力爭取。

你想與比你成功的人在一起嗎？那就該在你選擇的領域力爭上游，設法加入成功人士之林。努力工作，練習高成效習慣，永不放棄，添加大量價值，力求精進。一旦你技巧精熟，成為領域佼佼者，大門自然為你開啟，讓你見到更多更傑出的人。

想像如果你能讓更好的人加入你的社交網路，你的人生會變得如何更好？等等，我說的不是臉書，是真正有血有肉的人，是你可以看得見、聯絡得上，可以一起工作、一起玩樂、一起運動、一起探索冒險的人。請你設法讓身旁充滿那些能為你的人生帶來樂趣與成長、無論你的人生起伏都能作為你堅強支撐的人。

請你為自己提升你的人際交往圈。身邊有更多傑出人士，你也會變得更優秀。

成效提示

1. 我人生中認識最正面積極、我應該多相處的人有……
2. 為了拓展人脈、多結識一些高成效人士，我應該……
3. 為了在生活中多接觸一些正向且能夠支持我的人，我應該多安排一些新的慣例或聚會，包括……

別無選擇

「先告訴自己你想當個什麼樣的人，
然後盡全力做你必須做的事。」
——愛比克泰德（Epictetus），古羅馬斯多葛派哲學家

我們都認識一些人，他們不是班上最聰明的孩子，似乎對人生準備不足，似乎沒什麼長處，缺點一大堆，但不知怎麼回事，他們後來卻非常成功，讓大家跌破眼鏡。你若問他們，為什麼能夠超越那些比他們更有優勢、更有成功本錢的人？他們往往會說：「我很飢渴，我『必須』成功，我別無選擇。」他們有的，就是必要性。這個故事的另一面告訴我們，太多人由於沒有這種心態，永遠沒有發揮全部潛力。沒有必要性，沒有衝勁，潛能無法充分發揮。

就像所有高成效習慣一樣，你必須刻意提高你的必要性。你必須不斷地把事情徹底想清楚：「今天的重要活動與

我的個人認同及我的義務意識，是否能夠相互呼應？追逐這個夢，為什麼對我這麼重要？為什麼我要做這件事？什麼時候必須做？該怎麼做，才能夠與更多出類拔萃、能讓我做得更好、幫助我更上一層樓的人為伍？」經常自問這類問題，能夠為你帶來截然不同、全新層面的承諾與衝勁。

除非你能為自己找出原因，否則你不會變得更強、更傑出。朋友，請決定你必須做些什麼，讓它們成真。用你的直覺去感受，這個世界現在就需要你一展身手。

第二部

社會習慣

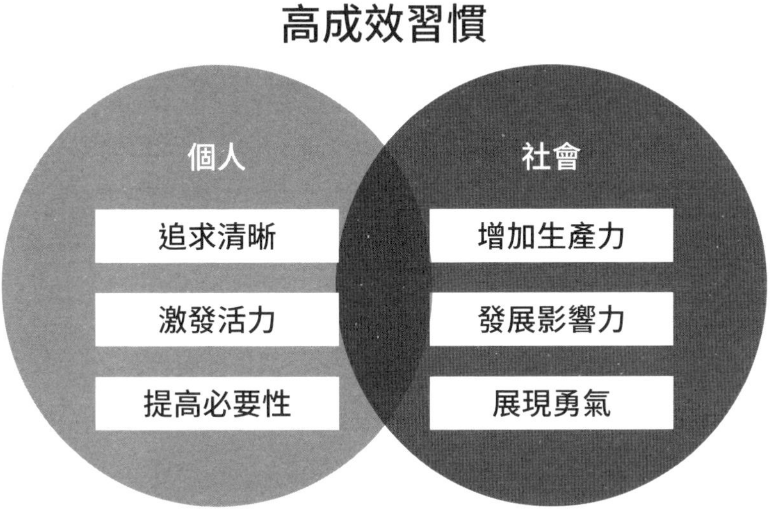
高成效習慣
個人
追求清晰
激發活力
提高必要性
社會
增加生產力
發展影響力
展現勇氣

高成效習慣#4

增加生產力

「不要想著你是在創作藝術，只要想辦法完成就好。
讓其他人來決定是好是壞，來決定他們要愛要恨。
當他們決定這些事的時候，你可以再創作更多藝術。」

——安迪・沃荷（Andy Warhol），普普藝術大師

增加關鍵輸出

計畫你的五大步驟

把關鍵技能練到強到令人吃驚

「進度就是不夠快，」學校行政人員雅典娜以沮喪的口吻說。

我們坐在她的辦公室討論她的目標，以及她對她的職涯的生產力的感覺。厚厚的卷宗塞滿了她身後的書架，她的辦公桌旁有一扇小窗，因時代久遠而泛黃的白牆一片光禿，沒有掛畫。我不禁感到這間辦公室——不，應該說這整棟行政大樓——建於1970年代之後，就從未再次粉刷過了。雅典娜在這間辦公室已經工作了十四年。

「我現在比整個職涯更加忙碌，因為他們準備關掉兩間學校，現在的緊急要務很多。我幾乎整天都關在這間辦公室裡，就連午餐時間也不例外。」她指著擺在窗臺上的兩個外賣餐盒說道。「我有一整天的會，與教師、校長、家長、社區領導人見面。沒開會的時候，我忙著處理電子郵件。每天晚上，我要看許多建議書，一直看到深夜。我就這樣日以繼夜地忙了大約四年，雖然我也是一個又一個、不斷地解決問題，但總是覺得我趕不上進度。」

我決定問她一個A型的人在討論生產力時很怕面對的問題：「妳快樂嗎？」

雅典娜皺起眉頭。「我不願讓人覺得我不快樂，布蘭登。我也不能說人生有多糟，或是我的職涯有多爛。但我就是不如我希望的，不如大家需要我的那麼有效率。我們請你來，就是為了這一點，請你教我們怎麼做才能更有效率。」

我已經發現，當你與真正忙碌的人討論問題時，他們都會迅速避開「快樂」這個話題。

「好吧！那麼，雅典娜，妳有效地快樂嗎？」

她笑了。「我想，我應該算是夠快樂吧。當然不是每一天都像做夢一樣，不過我確實熱愛我做的這些事。只是我想，一定有什麼更好的辦法。」

「比什麼更好的辦法？」

「我現在覺得快把自己累死了，卻好像沒什麼進展。我打算工作二十年就退休，現在距離這個目標只有六年。按照目前的節奏，我甚至不知道我還能不能再撐個兩年。就算我真的撐過六年，我很害怕退休以後回顧起來心裡會想，忙忙碌碌這幾十年到底為了什麼？我到底完成了什麼？」

「妳認為為了什麼？」

「喔，當然是為了學校，我對這一點很清楚。我當年所以投入這個職涯，為的也就是這個。我知道，如果我能讓我這個學區的學校都健全運作，我能讓好幾代的孩子都有更好的人生。」

「很好！聽起來是個了不起的使命。妳說，妳可能不知道自己到底完成了什麼。妳希望妳能完成什麼？」

「我希望完成一些更大的項目，讓這些學校可以在今後幾代都受惠。但我無法想像怎樣才能辦到，只是想維持現狀，就把我累得半死了。我每天花這麼多時間工作，進度卻始終不如預期。由於進度太慢，我沒有達到我預期的改善目標。我的工作生活平衡弄得一團糟，我的感覺就是每天都在趕趕趕，每個項目都讓我忙得不可開交，我隨時隨地都處於救火狀態，從早到晚都在趕進度……。」她的聲音愈來愈小，望著旁邊一片光禿泛黃的白牆。「就好像無論我怎麼做，都無法完成這些重大項目，而且我擔心我的處理方法有誤。無論我做什麼就是……。」

我感覺到她的一股強大活力，我的喉頭為之一緊。我知道這是怎麼回事，見到遠見之士困在這樣的地方，總是令我心傷。「就是怎麼樣？」

「無論我做什麼，就是永遠……，」她強忍淚水。「……不夠。」

這世上最令人難過的一種感覺就是，你忙得昏天暗地，卻覺得自己沒有任何進展。你在打一場正義之戰，但你的戰術正在毀滅你的健康，或是讓你愁苦不已。計畫的完成似乎永遠遙遙無期，進度牛步化，快樂遠在天邊，永遠可望而不可及。雅典娜有這種感覺，我們大多數人有時也有這種感覺。

看著雅典娜體驗這樣的情緒令人心痛，因為她就像是只有一名女警的特警隊，每天都得一一完成一大堆必須完成的任務。儘管如此，她必須知道，像她這樣做下去，不但不可能謀求工作與休閒的平衡，工作進度也不可能提升。她必須了解一件事：有時，你忙的那些事，未必是你的畢生職志。有時，單單做事有效還嫌不夠，因為如果成就與你是誰、與你真正要做的事、與你真正能夠做到的事不一致，成就可以變得十分空洞。雅典娜必須學會分辨，只是把事情做完和高成效生產力兩者之間的差異。

與低成效人士相形之下，高成效人士在安排日常工作、計畫和任務時，有一套經過深思熟慮的做法。像大多數有生產力的人一樣，面對「我擅長設定優先順序，知道哪些事重要」與「我能夠時常保持專注，懂得如何避開那些讓我分神的閒雜事物」這類陳述，高成效人士的得分很高。（對這類陳述愈表贊同，整體成效評分也愈高。）不同之處在於，與同儕相較，高成效人士就長期而言更有生產力，但是更快樂、比較感受不到壓力，而且更加認為自己報酬豐碩。

特別值得重視的正是這種幸福感，因為許多人相信，想要成就更多的事，就得犧牲自己的身心福祉，就得放棄工作與休閒的平衡。但是，這種想法並不全然正確，高成效人士不但有辦法能夠增加生產力，還能夠比同儕吃得更健康，用更多時間健身運動，而且更熱愛接受新挑戰。他們不但可以一股作氣完成更多事，還能夠做得比同儕更好。我在過去逾十年與許多高成效人士和他們的同儕進行訪談，確認了這些說法。

不過，這絕對不是因為高成效人士是超人，或是攝取了過量的咖啡因。今天有許多人說，只要自己感覺甚好就能增加生產力。認為你比同事付出更多，或是認為你能夠讓這個世界變得更美好，當然可以強化你的動機與滿足感，但是話說回來，動機與滿足感未必就能夠增加生產力。[1]只因為你願意付出，並不表示你擅長設定優先順序、懂得避開干擾。願意付出的人或許有較強的動機，但未必能夠有始有終。

那麼，高成效人士究竟怎麼能夠產出那麼多，一方面還能維持平衡，常保快樂？這是因為他們有許多刻意養成的習慣，本章接下來會逐一討論。

想從本章獲取最大效益，你得拋開許多先入為主、有關工作生活平衡，或是追求人生具體成就是否值得的概念，這一點相當重要。你應該保持開放心態，因為掌握本章討論的這種習慣，對於你的人生的每一個層面都能產生重大效果，特別是你對自己與對世界的感覺，影響尤其深遠。我們的研究發現，如果你覺得自己比較多產，就統計學觀點而言，你更可能覺得快樂、更成功，也會更有自信。同時，你也更可能好好照顧自己，更經常獲得拔擢，賺的錢也比自我感覺比較沒有生產力的人多。這些都不是我的看法，是經過多項調查與研究得到的重要、可衡量的人生成果。

我身為專業教練的經驗也明白顯示，高成效人士往往也是組織裡最重要、薪酬最高之列的人。組織需要高成效領導人，因為他們專心投入，能把工作做得很好，比其他人更能貫徹任務。他們比較不會被工作重擔壓垮，能夠堅持得更久，更有喜悅與同舟共濟的意識。

很顯然，掌握人生這個領域，能夠為你帶來重大優勢。我們先了解基本要件，然後再練習養成這些習慣。

生產力的基本要件

「抱定偉大的目標，但以寧靜的心投入工作的人，才能無往不利。」
——愛默生

想要提高生產力的基本要件就是設定目標，然後保持活力與專注。沒有目標，沒有重心，沒有活力，你差不多也玩完了。

生產力以目標為首，一旦你有了明確而富有挑戰性的目標，你會更專心、更投入，這讓你對你做的事產生更大的心流感與喜悅。[2]更大的喜悅為你帶來本質性動機，在質與量兩方面都與更大的生產力相互呼應。[3]團隊的情況也是一樣，擁有明確而富有挑戰性目標的團體，幾乎必然比那些沒有明確目標的團體表現較佳。研究結果不斷顯示，團體目標能夠鼓舞人們，讓人們更迅速、更長期投入工作，更專注於關鍵性要務，比較不易遭到閒雜事物干擾，工作也更賣力。[4]

活力是決定生產力的又一巨大因素，誠如我們在習慣2所述，你為了照顧好自己而做的幾乎每一件事，都能影響你的工作成效。良好的睡眠、營養與運動，是增加生產力的重要利器。[5]而且不只是你的生產力，整個經濟體的生產力都與它息息相關，國民的營養習慣關係到一國的生產力就是例證。[6]

別忘了，我們這裡所謂的「活力」，不只是睡眠、營養與運動而已，還涉及正向情緒。比較快樂的人比較有生產力，這是不爭的事實。一項針對超過二十七萬五千人、跨越兩百多個科目的統合分析發現，快樂的人不僅是比較有生產力而已，也因為工作品質、可靠度與創意獲得較高評價。[7]另一項研究發現，在念大學的時候較快樂的學生，畢業十年後在財務狀況上比同學更成功。[8]那個「微笑能讓你更有成就」的古訓說得有理，一項研究發現，只要在開始辦正經事以前先看一段喜劇，讓你的日子添增幾分喜悅，就能增加你的生產力。[9]

最後，如果你想有生產力，你得保持專注。在今天這個時代，保持專注並不簡單。資訊爆量，各式各樣干擾為我們的健康與生產力帶來嚴重後果。資訊超載造成士氣低落、工作品質降低。[10]每天面對排山倒海而來的資訊，必須用太多時間對各種資訊進行篩選、搜尋，讓我們過得苦不堪言。這就是「分析癱瘓」(analysis paralysis)這個名詞的來由——由於資訊太多,我們得花太多時間進行蒐集與分析,結果什麼事也做不了,形同癱瘓。基於許多原因,你永遠不要在早上起來第一件事先檢查電子郵件,這只是其中一項而已。如潮如湧的電子郵件能讓你有一種喘不過氣、只能消極被動的感覺——面對新的一整天的工作,這不是一種適當的情緒或心態。正確的做法是:在早上做一些我們在習慣2討論過的活動。

分神是為成效減分的另一項因素。一項研究發現,分神能將生產力降低20%。[11]如果我們做的是挑戰性高的心理性質工作,情況更加嚴重,分神可以讓我們的思考減緩到幾近半速。[12]幾項研究已經顯示,多工作業本身就是一種分神,與全神貫注狀態不能相容,但高成效、高品質的工作與全神貫注是不可分的。[13]在同時投入多項工作時,我們不能全神貫注於手邊工作,因為我們的腦仍在處理另一項未完成的工作。[14]

最後一個重大禍因是干擾。大多數在大型組織工作的人,無論進行什麼工作、活動或會議,總是難免在過程中遭到幾次干擾。一旦遭到干擾,很難再像先前那樣聚焦、迅速回到原先狀態,不能「跳回」原來的工作中,平均得先應付另外兩件工作或項目,才能夠重新自我調整,回到原先的工作狀態中。[15]我與《財富》50大企業高管客戶共事時,發現就算是最有成就的主管,也可能在工作中因為一次重大干擾,將原已安排好的重要工作延誤兩、三個小時。

認清這些事實後,你應該會認真設定挑戰性目標,保持活力、專心投入。但這件事要確實做到很難，我們往往因為覺得自己根本辦不到，或改變主意，或半途而廢。太多的人說他們不能訂定更宏偉的目標、不能一直衝個不停，因為這樣做會破壞他們的工作生活平衡。事實上，正因為有關工作生活平衡的討論已經到了不切實際的地步，在繼續討論我們的習慣以前，我得特別針對這個話題先提出我的看法。

工作生活平衡辯論

「現代人想要自我欺騙，
最常用的一招就是隨時保持忙碌。」
——丹尼爾・普特南（Daniel Putnam）

現在，許多人一聽到「工作生活平衡」，都決定投降認輸。不要這麼快認輸，我們是可以在人生中求得平衡的，不這麼想的人不但觀念錯誤，也把自己看得太扁了。我在生產力這個主題上訓練過逾百萬人，發現不相信「工作生活平衡」可能的人所以有這種看法，或者（a）因為從未刻意持續定義、追求、評估這種平衡，或者（b）因為用一種不可能達到的高標定義這種平衡。

首先，我們來討論經常聽到的一種說法：所謂「工作生活平衡」根本是天方夜譚。事實證明，任何認為人類辦不到的說法，都是一種無知的誇口，這種說法也不例外。每當有人告訴我工作與生活不可能平衡時，我總會提醒他們，人類已經跨越海洋、攀上最高峰、建了摩天大樓、登陸月球、導引飛行器飛越太陽系。我們能夠做到很偉大的事，只要有信念，我們就做得到。所以我告訴你，如果你認為工作與生活不可能平衡，你已經輸了。

我也提醒我許多對這個議題投降的客戶，我跟他們說，他們所以認為不可能平衡，只因為他們沒有努力去尋找平衡。他們會花十個月計畫一項工作專案的成就，但不肯花一天時間為如何在下週過得更平衡做規劃。如果你只重視工作項目，不重視工作生活平衡，那一切自然都成定局。若情況果真如此，你不能責怪整個「工作生活平衡」的討論，要怪只能面向鏡子、怪那個看著你的鏡中人，因為他根本連試都不肯試。

以一種開放胸襟面對這項討論，或許就會發現，我們處理「工作生活平衡」這個問題的方式就是一大問題。

大多數人犯下的一個大錯是：他們認為所謂「平衡」，就是「均等分配」時數。

他們認為，要把同樣時間花在「工作」與「生活」上。他們的期望是一種「量」的期望，不是一種「質」的期望，一旦將這兩種期望搞混，問題就來了。儘管許多人認為他們無法取得工作生活平衡，大多數的人事實上「確實取得」平衡。絕大多數的人用30%的時間工作（假設一週工作40小時），用30%的時間睡覺，用30%的時間做其他事，例如：陪伴家人、追求嗜好或健康、照顧生活基本需求等。事實上，大多數人休閒、與家人共度的時間，比他們以為的多得多。問題不過是他們沒有刻意營造這樣的時間，因此不能「滿滿」地享受那些時間而已。特別反諷的是，平均每天看4~5小時電視的美國人，說他們沒有時間，沒有工作生活平衡。[16]

老實說，許多人每週工作遠遠超過40小時。處在今天這種什麼都連在一起、無分晝夜都得有所回應的文化，許多人確實也有失去平衡之感。我認為，我們對「工作生活平衡」的問題應該有更好的做法：不要在時數上求平衡，要在快樂、或在人生重大競技場的進度上求平衡。

且聽我詳細道來。當大多數人覺得他們失去平衡時，是因為他們的某個人生領域變得更緊張、更重要、更花費時間。他們或者因為過度投入工作，任由健康或婚姻狀況每況愈下，或者因為只關心某項家庭議題，在工作表現上一落千丈。

解決這類問題的辦法就是，注意人生重大競技場的品質或進度，保持對人生的省思。只須每週檢討一次我們在人生重大競技場上追求些什麼，就能夠幫我們拾回平衡，或至少讓我們計畫做得更平衡。

我發現，將生活組織成十個類別很有幫助：健康、家人／家庭、朋友、親密關係（另一半或婚姻）、使命／工作、財務、冒險、嗜好、靈性、情緒。我在與客戶共事時，經常要他們從1到10分為他們的快樂評分，還要他們每逢週日夜晚一一寫下他們在這十類競技場的目標。他們大多數人從未做過這樣的事，但我們得先做評估，才能決定自己是不是「平衡」，難道不是這樣嗎？

如果你不能持續評估你的人生重要領域，就不可能知道究竟是否平衡。

我知道，這樣做不過是一種很簡單的自我檢查，但威力之強能令你吃驚。我曾經要一個十六人的主管團隊進行這項每週一次的檢驗，僅僅六週之後，他們就發現他們的福祉意識與工作生活平衡大幅增加。當然，這是一項小規模、非正式的研究，但無論怎麼說，在工作或個人生活沒有任何改變的情況下，僅僅憑每週花一點時間評估十個人生競技場，就能造成兩位數的改善。[17]有時，以大局觀來看，能夠幫助我們更有主控感，迅速進行必要調整，因此讓我們更能謀得平衡。

這就是本章一開始談到的那位學校行政人員雅典娜迫切需要的。那天，在她的辦公室，我要她自我評估她的十個人生競技場。她訝於發現，許多年來，她甚至連想都沒有想過人生除了工作以外，還有許許多多的事。搞成這樣，要怪誰呢？是她老闆的錯嗎？還是我們這個社會的錯？都不是。老實說，我們對人生重要領域的這些疏忽，只能怪我們自己。雅典娜發現，她需要每週自我檢討一次，以評估她的處境，以了解「平衡」對她的意義。

工作生活平衡還有另一項讓許多人誤解之處：它強調的不是時數的平均分配，而是感覺。它的重點不在於你花了多少個小時，而在於你感覺到的和諧感。人們往往因為工作而感到不快，或是覺得失去連結。如果你不喜歡你的工作，但必須花很多時間做你的工作，你當然覺得生活不平衡。你發現，你忙的都不是你真正想做的，這種不諧和於是造成你沮喪。你得做習慣1清晰那一章討論的那些活動，讓你的生活與你真正想做的取得和諧，這一點很重要，原因就在這裡。

如果你做的是你覺得沒有意義、不能讓你投入的工作，你一定會有不平衡的感覺。

有些時候，人們喜歡他們的工作，也很投入，但由於壓力太大、工作時間太長，終於被榨得燈盡油乾。忙碌與消耗殆盡之間有其分界，一旦跨越界線，無論你的人生除了工作以外有多卓越，你仍然會有不平衡的感覺。而且，單一人生領域的消耗殆盡，很容易波及、影響到其他領域。既然如此，我們該怎麼做？習慣2活力那一章已經討論過許多基本要件，例如：釋放壓力、多睡一些覺、規律運動、吃得營養一點等。

好消息是，消耗殆盡往往只是一種疲憊感，解決方法也很簡單。只須每個小時得到一次簡短的心理與生理休閒／重整，你會感覺好得多，覺得工作生活平衡改善許多。也就是說，對大多數的人而言，只為了工作生活平衡問題而辭職並無必要，只須改變處理工作的方法，就能夠讓自己感覺平衡許多。所幸，想要做到這一點，比你想像的容易。

喘口氣，休息一下

「工作有好處，休息也有好處。要兩者兼顧，缺一不可。」
——亞藍・柯恩（Alan Cohen），勵志暢銷作家你的腦子為了處理資訊、為了重新振作讓你更有生產力，需要的休息時間比你想像的或許還長一些。[18]為了優化生產力，你不僅應該有較長的休息時間——要享受假期出去玩！——還要在一整天中為自己安排間歇性休息。[19]

研究人員早就知道，在工作期間小憩片刻，能夠帶來正向情緒與較大的生產力。[20]每天只須利用午餐休息時間離開辦公桌，就能顯著增加你的工作效率。[21]小憩片刻，離開辦公室到附近公園閒逛個幾分鐘，能為你帶來認知之利，讓你精神飽滿地回來工作。[22]如果你不肯離開辦公桌，只須隔一段時間站起身來活動一下，與一整天伏案工作相比，也能增加45%的生產力。[23]

有些研究人員認為，我們需要這些休息，是因為我們的認知資源有限，不斷工作讓我們耗盡心理頻寬或自我控制。雖然這項理論遭到質疑——或許我們並沒有耗盡自我控制能力，只是失去動機，[24]有一件事可以確定：一整天不休息、不停地工作讓人不快樂，工作效率也較差。

我們都有過這樣的經驗：坐在辦公桌前，發現即使喜歡手上的工作，注意力卻愈來愈差。即使執行的是自己喜歡的工作，還是感到愈來愈疲倦。就算正襟危坐，努力解決問題，點子卻愈來愈少。在所有這些情況中，你的腦子都在告訴你一件事：你需要休息。我們也都有過這樣的經驗，只須喝杯水，與同事閒聊片刻，上個洗手間，或是在午餐後發呆幾分鐘，就能夠打起精神。我們的腦子需要休息，重振神經化學物質，讓我們更能夠集中精神，這是自明的道理。[25]

相關研究成果非常明確，大多數的組織專家都建議，至少每隔90~120分鐘應該放下工作、小憩片刻，以增加員工滿意度與成效。[26]但我的研究及其他一些人的研究發現，應該將這個連續工作的時段減半。[27]

如果你希望工作時更有活力、更有創意、更有效率，同時還能享受生活，理想的做法是每隔45~60分鐘就應該放下工作、小憩片刻。

也就是說，做一件同樣的工作，無論你做的是什麼，頂多做一個小時就應該讓身心放鬆一下。每隔一小時，只須2~5分鐘的休息，就能夠讓你更加精神抖擻，更有活力地投入工作、享受生活。

舉例來說，如果你準備用兩個小時處理電子郵件或做一份簡報，我建議你在工作五十分鐘以後起身，在辦公室繞一圈，倒杯水，回到座位上，做一次六十秒的冥想練習。習慣2討論過冥想的好處，你可以閉上眼，專心做幾下深呼吸，反覆默唸「釋放」，然後展開下一步活動。如果你覺得這樣還不夠，可以參考習慣3的「案頭扳機」，自問：「此時此刻，誰最需要我的最佳狀態服務？」

要注意在這些休息時間不能做什麼：不能檢查email、訊息或社交媒體。我們的目標就是放鬆、充電，切記不能利用休息時間查看工作。追求成效的人往往把這樣的建議當成耳邊風，想在電腦前或會議室一口氣「硬撐」好幾個小時，但是他們回到家後筋疲力盡、時常感覺工作生活無法平衡，原因就在這裡。記得，問題不在於待在家裡與待在職場的時間比，主要是給人的感覺與整體活力感。「硬撐下去」不是好建議，對全球幾十個領域的頂尖高成效人士進行的研究顯示，他們的工作時間未必比其他人長，只是在工作時段表現得比其他人更有效率，或是有較多（而不是較長）的工作時段。[28]如果你想取得平衡、快樂，想維持高成效，長時間工作幾乎總是錯誤的解決辦法。雖然看來似乎有悖常理，但這是事實：**每隔一段時間放慢腳步、休息一下，可以提升工作效率、做得更快，保留時間給其他人生領域。**

對我的客戶而言，每隔45~60鐘休息一次，已經成為一種生活方式。在我們一起工作的最初幾個月，這是一項嚴厲奉行的守則。我告訴他們：「只要一坐到椅子上，就要在手機或電腦上設定五十分鐘計時。過了五十分鐘，無論你正在做什麼，站起來走動一下，做做深呼吸，想一下，然後重新工作。」「站起來」很重要，你不能只是閉上眼，繼續坐在辦公桌前冥想，必須讓你的身體脫離伏案工作的坐姿。所以，你得站起來，四處走動，伸展一下。只要你每小時站起身來一次，閉上眼，做十次深呼吸，這可以幫助你重新聚焦、提升你的生產力。

我無論坐在哪裡——飛機上、咖啡廳、工作中、在開會或躺在沙發上——每五十分鐘一定會起來一次，搭配深呼吸，做做兩分鐘健身操、氣功或瑜伽。這是我為自己設下的規矩，就連與人開會時也不例外。我經常要求其他與會者站起身來，跟我一起伸展一下，或者我會暫時告退，找個地方自我充電兩、三分鐘。這些短短幾分鐘的休息，每天都能為我帶來好幾小時的高度專注力和效率。

參考本章提出的建議，你就能找到更大的工作生活平衡感，請不要對增加生產力、爭取更高成就有所畏懼。只要每週固定評估你的十個人生重大競技場，為每一個競技場訂下目標，你就能確實掌握你的工作生活平衡。要記得每隔45~60分鐘，就休息兩、三分鐘。這些是生產力的基本要件，接下來進入本章的三道練習。

練習1

增加關鍵輸出

「最沒有生產力的事，
莫過於使那些根本不該做的事更有效率。」
——彼得・杜拉克（Peter Drucker），現代管理學之父

如果你想脫穎而出，就得知道在你的領域或你那一行，什麼樣的產出最重要。相較於名氣較不響亮、效率也較差的同儕，著名科學家提出的重要論文較多。[29] 莫札特和貝多芬所以偉大，不只因為他們是天才，也因為他們多產。巴布・狄倫（Bob Dylan）、路易斯・阿姆斯壯（Louis Armstrong）與披頭四合唱團（The Beatles）也是一樣。蘋果公司在極盛的那幾年，推出的產品無不暢銷。就像「棒球之神」貝比・魯斯（Babe Ruth）揮棒比人多、「籃球之神」麥可・喬丹（Michael Jordan）投籃比人神準、傳奇四分衛湯姆・布雷迪（Tom Brady）傳球達陣比人多，賽斯・高汀（Seth Godin）是最多產的部落客，麥爾坎・葛拉威爾

（Malcolm Gladwell）是最多產的暢銷書作家，凱西・奈斯塔特（Casey Neistat）名列最多產的YouTuber之一。香奈兒不斷推出新設計，碧昂絲（Beyoncé）持續推出暢銷專輯。

高成效人士精通「高品質輸出」（prolific quality output, PQO）。就長期而言，他們比同儕有更高品質的產出，這是為何他們更有成效、更有名望、更能歷史留名的原因。他們保持高度專注力，持續「高品質輸出」，盡量排開一切可能讓他們偏離軌道的紛紛擾擾（包括機會）。

現在，人們將28％以上的每週工時花在電子郵件管理上，用另外20％的每週工時「搜尋」資訊。[30]在這樣的世界，沒有多少人能夠維持「高品質輸出」，許多人每天花很多時間做沒有價值的事，例如：建立資料夾、整理email等，這些活動與真正的生產力無關。〔沒錯，很抱歉，但你辛辛苦苦整理分類的email收件匣不能真正幫你什麼忙。2011年對345名email使用者85,000項行動進行的研究發現，收件匣管理分類愈複雜的人，在尋找需要的資訊時，效率不如那些只是利用「搜尋」或「郵件會話串」（threading）的使用者。〕[31]

我提出電子郵件為例，是因為工作狂幾乎千篇一律把生產力低落的問題怪罪於電子郵件，但真正的罪魁禍首是我們對工作本身的認知。真正重要的工作，與那些冒牌緊急事件、翻閱文件、刪除垃圾郵件、裝模作樣、一整天忙著開會無關。真正重要的工作，是創造關鍵的「高品質輸出」。

所以，你必須了解「關鍵高品質輸出」對你的含義。對部落客而言，或許是更頻繁、更好的內容。對糕餅店老闆而言，或許是找出最熱賣的兩種口味，主打這兩種口味。為人父母的或許會想辦法多找出餘暇陪伴子女。業務代表或許會想辦法多與可能的潛在客戶會面。平面設計師或許會創作出更多了不起的圖像作品。對學界人士而言，或許是推出優質的課程內容，或是發表更多重要的文章或出書。

釐清你應該產出什麼，學習應該優先創作什麼，顧好品質與頻率。妥善掌握這一點，是你在職涯中最大的突破。

仔細研究商業巨子，會發現他們的職涯與財富出現重大轉捩點，就在關鍵「高品質輸出」出現時。以史蒂夫・賈伯斯（Steve Jobs）為例，他決定捨棄蘋果一些系列產品，全力經營幾條產品線，結果改變了全世界。以華特・狄士尼（Walt Disney）為例，加速電影製作是轉捩點。在今天這個數位化的時代，單純與他人共享內容，例如：透過Facebook、Instagram、Snapchat等，也能寫下一些最偉大的成功故事。只要找到「高品質輸出」（PQO），就可能創造重大突破與財富。

我在2006年辭去了一家大公司的顧問職，因為我的工作不能帶給我太大的成就感。回顧老東家那些夥伴，我發現他們的PQO基本上就是每年可以簽下多少大客戶。儘管成交能夠帶來許多美好的事，例如：可以訓練你談判交易、改變事情的能力，但我不願把我的畢生職志構建在交易上。在那家公司，對於像我這樣的低層人員，非正式的企業文化支持「專案輪調」（project hopping）的PQO，我們要盡可能爭取最多案子，擴展視野、擴大人脈，還能夠賺取差旅補助。這種做法當然有許多好處，但我就是覺得不對我的胃口，最終的目標無法引起我的共鳴。

一旦你發現，你的工作薪酬不能讓你感到興奮或為你帶來成就感時，你的人生的一大覺悟來了。當這項覺悟來臨時，你必須重視這項事實，加以改變。

我選擇辭職，改行當作者、講師和線上訓練師。我發現，這些工作的輸出——創造內容以鼓舞他人，對我才有實際意義。問題是，我不知道該如何著手，也不知道究竟該做什麼，就像很多進入專業領域的新手一樣，我認為我應該盡力了解寫作這一行、演說這一行、線上訓練這一行，於是參加了好幾十項研討會議，設法搞懂這些產業的運作。但是，我沒有搞懂一點：這些產業其實都是「思維領導人」（thought leader）的職涯，最關鍵的輸出其實都很類似。[32]

前後幾乎有一年時間，我像無頭蒼蠅一樣亂忙一通，不知道究竟哪些輸出真正重要，簡直就是一團糟。我試著為雜誌與網站寫稿，爭取演講機會，希望能夠拿到一些酬勞，還忙著學一百種線上行銷的構想。隨後有一天，我坐在一家咖啡廳，發現自己忙了一整天的「工作」，但實際上沒有產出。我心想，我今天做的事沒有一件能對我的職涯有任何提升作用，十年以後，無論我或其他人都不會記得我做了些什麼。我還記得，那天我腦子裡的那段對話是：「如果你對自己足夠坦誠，你要創造真正重要的事。你要知道你忙了一整天能產出一些有用的東西，一些能為他人與這個世界帶來重要貢獻的東西，一些能夠證明你沒有在浪費生命的東西。」

我當然很清楚，不是每一天都會美得冒泡、充滿奇幻，不是我做的每一件事都能驚天動地、聲名遠播。我們都得面對一些不能讓我們自豪、卻非做不可的活動。倒垃圾不能為你添增一份豐功偉業，但你不做卻也不行。

那天，我做了一件讓我的職涯改變方向的事，就是在一頁紙上寫下我的「高品質輸出」是什麼。如果我想當一名真正的作家，我的「高品質輸出」必須是書。你現在看的這本書，是自那天後我出版的第六本書（還有兩本尚未出版的書稿躺在我的抽屜裡等著。）我寫過的數以千計的電子郵件、部落格文章、行銷信件與社群媒體貼文都不算在內，我的主力重心擺在書籍。我的恩師與令我緬懷的友人偉恩・戴爾（Wayne Dyer）博士出版超過四十本書，我只是個新手，但我知道我的PQO，那為我帶來偉恩所謂的「意圖的力量」（power of intention）。

我決定，如果想當一位職業講師，我的PQO就是盡可能取得支薪演說機會。我不再浪費時間四處請求演說機會，開始像我心目中那些傑出的演說家一樣，積極準備行銷素材。

我知道，如果我想當個線上訓練師——在2006年，這是個相對新穎的職涯——我的PQO就得是課程、訓練影音與整套的線上教材。就像我在習慣1清晰那一章說的一樣，我不再設法學習每一項新出爐的行銷技巧，而是將全部精力投入線上課程的創作與推廣。接下來的事現在已成歷史，超過百萬人上了我的線上課程或影音系列，我的有關如何充分享用人生的免費影片點閱次數破億。

如果當年我沒有想出我的PQO，就不可能有幸接觸到所有學員。Oprah.com不可能譽我為「史上最成功的線上訓練講師之一」，《成功》（*SUCCESS*）雜誌也不可能這麼多年連年將我納入個人發展最有影響力人物排行榜上。請你了解，我與你分享這些不是在炫耀，是想讓你了解你得決定你的PQO是什麼，然後全力投入，因為這樣做的威力奇大。我的職涯發展成今天這個模樣，不是因為我很特別、才華出眾，是因為我能夠找出我的PQO，然後火力全開，長期持續聚焦於對職涯發展真正重要的事物上。

我再怎麼強調這件事的重要性都不為過，每當我致力於幫助客戶提升成效時，迅速找出他們「應該做什麼」始終是我愛用的策略之一。無論發展領域、必須交出什麼成果，我要他們根據「高品質輸出」的目標重新調整工作計畫。我要他們盡快將每週工時至少60％用於「高品質輸出」，根據我過去十多年的專業經驗，一旦能將60％工時用於PQO，一個人的職涯往往都能出現真正的改變。對大多數的人而言，其他40％的工時大體上得花在策略、日常事務或經營管理上。

我將每週60％的工時，用於寫作、創作線上訓練課程和拍片。其他40％的工時，則是用於策略、團隊管理、公關、服務客戶，服務客戶包括社群媒體的露出，以及與學員溝通。這40％的工時，實際上只是對60％「高品質輸出」要務的支援。當然，不是每個人的職涯都與我的一樣，這「60 ／ 40黃金比率」並非人人適用。但我們的目標不是要你完全死板照做，而是要你找出最好的時間分配，然後盡力堅持下去。我對我的「60 ／ 40」非常堅持，每當我發現不能做到時，就知道自己未盡全力。

如果這樣的時間分配聽起來有點極端，請注意，這與要你「全壓了！」、將時間100％投入一項熱情的建議大不相同。事實上，要你將時間100％投入的建議顯然不切實際，我們不可能將時間100％投入任何一件事，如果與他人共事、必須照顧家人，或是想要創造影響力更是絕無可能。我們至少得花部分時間，或與他人共事，或領導他人，或處理工作細節，這當然包括處理電子郵件。我的重點是，你不可能不處理這類事務，但你可以、也必須運用策略，盡可能將時間分配在對你的人生旅途最重要、影響最大的工作上。

那麼，為什麼還是有那麼多人不能專心投入「高品質輸出」，特別是如果還有40％工時可以用來處理難以避免的工作義務？最常見的「藉口」（或許用「幻覺」一詞更為貼切），就是拖延與完美主義。

儘管我們經常責怪人們拖延，但拖延不是一個真正的「東西」。拖延不是人類心理的一部分，不是一種人格特質，也不是一種很容易就能夠指明、欠缺時間管理技巧的結果。研究人員發現，拖延其實是一種動機問題。[33]你拖延，是因為這件事在本質上對你不是「真正重要」。在極少數案例中，它可能與焦慮或與對失敗的恐懼有關，但在絕大多數情況下，造成拖延的原因是你正在進行的工作不能激起你的熱情，不能讓你全然投入，或者對你來說不是真正重要。這也是必須找出PQO專心投入的原因。如果你熱愛你在創作、在為這個世界貢獻的東西，你比較不會拖延。

每當我告訴客戶，要他們創造更多關鍵PQO時，總會遇到完美主義者。他們會說：「布蘭登，我不能這樣。我是完美主義者，必須確定把事情做得無懈可擊，大家都喜歡。」完美主義只是一種比較冠冕堂皇的拖延技巧罷了，雖然我知道你聽了可能會不高興。人們所以不能完成更多事，原因不是完美主義，而是甚至還沒起步，或是因為疑惑或干擾而遲遲沒有進展。真正的完美主義者至少會完成、而且發表他們的作品，因為「完美」這件事本身，就只有在完成、發表與改善之後才可能出現。

沒有效率的原因有千百種，每個人隨便都能說出幾個。與其設法辯解，不如著手展開工作，做最重要的事，專心投入，認真產出真正能讓我們引以為傲的東西。請維持高品質產出，共同改變這個世界。

成效提示

1. 對我的職涯最重要的產出是……
2. 我應該將一些事情停下來，以便更專心投入PQO，這些事包括……
3. 我準備投入PQO的每週工時百分比為……

練習2

計畫你的五大步驟

「我相信，人生的不幸福有半數，
來自那些不敢直截了當面對事情的人。」
——威廉・洛克（William Locke），英國短篇小說家

人類是天生的雜耍專家，可以同時管理好幾件專案，兼顧許多任務，在餐桌上與不同的人進行不同層次、明示與暗示的對話。我們每個人都需要這項專長，但也要有個極限，超過這個極限，它會毀了我們。

大多數的人由於能夠同時完成好幾件事，而且處理得很好，因此取得初步成功。創業賣甜點的老闆一人扛起了所有職責，抓住每個可以賺錢的機會。她得自己下單訂貨、製作甜點、接單收銀、做行銷發優惠券，同時還得昭告親友、廣結善緣，多推銷一點生意。她忙著扮演幾十種角色，做幾百件事。然後，她開始賺錢，經過一段時間，創業有成，甚至算得上高成效人士。

但是，新的機會隨成功而來。沒隔多久，她開始為其他新開張的小店提供建議。她開始嘗試其他機會。她還沒有達到她開一家世界級甜點店的終極目標，但她頗為自得。她會告訴你，她的甜點店業績仍是她的優先，但是打開她的行事曆，你會發現「優先」不再等於工作。進一步觀察，你會發現她做的工作大多數與首要目標不一致。她很忙，但她忙得沒有目的。

現在，她該怎麼做，才能重回正軌？應該設法將工作

簡化、去蕪存菁，全力投入最重要的工作。最重要的是，她應該有一項計畫。

許多非常投入工作的人認為自己不需要好計畫，他們擁有一身才幹，躍躍欲試，只想盡快投入，衝刺看看成果如何。當他們展開工作後不久，在場上與他們一起競爭的人也都不了解狀況時，這一招或許管用。在這個階段，他們的天賦或許能夠幫助他們脫穎而出，但這些優勢很快就會消逝。一旦其他人與團隊有了實務經驗和計畫，而你沒有，你必輸無疑。

對高成效人士來說，這是最可怕的消息。太多高成效人士因為工作沒有掌握到重點，持續受到干擾而從巔峰墜落。我說的「干擾」，不是那種無所事事型的干擾，高成效人士始終都在完成事情，這點無庸置疑。

但若是沒有一致性的計畫，他們一直讓許多事情發生，很快就會開始疲於奔命，然後逐漸失去熱情。

他們完成了許多無關緊要的小事，都不具重大意義。

很多人沒有計畫，一段時間以來也都做得有聲有色。這是因為完成一件簡單任務，一般不需要什麼宏大的計畫。簡單任務一般需要明顯的步驟、少數的互動時刻，只要自己把事情做好就行了。但是，對於複雜的工作和目標，計畫非常重要，因為一般情況下總有幾種達標的策略，其中一些比其他的更有效或更合適。[34]目標愈大，需要管理的地方就愈多，與他人接觸的互動時刻也愈多。想成為高成效人士，在行動以前，你得多多思考才行。

當然，這並不表示你必須全部事先擬妥一切行動步驟和細節。長程計畫往往需要你盡可能事先妥善計畫，然後邊做邊思考問題解方。無論如何，研究顯示，面對複雜的工作和目標時，計畫總能改善成效。[35]

訂定計畫、一步步執行，比你想像的更重要。計畫可以將零亂的思緒整合在一起，每完成工作清單上的一件要項，都能讓你的腦釋出多巴胺，讓你感到鼓舞，更想繼續工作。計畫不僅能讓你更有可能完成一項活動，還能讓你在活動進行過程中更感覺到喜悅，增加更多投入下一個目標的認知資源。[36]

所以，在了解你必須創造什麼「高品質輸出」之後，現在輪到計畫了。想一個你最宏偉的抱負，釐清你真正想要的東西，然後自問：

如果只需要五個重要步驟就能夠達成目標，這五個重要步驟是什麼？

這五個重要步驟不只是五件事，每一個步驟都是一堆活動、一項計畫，你可以再逐一細分出待辦事項、限期與活動。一旦你摸索清楚了，就安排到行事曆上，特別排出時間全力投入這些必要特定事項。所以，哪天如果我來到你的住處說：「讓我看看你的行事曆」，我應該可以清楚看出你正在進行的重大項目。如果我不能從你的每週、每月行程看出你在忙些什麼重大事項，就表示你沒有善用你的時間，就表示你有可能陷入被動與分神的陷阱。如果是這樣，你可能得耗費幾年時間才能做到別人只花幾個月就做到的事情，成效低落。

從運動健身到學習，從開會到度假，在做幾乎每一件事時，高成效人士做的計畫都比低成效人士多。[37]但這也是容易走火入魔的陷阱，高成效人士很容易犯下過度計畫的錯誤。所以，我們在這裡先停下腳步好好想想：最主要的事，就是把最主要的事當成最主要的事。你必須釐清能夠讓你達標的五大行動，拆解為各項任務、掌握限期，把這些事項輸入行事曆中。只要你確實這麼做，而且搭配你的PQO進行，你可以卓有成效。

我在這裡為你舉一個效果讓我驚奇不已的例子。我在前文與你共享過我的作家之夢，當時的我每天忙著寫作、忙著投稿各家出版社，不過直到我找出我的PQO以前，我並沒有任何實質進展。一旦知道我的PQO是寫書後，我把其他活動都停了，開始認真研究成功出版一本新書的五大重要步驟。

我有「特定」的目標：我要當《紐約時報》暢銷書排行榜作者。我要的不是這個頭銜本身，我要的是它代表的意義，我要讓許多讀者因為讀了我的書而改善人生。不過，這個目標有阻力：我已經出過一本書，它沒有進入暢銷排行榜。結果我很沮喪，誤解「體制」已經崩壞，根本不能獎勵新秀作者。我想怪罪許多人，但我也得面對一個硬邦邦的事實：我第一次根本就沒有做好計畫。整個寫作、出書與行銷的過程，我就是個菜鳥，亂七八糟、毫無章法。

但是，這次我決定不再讓這種雜亂無章的活動注定我的新書命運。我決定，不像寫之前那本書那樣，每天睜開眼睛就寫、寫到夜晚上床。我不再依循直覺去參加作家會議，去讀一大堆有關寫作的書。我不再設法朝一百個方向做一百件事，我知道那樣做只會讓我筋疲力盡，最終沮喪與再次失敗。

我訪問了幾位頂尖的暢銷書作家，對他們的主要活動進行剖析。我問他們：「讓你的寫作生涯不斷精進，讓你的書登上暢銷排行榜的最重要五大行動是什麼？」不管你的發展領域是什麼，你也可以這麼做，找出幾位你敬佩推崇的成功人士，了解他們的五大重要步驟。

我發現，他們的行動與我原先預期的大不相同：

- 暢銷書作家不會討論「當作家」這種浪漫的理想主義，他們討論的是寫作的辛苦，以及不想寫也得寫的紀律。
- 沒有人認為出席作家會議對他們的成功是一項決定性因素。
- 他們不討論什麼「焦點小組」或讀者族群分布。
- 在寫作以前，暢銷書作家不會先對書怎樣才能暢銷的問題進行幾年的研究（但確實也有人這麼做。）
- 暢銷書作家很少人提到媒體露出或傳統的新書推廣活動。
- 沒有人提到讀書會。
- 沒有人提到請名人寫推薦序能讓新書大賣。

這些發現讓我很訝異，所有這些暢銷書作家不以為意的東西，在我心目中都非常重要。事實上，當時的我認為這些東西是當一位作家的基本要件，在訪問這些暢銷書作家以前，我為自己列了一張當作家必須做到的清單，下列簡單列出其中幾項：

- 參加作家研討會，取得有關我的寫作的反饋，以「尋找我的聲音」。
- 訪問一群最可能是我的讀者的人，了解他們希望我寫些什麼內容。
- 腦力激盪媒體行銷的眉角，整合到書籍內文中，以便日後吸引到重要媒體採訪、引用、摘文、推廣。
- 找名人推薦這本書。

我想，你或許也覺得這些做法沒錯，有些還真的有幫助也說不定。但問題是，所有接受我訪問的頂尖暢銷書作家，沒有一個認為這些行動是導致他們成功的決定性因素。這些事沒有一件能將一位作者推上暢銷作家排行榜，沒有一件真正致使讀者花錢買書。

我發現，想要成為頂尖暢銷作家，真正重要的是下列五項基本行動：

1. 「完成」一本好書。在完成以前，其他一切都不重要。
2. 如果你想簽到不錯的出版合約，找作家經紀人幫忙。或者，你也可以自行出版。
3. 開始發文，在社群媒體上發布，透過這些做法建立email名單，email很重要。
4. 建立新書推廣網頁，提供優惠，吸引讀者購買你的書。優惠非常重要。
5. 找5~10個擁有龐大email聯絡人名單，或是可以觸及到很多網路用戶的人，請他們推廣你的書。不過，你得互惠，日後幫忙他們推廣，或是給予推廣酬勞。

就是這樣。我知道，比起「找出你的真理，每天用熱情與愛，為那些心靈永遠受你影響的讀者寫作」的臺詞，這五項行動很乏味。不過，這正是大多數暢銷書作家對我說的話，這五項行動是他們成功的基本要件。我很訝異，不知所措，因為我對這五件事完全外行。但我有信心，因為現在我有了一項計畫，你看到後文就會知道，真正的信心意味著你相信自己有能力解決問題。我原本有一個夢，現在有了五件逐夢的祕密武器，我一定會讓美夢成真。

就這樣，我將一切努力投入這五項基本行動。我停下幾乎所有其他活動，為完成每一項活動規劃行事曆。有相當一段時間，第一項「完成一本書」的行動，幾乎占了我90％的工作時程。完成第一項行動之後，我開始投入其他行動，相繼完成。我將其他一切事物視為一種可以不必理會的干擾，或是可以找人代勞的工作。

我知道，這麼說有簡化之嫌，請聽我詳細道來。先想想第一項行動：寫出一本好書。搞砸這項行動的方式何止千百種，我可以不斷研究下去，不斷學習寫作技巧，等著有一天能夠找到我的心聲，或者持續訪問讀者、不斷拖延，或是嘗試寫一些搞笑的小品等。但所有暢銷書作家都對我明白表示：先寫出來再說。他們告訴我：「先寫出來，寫不出來，一切空談。」這就是知道「五大步驟」的魔力。知道第一項行動之後，第二項、第三項、第四項、第五項，你找到一張地圖，有了一項計畫，眼前有一條明確的前進之道，你不會分心。

所以，我停下其他一切瑣事，專心寫作。完成第一項行動之後，我很快就展開接下來的四項行動。我選了一家出版社出我的書，他們幫我獨立出版，不必「接納我」。我將書稿交給他們，他們進行排版，我用PowerPoint設計了新書封面。當時，我已經開始建立email名單，有大約十個擁有email訂戶群的友人同意推廣我的一些影片。我花了兩週時間懇請拜託，搞定了這些事情。我花了三天時間拍攝影片，四天時間準備完成上傳到網站，建立一個email群組。

前前後後，我總共花了六十天的時間，把《富豪信使》（*The Millionaire Messenger*）這本書從構想變成《紐約時報》暢銷書排行榜第一名、《今日美國報》（*USA Today*）暢銷書排行榜第一名、巴諾書店（Barnes & Noble）暢銷書排行榜第一名，以及《華爾街日報》暢銷書排行榜第一名。這六十天包括用三十天寫完整本書，然後用三十天付梓送印、進行社群媒體行銷、做好網頁並推廣、提供購書優惠、拍攝影片並分享、找到人談好意願透過email分享我的影片。五項行動／五大重要步驟，六十天，暢銷書排行榜第一名。

有些人會說，我「不公平」，我能夠做到這些事很幸運，因為我已經有了幾位推廣夥伴，而且有製作網頁與影音的能力。這麼說完全正確，但我有這「不公平」的優勢，是因為我在之前幾年認真下了苦功。我不是一出生就蒙幸運之神眷顧，擁有推廣夥伴與製作網頁和影音的能力。事實上，直到我清楚他們對「五大行動」的重要性，否則我這輩子從未有過什麼推廣夥伴。

用這個個人故事舉例說明，是要讓你了解一點：

一開始，你知不知道如何達成你的「五大步驟」並不重要。重要的是，你必須針對你的每項重大目標，釐清你的「五大步驟」。不知道這些關鍵行動，你不會成功。

這個例子的重點不在於速度，也不在於我在六十天內做了或沒做什麼，重點在於：我知道自己應該採取哪些行動，而且實際去做。如果必須花我兩年時間，我就投入兩年，因為唯有專注於這五項行動才能完成我的夢想。

我遵照這套簡單的計畫，完成好幾十項人生重大目標。「五步驟計畫」幫助我打造出我熱愛的事業，讓我有幸面見幾位美國總統、有效創辦熱門線上課程，還為非營利組織與我們深度關切的活動籌得數百萬美元的善款。

我的客戶也一再運用這套簡單的計畫步驟，達到驚人的成果，再簡單重述一次：

- 首先，決定你要什麼（目標）。
- 釐清能夠幫你達標的五大行動步驟。
- 安排時間用心投入這五大行動步驟，至少投入每週工時60%的時間，直到逐項完成。
- 將其他一切事物視為一種可以不必理會的干擾，或是可以找人代勞的工作，或是利用剩下的40%時間處理。

我知道，這套計畫似乎過於簡化，但是我遇過太多人雖然也很努力想要達到目標，當我問他們：「為了達到目標，你投入的五大項目依序是什麼？」，他們卻支支吾吾，答不出來。沒有努力重心的人，很容易回應漫無目的的想法，瞎忙一大堆不必要的工作。但是，高成效人士知道該怎麼做，可以明確告訴你他們正在做什麼、為什麼要那麼做，甚至會打開行事曆，告訴你為了完成重大目標與項目，他們安排什麼時段做什麼事。

請你自我測試一下：如果我到你家拜訪，你能不能打開你的行事曆，明確告訴我你已經將哪些時段空出來，準備投入完成特定重大目標的重要活動？如果不能，你知道你接下來該怎麼做了。

我知道，很多人讀到這裡會說：「我知道有些人非常成功，但從來『不做』什麼計畫。他們只是從一件事跳到另一件事，但是只要經過他們的手，每件事情都能順利完成，他們根本沒有什麼長期計畫或安排。」毫無疑問，世界上確實有這樣的人，這些異數肯定存在，但問題不是這樣的人是否存在，是他們對這個世界的貢獻及影響力。只須多一點計畫，就能夠大幅加強他們的貢獻。至於對我們其他人來說，最好還是牢牢記住：沒有紀律，我們的夢想永遠只是一場夢。

如果只要妥善計畫、確實執行，就能在幾個月內完成的事，請你不要浪費幾年時間去做。想好你的目標，釐清五大步驟，用心投入，永遠都要想到接下來該怎麼做，才能讓你創造有意義、引以為傲、出類拔萃的產出。

成效提示

1. 我現在就需要擬出計畫以完成的最大目標或夢想是……
2. 能夠幫我迅速朝著實現目標或夢想邁進的五大步驟是……
3. 我為這五大步驟安排的時程是……
4. 我可以研究、主動聯絡、訪談、學習的五個實現夢想的人是……
5. 在接下來三個月，我可以減少哪些比較不重要的活動或壞習慣，專心投入更多時間在五大步驟，包括……

練習3

把關鍵技能練到強到令人吃驚

「我相信無論你幹哪一行，通往輝煌成功的真正道路，
就是讓你自己成為這一行的大師。」
——安德魯・卡內基（Andrew Carnegie），
20世紀初世界鋼鐵大王

想要更有生產力，你就得更有本領，必須精通想在你的主要興趣領域取勝所需的關鍵技能。長久以來，無論在宏觀與個人層面，精通關鍵技能一直就與更高的生產力與成效有重要關係。加強技能經常是教育與經濟政策的目標，因為能夠鼓勵經濟成長。在人們心目中，技能也是工作者無往不利的利器，技能較精熟的人一般都能賺到較高

工資，享有的工作滿意度也較高。不過，情況並非永遠如此，技能純熟的工作者有時因為惡劣的策略、領導、職位設計或人資實務而受創或受限。[38]我們都認識一些渾身都是工夫、卻沒有機會一展長才的人。

然而，有一件事可以確定：不具備在你所屬領域或產業勝出必備的技能，是一項嚴重缺陷。無法持續取得更多技能，你的職涯不會進步。想在今天、在今後取勝，就得清楚你需要培養的重要技能。

所謂「技能」，一般指的是一套廣泛、能讓你在任何指定領域妥善運作的知識與能力。「一般性技能」可能包括溝通、解決問題、系統思考、專案管理、團隊合作、衝突管理等能力。針對工作需求或公司職務，還有「特定技能」，例如：寫程式、影片製作、財務專業與電腦技能等。當然，還有自我控制、彈性與其他EQ形式等的「人際技能」。

我透過這道練習要達成的目標是：幫助你找出接下來三年內必須培養的五項重大技能，讓你成為你想成為的那個人。有項核心原則請你不要忘記：任何技能都是可以透過訓練養成的。無論你想學的是什麼技能，只要有足夠的訓練、練習與意圖，你可以變得更加純熟。如果你不相信這一點，你追求高成效的旅程可以就此打住。現代研究為我們帶來的三項最好發現，或許就是：如果你保持成長心態（相信自己可以透過努力持續改善），基本上在任何層面你都可以變得更好；帶著熱情與恆毅力，專注於你的目標；不斷練習，力求精進。[39]

當人們說「我不能」時，他們往往是在說：「我不願意做完成這件事需要的長期訓練與準備。」請容我再說一次，請你務必記住這件事：任何事都是可以訓練的，這句話改變了我的一生。我知道，我在本書已經用了太多個人職涯的例子，使得這本書有過於個人化之嫌。不過，這或許是我最常被問到的一個問題，我們還是來談談公開演講這個議題，因為太多人恐懼這件事了。

二十年前，我在車禍事件後回到學校，與好友討論到該次事件。我告訴他們，我要立定志向，當再次面對人生最後的問題時——我活過了嗎？我愛過了嗎？我做的事重要嗎？——我能對自己的答案滿意。當然，不是每個人都想聽我學到的教訓和經驗，但有幾位友人鼓勵我把我的故事告訴他們的朋友。「這故事發人深省，」他們說。

儘管在那段時間，我的友人都認為我很外向，但事實上我很內向。我可以和朋友一起玩笑打屁，我很能與初次見面的人攀談，因為我喜歡交友，喜歡與人共享好時光。但是，將個人隱私與人共享是另一回事，我很少與人分享我真正的想法、需求或夢想。就在那段期間，我開始讀心理學、哲學與有關自助的書籍。我想要尋求答案，我想知道怎麼做才能過更好的人生。在讀過更多有關這類題材的書籍以後，我發現許多作者經歷的人生旅途與我的頗相類似：他們遭遇到一些重大事件，鼓勵他們改善人生，讓他們探討如何做個更好的人，也讓他們立志幫助他人。讀完他們的故事以後，我更覺得我應該與人分享我自己的故事。

我注意到，這些作者許多人將「講師」、「專業演講者」或「研討會主持人」寫入履歷。這些作者往往也是講師，我上網找到他們的有聲書或演講片段來聽。我開始了解，他們愈是能說，愈能清楚傳達他們的訊息，愈能鼓舞他人改變。所以我下定決心，我必須精通公開演講的技巧。有時，服務他人、發展相關技能的欲望，能夠壓過我們自身的恐懼。我下定決心投入，展開一套我稱為「漸進式精通」（progressive mastery）的學習程序，這套方法很快改變了我的人生。

每當你想學一種技能時，你有兩種選擇：透過練習與重複，希望習得那項技能；你也可以透過「漸進式精通」，確定自己可以逐步升級練成世界級大師。

「漸進式精通」的概念，與大多數人對於學習技能的概念大不相同。大多數人對一個構想產生興趣，於是對這個構想進行幾次嘗試，評估自己是否能夠做得好。如果他們覺得自己做得不好，便會認為自己沒有這方面的天賦，不是做這件事的料。大多數的人會在這時打退堂鼓，那些繼續做下去的人則認為，只要他們反覆不斷地做，就會愈做愈好，只要練習次數夠多，遲早能夠練出名堂。

假設你想學好游泳，如果你像大多數人一樣，會先找已經游得很好的人徵詢指導意見，然後你開始游泳，不斷練習，希望能夠增加你的耐力與速度。你會持續下水，希望改善泳技。你心裡想：泡在泳池裡的時間愈久，你的泳技也會更好。

但事實證明，這是學習一項技能最沒有效率的方式。不斷重複很少能夠達到高成效，了解「漸進式精通」如此重要，原因也就在這裡。

「漸進式精通」有下列幾項步驟：

1. 決定你要精通的技能。
2. 在發展技能的過程中，設定特定延伸目標。
3. 對你的旅途與你的成果，寄予高度情緒與意義。
4. 找出攸關成敗的因素，在那些領域發展你的優勢（用同樣熱情改善你的劣勢。）
5. 發展視覺化，讓你看清成功與失敗的面貌。
6. 遵照專家指示或透過精心思考，進行富有挑戰性的練習。
7. 評估你的進度，取得外部反饋。
8. 與他人一起練習或比賽，將你的學習與努力社交化。
9. 不斷設定更高目標，讓你持續改善。
10. 將你的學習心得教給他人。

這十項「漸進式精通」的原則，是安德斯・艾瑞克森（Anders Ericsson）所創的「刻意練習」（deliberate practice）的變化版。[40]像「刻意練習」一樣，「漸進式精通」也強調找教練或老師，自我挑戰、讓自己跨出安適區，培養成功的心智表現，追蹤進度，調整弱點。

兩者的不同之處在於，「漸進式精通」高度強調情緒、社會化與教學相長。換言之，你得以更有策略、更有紀律的做法將情緒投入你的旅途，你得透過訓練或與他人競賽提升你的能力，你得運用教學相長帶來的巨大潛力，讓自己的技能更加精進。我認為，「漸進式精通」是更符合人性、更社會化、更愉快的學習方法。

我們來看一下，相較於一味苦練的做法，「漸進式精通」的這些原則如何能使你用更短的時間練出更好的泳技。如果你能：

1. 下定決心，決定成為自由式游泳好手。（你決定不學仰式、蛙式或蝶式。）
2. 設定要多快、多有效率躍入水中、游一圈、轉身，完成最後十公尺的目標。
3. 在每次練習前，自我提醒為什麼這項技能對你這麼重要，與關心你的成效的人討論你的目標。或許，你這樣練習游泳的原因是：純粹想練身體、贏得一場泳賽，或是可以與好友一起游泳等。
4. 你判斷，取勝的關鍵因素就在於能不能在水中有效運用臂部，而且你的主要弱點在於缺乏完賽的耐力。
5. 每天晚上，你將完美的比賽視覺化。你想像如何在水中前進、轉身、奮力最後衝刺的每一項細節。
6. 你找到一位游泳教練一起練習，他不斷給你指導，幫助你設計愈來愈難的練習，讓你達到愈來愈高的目標。
7. 你評估每次練習的進展，記錄在記事本。你會檢視這個記事本，檢討你的成效。
8. 你持續和你喜歡一起游泳的人一起游泳，還參加游泳比賽，接觸比你更好的泳者。
9. 每一段游泳訓練結束後，你為下一段訓練訂定目標。
10. 每週一次，你擔任你的泳隊另一泳者的師父，或是在社區中心的游泳班擔任教練。

比起跳進泳池、盲目練習，這種做法的成效應該好得多，不是嗎？就算你用完全一樣的時間投入泳池，這些原則能夠幫助你創造比盲目練習好得多的成績。

當我決定當個專業講者時，我為自己設計的就是這些做法。我心想：沒錯，我可以盡量四處找機會公開演講，希望藉此改善演說技巧；我也可以投入真正的情感，用最好的學習方法力求精進。決定專注於「漸進式精通」，是我這一生最重要的決定之一。

我遵照前述十項原則採取行動，對我而言最有效的是第二、第三與第十項原則。我設定目標，每發表一篇演說，就要減少一些備稿。當我在大學發表我的第一次演講時，我事先把整篇演說內容完全寫了下來，那次基本上只是唸稿而已。第二次發表演說時，我把備稿縮減至只有一頁。然後是半頁。接下來是五句話。再之後是寫在卡片上的五個字。當我大學畢業時，我已經可以完全不準備講稿完成整場演說了。這就是「在發展技能的過程中，設定特定延伸目標」。

當然，這不是說我天生就是個演說家。在第一次支酬演說之前——在一個大學姐妹會談人際關係——我在開始前還吐了一場，我想那是因為我太擔心自己會表現不好。那表示，我讓自己「對我的旅途與成果，寄予高度情緒與意義。」要是我搞砸了，我也會容許我對自己大發雷霆，但不會讓自己氣餒。我不斷提醒自己，我得改善我的技巧，以便用我的話鼓舞他人，這非常重要。我觀察金恩、甘迺迪總統與邱吉爾這類偉大演說家的影片，讀了好幾百篇公認史上最偉大的講稿。[41]

在我的演說技巧養成過程中，第十項原則「將你的學習心得教給他人」，也是一項極為重要的因素。在研究所期間，我有幸教了兩個學期公共演說課程。現在回想起來，我其實完全不知道怎麼當個老師，但當時每一次上課面對學生，我一心一意幫助他們加強與人溝通的技巧，將自己所學與他們分享。實際情況是，他們教給我的東西，遠比我教給他們的多。在教學生的過程中，我感受到他們的苦痛，也為他們的突破而欣喜。透過對學生的觀察，我學得我所謂的「替代性差異」（vicarious distinctions），能夠感同身受他人的立場，幫助改善自己的技巧。

將「漸進式精通」全部十個步驟一一實現以後，我的一切都改變了。僅僅幾年之間，我從一個面對眾人不敢開口的啞巴，蛻變成一個不需要講稿就能雄辯滔滔、信心十足的演講人。我在為期四到五天、數千人參與的研討會擔任主講，經常是每天上台八到十小時的唯一訓練師。我有幸在好幾萬人出席的大場子，與我崇拜的英雄、與來自幾十個領域的領導人與遠見之士同台。儘管我一度在攝影機前顯得笨拙不堪，但我毫不猶豫一而再、再而三地面對那些鏡頭，拍了數不清的線上課程和影片。我距離我的目標還有漫漫長路要走，我還有許多需要學習之處，儘管這意味著我得以嚴厲眼光檢討自己犯下的種種疏失和錯誤，但我愛這種自我挑戰、更上一層樓的過程。拜「漸進式精通」之賜，我不再害怕演說，不再像個業餘講師。如果我當年只是「設法」改善演說技巧，沒有經過這番有紀律的訓練洗禮，永遠不可能在這一行出人頭地，有幸能夠接觸到這麼多人。

我曾用「漸進式精通」協助奧運選手改善速度，協助NBA球星提升投籃命中率，協助公司執行長設定更好的策略，協助父母更有效率安排行程。只要有效運用「漸進式精通」，你可以改善你想改善的領域。

不過，你當然不必在學習每一項新技巧時，都運用這種強調策略與紀律的做法。有時，想找一位導師或教練為你提供你所需的反饋並不簡單。或許，你也沒有許多機會將你的學習心得教給他人。有時，你發現很難迫使自己走出安適區，奮力改善。

但是，請你想想「如果……，又將如何？」如果你能在下次努力培養技能時，運用考慮更周詳的結構方法，又將如何？如果你能在主要興趣領域成為世界級專家，又將如何？如果你能夠因為技能精進，創造出更多高品質產出，又將如何？如果你能夠因為有能力、有自信，迅速完成你的五大步驟，又將如何？如果你能夠此時此刻、就在這裡下定決心更上一層樓，又將如何？

成效提示

1. 我可以發展哪三項技能，讓我覺得更有信心、更有能力，這三項技能是……
2. 我可以用一些簡單步驟改善這些技能，這些步驟是……
3. 為了學好這些技能，我可以找到的教練或導師有……

人生只有一次

「只有你到死都懶得做的事，才可以留待明天完成。」
——畢卡索（Pablo Picasso），西班牙現代藝術大師

人生很短暫，我們只有短短數十年在人世走一遭。我認為，這是我們應該專心投入的又一項重要原因。不要再下苦工、想方設法提高成效做那些無法讓你引以為傲、沒有實質影響力的事。了解你在人生現階段真正重要的關鍵輸出，想想你的抱負，釐清你想達成的目標的五大步驟，練就純熟的工夫，踏上逐夢之旅，這個世界是你的。

高成效習慣#5

發展影響力

「權力有兩種：一種藉由對懲罰的恐懼而來，
另一種是愛的行動帶來的。」
——甘地（Mahatma Gandhi），印度國父

- 教人們如何思考
- 挑戰人們成長、貢獻
- 以身作則

執行長陷於危機中。

胡安的全球服飾公司已經連續第七季表現不佳。業績不斷重挫，經過一連十年的亮麗表現後，分析師們現在開始質疑胡安的領導能力與他的品牌的價值。

當我在一個炎熱的八月天下午登上他的公司專機時，這就是我知道的一切相關資訊。他的財務長艾隆是我的老友，要求我與他們一起搭機旅行，或許能在旅途中給他們一些建議。當時胡安與艾隆正前往一處地點，與來自全球各地的四十名公司高級主管集會。

略事寒暄後，我問胡安，他認為他們公司的核心問題是什麼？胡安指著一本時尚雜誌的一頁說：「就是她。」一張女子照片占了一整頁篇幅。「丹妮拉。她是真正的問題。」

丹妮拉是這家公司的新首席設計師，以年輕的設計風格成為媒體新寵，是從另一家服飾公司重金挖來的設計師。胡安對我說，丹妮拉來到這家公司不過幾個月，他們之間就鬧得很不愉快。胡安希望繼續保有他的核心設計風格，但丹妮拉主張將品牌推向未來，主張採取一種較輕快的季節性做法。現在，整個團隊分成兩派，互相對立。在新路線不能取得公司全力支持的情況下，內鬥與指責在公司蔚為風潮。專案停擺，行銷失敗，營收重挫。

當胡安向我說明這些狀況時，他對丹妮拉的憎惡溢於言表。他以一種略微高高在上的語氣對我說：「她與你年齡相仿，我希望你能夠幫我想出處理她的辦法。」

「我倒不覺得這是年齡問題，胡安，」我冷靜答覆。「這是有關影響力策略的問題。而且這個問題的解決之道，或許就是傳奇籃球教練約翰・伍登（John Wooden）說的那句話：『你得處理事情。你得與人合作。』」

不過，胡安顯然沒有聽進我這句話，開始大談他打算如何壓制丹妮拉在公司的影響力。他要削減她的預算，調派他的人手進入她的團隊，以便可以進一步控制她。他要啟動一個新事業單位，全力投入他要的風格。他要限制她的產品線的買家人數。他花了二十分鐘時間，滔滔不絕描述這些策略，然後絲毫不減熱情地問我：「依你看，我還應該做些什麼？」

陷於這類令我不快的處境，對我來說是家常便飯。領導人經常指責部屬表現不佳，想辦法透過內部政治與個人懲處手段進行控制。我對這樣的遊戲不感興趣，如果不是因為置身四萬英尺空中的一架飛機，無路可退，我會起身告退。

艾隆察覺我似乎興趣缺缺，對我說：「布蘭登，我請你來給胡安一些看法。他知道你對這種公司內部政治不感興趣，儘管他很熱衷他那套解決辦法，但我敢說他願意聽取你的建議。我認為，你不必隱瞞，想對他說什麼就說。」他看了胡安一眼，像是在徵求同意。

胡安說：「別害羞。」

「謝謝你，艾隆，」我說。「胡安，你似乎對這件事很有主見。我不知道你的最終目的是什麼，也不知道丹妮拉在想些什麼，在這種情況下要我提出反饋很難。據我想，你準備和丹妮拉打一仗，直到兩敗俱傷，她在一場媒體大風暴中辭職，你的品牌也因為這場大風暴而永遠受創，我這麼想對嗎？」

艾隆面露驚訝，靠在椅背上尷尬地笑著。胡安仍然不動聲色，回答：「我倒也沒這個打算。」

我笑著說：「所以，你不打算逼她走？」

「不打算，」他搖著頭說。「她如果離職，可能帶走我半個團隊。」

「好。那你想要怎麼樣？」

「我要她玩得漂亮一點。」

「你的意思是，要她同意你的看法，執行你的計畫？」

胡安想了一下，看著艾隆，聳了聳肩。「這樣很糟嗎？」看起來，他似乎絲毫不以為意。

我仔細看了看他，發現他真的認為他這樣做天經地義。這位老兄完全沉浸在那種老大哥式的指揮管控模式中。我回答：「對丹妮拉來說，是的，我敢說這樣很糟。我不認識她，不過沒有人願意替一個目中無人的老闆工作。如果你對她的唯一目標，只是聽你的命令行事，對她來說整件事一點好處也沒有。你難道不希望她做得好嗎？我的意思是，那你當初為什麼請她來呢？她一定有一些什麼令你欣賞的特質或遠見。當初你給了她什麼承諾，說服她跳槽到你們公司？」

胡安苦苦思索這些問題，好像在搜尋一段遺忘已久的回憶。在戰鬥正酣之際，我們往往忘了我們因食言而招來對方的砲火。胡安回憶道，他聘用丹妮拉，是因為她是很棒的藝術專業人才，而且很能與人相處——他說，藝術家有人緣很難得。「我當時保證，給她一個隨著我們品牌一起成長的平台。我當然希望她做得好、希望給她機會，但她趁機占便宜，用這家公司展現她的、而不是我的願景。」

艾隆這時插了話：「所以，你看，我們現在就困在這裡。」

「沒有人受困，」我說。「只是想法不同而已。」

胡安問：「怎樣不同？我們都知道丹妮拉要什麼。」

「她要什麼？」

「她要接管這家公司。」

「你確定嗎？」

「她沒有說出口，但我確定情況就是如此。」

「嗯，我無法質疑你的這項假設，因為我對事情的全貌並不了解。而且我也無法問她，因為她不在這裡。所以，我們假設這是真的，如果我們知道你的想法，也知道她的，那我想不同的就只是如何讓影響力真正發生的想法而已。」

「那是什麼，怎麼做？」艾隆問。

「提升抱負。想要影響一個人，唯一的方法就是先建立好關係，然後提升他們的抱負，讓他們想得更遠、做得更好或給得更多。只有當你以請求，而不是用指控的方式來做，這前半段才可能發生。當你努力塑造他們的思考，向他們發出成長挑戰時，這後半段才可能發生。依我看來，現在的問題是，你知道丹妮拉的抱負是什麼，但你不但沒有想辦法幫助她提升抱負，還設法封殺她。」

胡安大驚失色，猛搖著頭。

「你在開玩笑吧？你是要我把公司讓給她嗎？」

「當然不是。我是說，如果你想要有效地影響一個人，就不能貶低這個人或設法消磨這個人的志氣。只有能讓部屬更成長、更有抱負的領導人，才能讓部屬樂意為之效力。如果你想影響丹妮拉，你必須和她重新建立連結，幫助她想得更大、更遠，讓她對你刮目相看。之後，你可以挑戰她，要她與你一起成長，攀登更高頂峰。那個頂峰未必就是她接管這家公司，雖然我倒不認為她真的想接管這家公司，也不認為你真的需要擔心這個。無論如何，你們倆需要一個新的、可以一起努力的願景。若不能有這樣一個共同努力的新目標，同樣的老問題會不斷重複。」

胡安搖搖頭，表示不解。「那你的意思是什麼？我們需要一個新的公司願景嗎？」

「不是的。你需要一個如何影響丹妮拉的新願景。如果你能夠好好影響她，她會站在你這邊，幫助你成就更大的事。如果你做不好，那就如你所說，她會接管你的團隊。」

「我該怎麼做？」

我看得出，胡安很是沮喪，所以我進一步向他挑戰。「我剛剛已經告訴你了啊。幫助她想得更大、更遠，提出共同創造更大成就的挑戰。」

他交叉著雙臂說道：「我不懂。」

我也交叉著雙臂回應：「我想你懂，只是你不喜歡。我對你的建議很簡單，我對你做的事就是你應該對她做的：我要求你做不一樣的思考，我挑戰你。我要你用不一樣的方式面對她，你要再一次把她當成合作夥伴，幫助她，讓她對她的角色、她的團隊、整間公司有更大、更遠的想法。這樣做，能為你帶來影響力。你向她挑戰，要她做得比現在更好，要她做她愛的東西，這能為你帶來影響力。你要設法讓她提升，而不是封殺她，這能為你帶來影響力。目前看來，你對她沒有這樣的影響力。」

「好吧。但這一切的重點是什麼？我有那些影響力又如何？」

我決定冒個險，提出我對自己的忠告。我知道所有領導人都愛接受挑戰，而且在內心深處都想當個好模範。於是我告訴他：「胡安，你會變成一位更好的領導人，對她以及對整個團隊都是。」

他坐回椅子上，解開雙臂。

從我們見面來頭一遭，他露出笑容，同意了。

與胡安這次交談結束後，我取出記事本，寫了一個影響力模式。我在這一章就要與你討論這個模式，在你知道這個模式之後，我會把故事結局告訴你。有時，我們需要的只是一套發展影響力的新做法，有了這套做法，一切都能改變。

不過，我們又是如何找出影響力的核心真相？為了評估影響力，我們要求人們針對下列這類陳述進行自我評估：

- 我擅長贏得他人信任，建立革命情感。
- 我擁有完成目標所需的影響力。
- 我擅長說服他人做事。

我們也針對下列問題進行逆向評估：

- 我經常說些不適當的話，因此傷害到我的人際關係。
- 我很難說服他人聽從我的話，或者做我要他們做的事。
- 我對別人沒什麼同理心。

你或許已經猜到，強烈贊同第一組陳述、強烈反對第二組陳述的人，獲得的影響力評分較高，整體的高成效評分也較高。那麼，最能影響你的影響力評分的因素是什麼？我們且先談談哪些因素不能影響影響力評分。給予／付出的感覺不能影響影響力評分，雖然我們都以為較能付出的人影響力評分較高，實際情況並非如此。舉例來說，在「我比同事更願意付出」的陳述給予自己高分的人，實際上未必擁有更多影響力。[1]

這不免讓人感到沮喪，但這其實也是常識：我們都認識一些人，他們不斷付出、付出、付出，但不能因此影響身邊的人出力幫他們做什麼。這其間的道理很微妙，影響力與「你改變了這個世界」的感覺息息相關，[2]所以重點不在於你的付出是否比別人多，而在於你的努力能不能帶來影響。我在教練過程中明顯發現，那些認為自己付出一切時間卻於事無補，或是不能得到回報的人，往往覺得自己未獲應有尊重、不快樂，或是覺得自己沒有影響力。

創意也與影響力關係不大。[3]儘管現今的文化迷戀創意、強調創意工作與藝術的個別展現，但根據我們的研究成果，認為自己有創意的人，未必認為自己比其他人更有影響力。創造才能未必伴隨人際關係技巧而來。

就像在其他高成效指標的情形一樣，真正攸關影響力的，是你對自己的認知。如果你相信你的同儕認為你很成功、認為你是高成效人士，你自然而然認為自己有影響力。這不只是認知問題而已，更大的影響力確實與更美好的人生畫上等號，這是常識，也是我們的客戶不斷向我們證實的事。當你有更大的影響力時，你的孩子更聽話，你解決衝突比較快，你比較容易爭取到你想要的專案或工作，你的想法比較容易獲得支持，你的業績比別人好，你的領導更為有方，你比別人更可能出任執行長、高級主管或成功的自雇人士。[4]你的自信提升，表現也愈來愈好。

許多人原本也可以做得更好，卻自毀前程。他們會說：「我不夠外向，無法成為一個有影響力的人」，或「我不是個長袖善舞的人」，或「我不喜歡試著說服別人。」不知為了什麼，這類人士認為個性與影響力有關，但這樣的想法並不正確。有關社交技巧的一項全面性統合分析發現，個性與「政治技巧」（political skill）沒有直接關係。

研究人員所謂的「政治技巧」，指的就是你的影響力，或是你了解他人、說服他人朝你設定的目標工作的能力。從這種技巧可以判斷你的工作能力、你的自信程度，以及其他人對你的觀點。政治技巧高的人，感受到的緊張壓力較低，獲得晉升、取得更大職涯成功的機率也較大。最重要的是，這種技巧能夠帶來個人好名聲，進一步提升你影響他人的能力。[5] 影響力不但能夠幫助你職涯精進，還能讓你享受更美滿的人生，我總是提醒人們，影響力是人生必修課程，原因就在這裡。

影響力的基本要件

「我們口中的我們不是我們，我們也不是我們想要成為的人。我們是在我們的人生中，對其他人的影響與衝擊的總合。」

——卡爾・薩根（Carl Sagan），美國天文學家、天體物理學家

其他高成效習慣大都在你個人的直接控制之下，你選擇追求清晰，你的活力大體上在你的管控範圍中，你可以決定創造什麼產出，但影響力呢？為了至少在接下來幾頁對這個主題有較全面的省思，我們且將「有影響力」定義為：根據你的意願，塑造他人的信念與行為的能力。它表示，你能讓他人相信你或你的想法、向你買東西、追隨你，或是遵照你的要求採取行動。

影響力是一條雙向道，愈來愈多的研究人員發現，你可以控制他人對你的看法，進而影響其他人。事實證明，無論你的個性如何，你對世人的影響力可能遠比你想的更大。

提出問題（真的，只要提出問題就好）

許多人在個人生活與職涯中始終無法取得影響力，其中一個原因是他們不向他人提出要求。造成這種現象的部分原因是，他們過於低估他人投入與協助的意願。幾項複製性研究發現，人們說「好」的次數，比你以為的多三倍以上。[6]這表示，在預料他人是否願意應你之請出手幫忙這件事上，我們的預料失準得離譜。我們不願意提出要求的另一個理由是，認為這樣做會遭來對方嚴厲批判，但事實證明我們又錯了。研究顯示，我們過分高估他人對我們批判的頻率與強度。[7]

除非你要求他們做些什麼，否則你無從知道你對同事是否有影響力，面對你的另一半、鄰居或老闆也是一樣，「開口問，才會知道」的餐桌智慧說得很有道理。《聖經》上也有這樣的明訓：「求，就給你們。」想取得影響力，你就得學習提出許多請求，學習以更好的方式提出請求——這只有反覆練習一途。許多人夢想擁有影響力，卻從不運用創造影響力的最基本工具：提出要求。

低成效人士很少提出請求。由於害怕遭到批判或拒絕，他們不敢提出請求，不敢找人支援，不敢挺身出來領導。可悲的是，他們一般都擔錯了心。在我的職涯中，我有幸為許多名流顯要擔任教練，他們的敏感度之強會令你吃驚。多年置身鎂光燈前的經驗，往往讓他們對其他人對他們的想法擔驚受怕。當他們離開場地，或私下與人談判簽約時，往往不敢說出他們真正想要的。我經常得苦口婆心勸誡他們：「我了解你擔心其他人想些什麼，不過如果沒有人開口對你說什麼，你得記住了，那是因為大多數的人根本沒有想到你。就算你走到他們面前提出請求，他們拒絕了，不出幾分鐘，他們又會把你忘得一乾二淨。他們不會吃飽了沒事幹，坐在那裡批判你，他們得忙著應付自己的生活。所以，你大可向他們提出你的請求，不這麼做，你等於是因為一些可能根本不存在的批判，放棄了自己的夢想。」我並且告訴他們一個研究成果：如果有人表示願意幫你，在他們為你做了一些事情之後，他們會比過去「更喜歡」你。[8]

人們一般不會勉為其難幫你，如果真的不想幫你，他們會說。有些反直覺的是，如果你想讓對方更喜歡你，不妨要求對方幫你一個忙。最後，當你真的開口求助時，不要只開一次口就放棄。研究顯示，有影響力的人懂得重複的威力，會在他們想影響的人面前不斷重複他們的構想。[9]你提出要求、分享構想的次數愈多，人們對你的要求愈熟悉，愈可能開始喜歡你的構想。

提出要求，不只是藉以得到你想要得到的而已。如果你想擴大你對他人的影響力，就得學習問他們一大堆問題，以了解他們的想法、感覺、需求、抱負。偉大的領導人會問很多問題。要記住，人們都會支持他們創造的東西，當他們對一件事提出看法時，基本上在心理層面已經投入這件事。他們會支持自己協助塑造的構想，認為自己是過程的一部分，不只是一個小齒輪或不知名的小跟班。

相較於只知道提出自己的要求，讓他人聽命行事的「獨裁」領導人，能夠提出問題、要身邊的人腦力激盪，一起朝前邁進的領導人更有成效，這是普世同意的事實。[10]

同樣原則也適用於你的親密關係、你的教養方式、你對社區的參與。去問他們問題，問他們要什麼，問他們願不願意一起工作，問他們希望能有什麼成果。突然間，你開始發現他們更加投入了，你的影響力也增加了。

如果你想增加影響力，請你記得：要提出請求，要問，要常常問。

有施，才有得

向人求助時，也別忘了要付出互惠。無論你在哪個領域，給人好處而不指望回報，幾乎絕無例外能夠增加你的整體成功機率，[11]當然也會增加你獲得想要的東西的機率。研究人員早已發現，在提出要求以前先給予，往往能使你影響他人的能力倍增。[12]

高成效人士有一種給予／付出的心態，無論進入任何情勢，幾乎都會設法盡力幫助他人。他們仔細考慮他人面對的問題，提供建議、資源與人脈。無論在會議室或在他人家裡作客，不需要等其他人開口，他們都會主動想辦法幫人，給人好處。

在組織環境裡，你能夠給予他人最了不起的東西，往往就是信任、自主與決策權。研究人員稱這種行為是給人「作者權」（authorship），意思就是讓人自行決定投入什麼工作或如何完成工作。[13]

事業剛起步的高成就人士，往往擔心會「給到爆」——給得太多，讓自己壓力太大，筋疲力盡。但事實上，這不是一個「給」的問題，筋疲力盡主要是活力管理不當與清晰度不足的問題，不是給得太多的問題。

許多人往往不肯以助人的態度待人處事，這不是因為他們是壞人，而是因為他們擔心會把自己搞得精疲力盡。當你很累、壓力過大時，自然吝於付出。養成活力與生產力的習慣所以重要，原因也就在這裡。在這些類型取得高分的人，一般也比較具有影響力，這很合理，對嗎？如果你更有活力、更能努力完成目標，願意幫助他人的意願自然也較強。

要為他人發聲

根據美國心理學會（American Psychological Association）2016年的「工作與福祉調查」（Work and Well-Being Survey），美國受雇成年人只有大約半數認為，雇主重視他們、給予足夠報酬，獎勵他們的辛勞。儘管大多數（68%）員工對工作表示滿意，半數員工認為自己沒有充分參與決策、解決問題與目標設定的過程，認為自己經常參與這類活動的人僅有46%。[14]

想像你走進一家公司，發現整整有半數員工認為自己沒有獲得應有的報酬、認可或參與機會。想想這造成的後果：動機缺乏、士氣低落、表現愈來愈差、人事變動頻繁、不滿聲浪與工作推動阻力愈來愈高。

好消息是，只要對你有意影響的人，展現誠意讚賞他們的工作表現，想要改變這種情況並不難。由於有這麼多人覺得自己受到排擠、沒有獲得應有報酬或尊重，當你現身給予他們誠摯的讚賞與尊重，你就變得不一樣、脫穎而出。所以，常保感激的心，只要能夠展現你的感激，那些獲得你的感激的人，今後幫你忙的可能性會增加一倍以上。[15]你可以在開會時向他們致謝，寫感謝卡，花更多時間留意他人的正向行動。如果你是最懂得感激的人，往往也會是最為人感激的人。

感激他人只是第一步，下一步是為他們發聲，找出其他人熱衷什麼事，為他們的好主意喝采。發現別人有好表現時，要為他們開心，公開讚揚他們。真正支持一個人最好的方法就是信任，給他們自主權做重要決策，當他們表現好的時候公開表揚。你這麼做，他們會知道你真正讚賞他們。

或許，這一切聽來都是再基本不過的事，但與我共事過的每一位領導人都承認，他們需要向同仁表示更多感謝，也承認他們在給予員工信任、自主與讚賞這方面做得還不夠。我從來沒有遇過任何人能將這些事做到盡善盡美，包括我自己。所以我知道，每個人都可以取得更大的影響力，包括你在內。

前述這些討論，都是有關取得影響力最粗淺的認識，接下來看一些較深入的策略。

帶來改變的人

「對他人真誠關愛所產生的影響力是一種福賜。」
——喬治・艾略特（George Eliot），19世紀英國小說家

你能說出兩個對你的人生最有正面影響力的人嗎？想想這兩個人，回答下列問題：

- 具體而言，他們為何對你有這麼大的影響？
- 他們教你什麼最重要的人生教訓？
- 他們啟發你建立什麼價值觀或特質？

我在全球各地向群眾提出這個問題，他們的回答有家人、老師、密友、第一個老闆或導師，你永遠猜不準對他們最有影響力的人是誰，沒有標準答案。但是我發現，可以預測得到為什麼這些人最有影響力。

最能夠正向影響他人的人通常有幾個共同點，無論有意無意，他們都有三種影響力行動，對我們造成影響。首先，他們形塑我們的想法，用自身的例子、用學到的教訓，透過言語打開我們的眼界，讓我們對自己、對他人、對這個世界抱持不同的看法。其次，他們以若干方式向我們挑戰，鼓勵我們發揮所長，讓我們下定決心提升個人生活品質與人際關係，讓我們對這個世界做出更多貢獻。第三，他們本身就是模範，他們的性格、人際互動技巧，以及如何因應人生挑戰的方式鼓舞了我們。

想想那幾個對你最有正向影響力的人，這三種影響力行動是否解釋了他們為何對你有那麼大的影響力？如果他們成功教你成為更好的人，或許是這三種影響力行動結合在一起

的成果，也或許只是以一種細微或非預期的方式影響你。

我把這三個影響力行動統稱為「終極影響力模式」（Ultimate Influence Model）。我曾要不少執行長運用這個模式做大綱，準備他們在公司大會對員工發表的演說。我曾見過妻子與先生討論如何用這個模式影響他們十幾歲的孩子。軍方人員用這個模式了解敵人如何影響在地抵抗力量。企業家也用這個模式來架構業務簡報和行銷資料。

本章的三道練習說明如何運用這個模式，我會與你分享其他人如何透過這些做法形塑我的人生。我希望，某天有人舉出對自己最有正向影響力的人時，會說出你的名字，這是我們都希望擁有的「終極影響力」。

想要提升你的影響力，這三件事很重要：（1）教他人如何思考自己、他人與這個世界；（2）向他們提出挑戰，要他們磨練性格、打好人際關係、做出貢獻；（3）以身作則，示範你希望他們體現的價值觀。

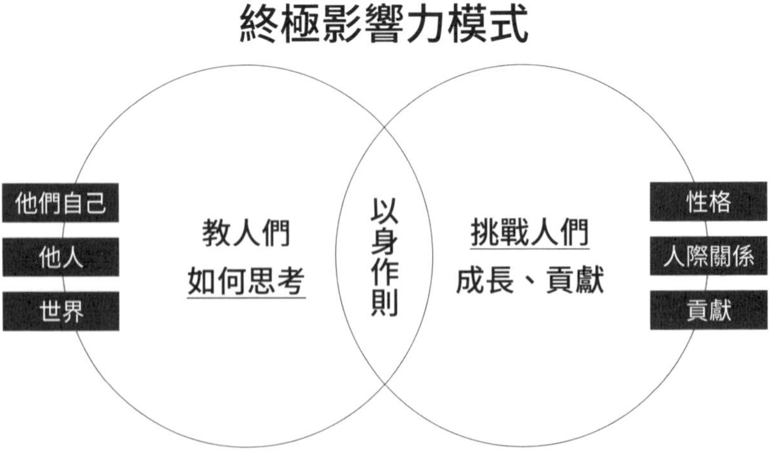

練習1

教人們如何思考

「能夠影響當代思潮的人，也能夠影響後代思潮。」
——艾爾伯特・哈伯德（Elbert Hubbard），
20世紀初美國作家、哲學家

我要給你一些怎麼做才能影響他人人生的日常例子，我不想讓你困在抽象概念模式中。我們都會在現實生活中揣摩他人的想法，但是往往不自知。想想你是否經常說出或聽到這樣的話：

- 「不妨這樣想……」
- 「……，你怎麼看？」
- 「如果……，會怎樣？」
- 「我們應該怎麼……？」
- 「我們應該注意……」

毫無疑問，你近來一定曾對什麼人說過這樣的話。你說這話的用意，是希望聽聽看別人的意見，或引導別人的想法。儘管你或許不知道，你在這樣做的過程中取得了影響力，我的目標只是讓你以一種更有意識的方式取得影響力。一旦養成習慣，你會發現自己成為影響力高手，對他人的影響力大增。

想像你有一個八歲大的女兒，正在做功課。她愈寫愈氣，叫道：「我討厭作業！」你怎麼反應？雖然面對這種情況，每個人的做法不同，沒有「對」或「錯」。但是，如果你用說的引領她對家庭作業的想法，而不是勸她、要她做好應做的本分，會怎樣？當他人——無論是我們的孩子或同事——抱怨時，就是我們引領他們思考的絕佳機會。如果你告訴你的孩子，你以前也很討厭寫功課，但你的想法後來有了小小的改變，結果不但在學校的表現更好，甚至很喜歡寫功課和學習，你覺得怎樣？如果你問她，她寫功課時有什麼想法與感受，然後幫助她重新架構個人認同，你覺得怎樣？如果你教她如何看待老師和同學，你覺得怎樣？如果你告訴她，這個世界對於堅持下去的人有什麼看法，你覺得怎樣？

當我與領導人共事時，我會不斷對他們說，他們應該「隨時隨地」提醒同仁，留意自己身為個人貢獻者的角色，並且思考競爭對手、思考整個市場。我所謂的「隨時隨地」，就是字面上的意思——在每一封寫給團隊的email、在每一場全員會議中、在每一次的投資人拜會、每一場記者會上……。在全員會議中，要告訴他們：「如果我們想贏，就得……思考。如果我們要競爭，就得……思考競爭對手。如果我們想要改變這個世界，就得……思考世界與未來。」

現在，請你靜下心來，想想你想要影響的人。你該怎麼塑造他們的想法？首先，你要釐清自己想要如何影響他們，想要他們做什麼？在你下次見到他們之前，你得先知道你對下列這些問題的答案：

- 你要他們對他們自己抱持什麼想法？
- 你要他們對其他人抱持什麼想法？
- 你要他們對這個世界抱持什麼想法？

記得，要讓你想影響的人思考這三件事：他們自己、其他人，以及較廣的世界，包括真實世界如何運作、有什麼需求、發展方向、某些行動可能產生的影響。

學習如何思考

「父親在家裡私下對他的孩子說些什麼，不會流入世人耳朵，但就像在回音廊一樣，他的子孫後代最後都能聽得清清楚楚。」

——尚・保羅・利奇特（Jean Paul Richter），19世紀德國浪漫主義文學先驅

在接受訪問時，經常有人問我，我這一生受到誰的影響？誰塑造了我對自己、對他人，以及對這個世界的觀念？要回答這個問題，得先從我的父母談起。

我父母教我如何思考的記憶，我實在多得數不清。在我五、六歲時，我們住在蒙大拿州布特（Butte）。一年冬天，我們的暖爐壞了。在有些地方，暖爐壞了會造成不便，在冬季氣溫動輒降到零下二十幾度的布特，這是一場嚴峻考驗。問題是，我們沒有錢修理暖爐，儘管我爸媽為了照顧四個孩子都辛勤工作，但我們的生活一直過得很緊。至少得等到一週後我爸領到工資，我們才有足夠的錢修理暖爐。

回想起來，當時的情況對我們這些孩子來說壓力都很大，更別提我們的父母了。但是，他們足智多謀，設法為日常生活添增樂趣。我媽不慌不忙，從車庫找出露營帳篷

搭在客廳裡。她找出我們的睡袋、大衣，還有電毯。我們這些孩子根本不知道事態嚴重，只想到我們在家裡露營而已。結果變成，我們到學校問同學：「你們昨晚睡在哪裡？」他們說睡在臥室，我們就得意洋洋地吹噓我們在客廳露營。我父母能將困難處境變得充滿樂趣，這種扭轉情勢、逢凶化吉的能力，是人生一種最高明的藝術，我爸媽都是翹楚。

在辛苦把我們幾個孩子拉拔長大的過程中，我父母始終教我們，要我們自立。他們要我們這樣自我思考：無論情勢如何，我們都可以應付，都可以盡量善用情勢。我媽總是告訴我，我很聰明，大家都愛我，我應該照顧兄弟姐妹，因為我們有的就是我們一家人。我爸總是告訴我：「要做你自己。」「要誠實。」「要盡力。」「要照顧好你的家人。」「要尊敬別人。」「要做個好公民。」「要勇於逐夢。」我爸媽就是用這些話引領我度過童年，教我如何自我思考。

他們也用對待他人的方式教導我們，要我們用同情心對待他人。我念中學的時候，我爸是地方監理所的主管，他的團隊負責為合格人士核發駕照——關鍵在於「合格」。很多人沒能通過筆試，或者視力太差、路邊停車技術不佳、忘記在紅燈前停車，還有人會忘了帶身分證或社會安全卡，不管什麼原因導致「不合格」，在獲知當天不能領到駕照時，大多數人都有同樣的反應：大發脾氣。

讓他們對監理所更加不滿的是，這個政府單位經費嚴重不足，往往得排很長的隊伍，得用老科技辦事，而且經常不知道該怎麼做。監理所職員的薪水也不高，整天面對的盡是些氣衝衝的人群，還得忍受無盡的官僚程序，但他們盡力把工作做好，至少我爸是這樣的。

我有很多伴著父親上班的記憶。他是個非常快樂、體貼的人，曾在美國海軍陸戰隊服役二十年。從陸戰隊退役後，他打了三份工，一邊上夜校取得大學文憑。他和我媽都是白手起家的人，撫養我們四個孩子長大成人真是談何容易。

我非常尊敬我父親，所以你可想而知，見到一個又一個只因為自己忘了備妥文件或考試沒過而對著他大聲的人，我是什麼感覺？我還聽到有人汙辱他的智慧、他的團隊、他的部門、他的臉面、他的存在，我看過有人把試卷丟到他的身上，還有人向他吐口水。

每當有人侮辱或責怪我父親時，我真的很想告訴他們：「你們難道不知道他的工作有多辛苦嗎？你們難道不知道這是州定法規，他已經盡他所能了嗎？你們難道不知道他曾經服役二十年，出生入死，保護你們的自由嗎？你們難道不知道他也很難受嗎？你們難道不知道他是我爸，是我的英雄嗎？」

我眼見人們對我父親的種種惡形惡狀，但我也見到他的反應。他很少容許自己被激怒，總是能夠泰然自若處理工作中遇到的衝突。他會設法讓對方將怒氣轉為笑容，總是能夠發揮幽默感、講出好笑話，總是能夠幫助別人解決問題。就算對方不領情，他也還是耐心耐煩地帶他們辦理文件、準備考試。來辦駕照的人在櫃臺發飆後，他會拍拍同事的背，說些話鼓勵他們。在大多數的夜晚，我爸都是平靜祥和地回到家，偶爾能夠感受到他的不快，在極少數情況下，他也曾把氣出在我們身上。但是，在絕大多數的日子，特別是在他晚年，我爸只要下了班回到家，總是開心地躺坐在沙發上看報，或是去打高爾夫，或帶我去打壁球、整理庭院等，愈來愈像和平鬥士。

童年時代的我，一點也不了解父親在上班時忍氣吞聲之難。現在回想起來，這位火力班老班長卸下戎裝，竟然能夠從不隔著櫃臺與人吵嘴，真是令我嘆服。不過，我雖然經常見到他在工作時遭到欺侮，但更多次見到他下班回到家中，說今天有人帶了餅乾來監理所，向他的團隊致謝。他告訴我，他所以能像那樣「罵不還口」，是因為他了解大多數的人都很善良，只是趕時間時他們都很容易暴躁、發脾氣罷了。他總是把人想得很好，在我父親眼裡，每個人都是鄰居，他都願意幫他們忙。

我父親就是這樣教我思考他人：要將他人視為你的鄰人，要將他們從好處想，給他們幫助。當他人因為匆忙或失望而態度欠佳時，我應該報以耐心與幽默。

我的母親也很了不起。她生在越南，她父親是法國人，母親是越南人。早在我父親進駐越南、加入越戰很久以前，她父親已經戰死在法越戰爭中。在她父親死後，當局根據「戰時兒童計畫」（Children of War program）把她送到法國。之後她與哥哥分開，住進寄宿學校。二十一歲那年，她移民到美國，最後在華府一棟公寓，結識了同為住客的我父親，兩人陷入愛河。不久，他們就搬到我父親的老家蒙大拿州，生養我們幾個孩子。

我父親愛上我母親的原因很顯然：她是你見過最快樂、最有活力的人。在兩人結婚、搬到蒙大拿州以後，為了養家活口，父親在監理所上班，母親兼差打工，包括剪頭髮、當護工等。在我念中學時，母親在本地醫院當護士助理。在我少年時代的許多記憶中，她經常坐在沙發上哭，父親在一旁安撫。醫院裡那些女人欺負媽媽，因為她有口音，她不是「這裡的人」。由於英語是她的第三語言，醫學名詞與拼音是她的弱項，同事就拿這些事嘲笑她。在小城裡，來自異鄉有時是個大問題。

但是，我母親並未因此氣餒，還要我們這些孩子用同情心對待每一個人，甚至是那些待人苛刻的人。像我父親一樣，我母親也總是把人想得很好，不時提醒我們，人都會盡量做好，往往做得不好只是因為需要我們的幫助。在我的兒時記憶中，她經常烘焙食物送給他人，或是贈送蔬果或小禮物。她說，這是因為他們需要我們的關愛與大度。

直到今天，我母親仍是世上最正向、最樂善好施的人。她經常出現在我的研討會上，幫助我的團隊工作，但與會者都不知道她是我媽。她幫忙登記報到，為好幾千人提供服務。通常，我會在研討會最後一天邀請她上台，向她表示謝意。當她走到台上，大家認出她就是整個週末在幫忙的那位老婦人時，我可以看得出，有些人大呼驚奇、覺得很棒，有些人則是心想：「喔，糟了！早知道，我該對她好一點才是。」無論如何，大家都起身為她鼓掌。見到一輩子為人盡心盡力的母親，獲得成千上萬觀眾起立鼓掌，著實給我一種筆墨無法形容的感動。

觀察與聆聽我父母的言行，讓我學會如何為他人思考。我父母從不對我說其他人的壞話，總是相信人性善良，讓我知道只要能夠保有耐心、優雅與幽默，終能讓他人敞開心胸、改變、對你友善。

最重要的是，我父母讓我知道如何正向思考這個世界。他們總是對這個世界給予他們的東西感恩載德，對明天的可能性充滿期待。但這不是說他們懷抱多偉大的夢想或計畫，他們是單純、善良的人，相信只要努力工作，世界就會讓你享有屬於你的一份。他們讓我知道，人生是你自己親手開創的，是讓你盡情享受的。我無法想像若是沒了他們這些教訓，我的人生會像什麼樣子。

這類故事每個人都有，人生中有許多人會影響我們，讓我們想得更遠更大。我的這些個人故事或許能夠勾起你的回憶，讓你想到那些影響你的人，同時讓你想到該怎麼教導你的家人或團隊思考。

成效提示

1. 我希望能夠進一步影響我身邊的人，他們是……
2. 我希望透過某些方式影響他們，這些方式有……
3. 要我告訴他們，他們應該如何思考自己，我會說……
4. 要我告訴他們，他們應該如何思考他人，我會說……
5. 要我告訴他們，他們應該如何思考整個世界，我會說……

練習2

挑戰人們成長、貢獻

「最重要的事就是想辦法鼓勵他人，
讓他們無論做什麼都能做得好。」
——科比・布萊恩（Kobe Bryant），
黑曼巴、NBA史上最偉大的球員之一

高成效人士會向身旁的人挑戰，要他們提高成績。如果你能跟在高成效人士身後，觀察他們的生活，你會發現他們不斷挑戰身邊的人，要身邊的人表現得更好。他們督促他人做得更好，而且覺得理所當然。

這道練習或許是整本書最難做到的練習了，因為一般人通常都害怕挑戰別人，覺得會引起對立，可能會遭來對方反撲，讓對方感到不悅，反問你說：「你以為你是誰呀？」

但這不是要你挑起對立，而是以一種微妙或直接、正面架構的挑戰，鼓勵他人做得更好。就像任何溝通策略一樣，意圖和語氣非常重要，如果你意在貶抑他人，你提出的挑戰很可能對他人產生負面影響。如果你以一種高高在上的口氣提出挑戰，自然會引起對方不悅，但如果你明顯是要幫助對方成長、進步，而且你語帶尊重與榮耀，那麼你的挑戰能夠鼓舞對方，讓對方採取更好的行動。

毫無疑問，一旦你開始要人成長、要人做出貢獻，無論你的溝通技巧有多好，有人就是會不喜歡。但你若想讓人改變，若想在人生擁有真正的影響力，這是必須付出的代價。你必須願意挑戰你的孩子，要他們培養良好性格，要他們善待他人，為社會做出貢獻。對待你其他的家人、你的同事，以及你的長官和部屬也是一樣。

我們處於一個時刻都在變動的時代，許多人不願意為他人樹立標準——「樹立標準」其實就是「提出正面挑戰」的另一種說法。很多人認為，挑戰他人會帶來衝突，實情往往並非如此，特別是當你與高成效人士打交道時尤然，他們喜歡挑戰。挑戰帶給他們動機，他們不僅能夠應付挑戰，如果你可以影響他們，他們還指望你能向他們挑戰。如果你感覺猶豫，不知道該不該這麼做，請讓我提醒你這件事：高成效人士喜愛挑戰，這是我們在研究中發現到的一個最具共通性的觀察成果。你可以思考一下這些陳述：

- 面對人生的挑戰與緊急事件，我會迅速反應，不會逃避或拖延。
- 我喜歡努力克服新挑戰。
- 儘管面對障礙或阻力，我相信我能夠達成目標。

非常同意這些陳述的人，幾乎毫無例外都是高成效人士。這意味對高成效人士而言，因應挑戰是他們非常重要的一項專長，他們也都重視這項專長。面對高成效人士，請不要猶豫不決、不敢向他們提出挑戰。

性格

有影響力的人在三個領域挑戰他人。首先，他們挑戰他人的性格。也就是說，他們為他人提出反饋、方向與高度期許，要他人謹守誠實、正直、負責任、自律、有耐心、敬業、不屈不撓的普世價值。

挑戰某人的性格，聽起來或許有些火藥味，但其實它是一種有益的贈禮。我敢說，在你的人生中一定曾經有過某個對你有影響力的人對你這麼說：「你可以做得更好」，「你比那要好多了」，或「我對你的期望不只這樣」等。這些話都是在挑戰你的性格的標準陳述，你不一定會喜歡聽到這樣的話，但我敢說，這些話一定能夠引起你的注意，讓你重新思考你的行動。

當然，挑戰某人磨練良好性格的做法，可以經由間接挑戰、以較精微的方式進行。當你問某人：「你面對這個情況，最好的做法是什麼？」時，你就是在挑戰對方，要對方思考並留意自身採取的行動。其他比較細微一點的間接挑戰，還可以用類似下列方式表達：

- 「回想起來，你覺得自己真的盡力了嗎？」
- 「你用最好的方式處理這個情況了嗎？」
- 「當你那樣做的時候，你想體現什麼價值？」

對領導人來說，我建議採取直截了當的方式，要對方思考日後面對情勢時如何自我挑戰。可以問他們：「你希望當大家記起你的時候，會說你是個什麼樣的人？如果你全力投入，人生會像什麼樣子？你一直在找哪些藉口，如果你能夠表現得更好，你的人生可能會出現什麼變化？」

人際關係

你可以挑戰他人的第二個領域，涉及他們的人際關係。你設定期望、問問題、舉例說明，或是直接要求他們改善待人的方式，要他們為他人增加價值。你不能容忍劣質的社會行為，高成效領導人不容許任何團隊成員對他人有不適當、魯莽或輕蔑的行為，高成效父母對他們的孩子也採取這樣的態度，不會坐視壞行為不管。

值得注意的是，高成效人士會明確指出他們對於人際相處的期望，會直接、不斷地告訴他人應該如何對待他人，那種誨人不倦的態度常令我稱奇不已。就算身邊的人都能和睦相處，高成效人士仍會不斷設法讓大家更團結。

如果你觀察高成效領導人在團隊會議中的發言，可能會發現他們經常提出團隊合作建議，時常這樣說：

- 「多聽聽彼此說些什麼。」
- 「多向彼此展現尊重。」
- 「多互相支持。」
- 「多花時間與彼此相處。」
- 「多為彼此提供反饋。」

當他們挑戰他人時，「多」這個字一直反覆出現。

我在全球各地講述這個論點時，發現有人將這種態度，解讀為高成效人士對團隊的「嚴格要求」，但未必是這樣。毫無疑問，高成效人士對於他們意圖影響的人確實指望甚高，但他們挑戰你，要你改善與他人的人際關係，很顯然是在幫助你，讓你與身邊的人、與你的同事更能和睦相處、團結互助。高成效人士旨在幫助你改善與他人的關係，因為他們知道這樣做，能夠提升你的成果。

貢獻

你可以挑戰他人的第三個領域，就是他們的貢獻。你敦促他們，要他們創造更多價值，要他們更加慷慨。在高成效人士提出的挑戰中，這或許是難度較高的。想想，要對一個人說：「你在我們這裡工作的貢獻還不夠，你還可以做得更好」，其實不是件容易的事，但高成效人士不會猶豫說出這樣的話。

當高成效人士提出挑戰、要你做出更多貢獻時，一般不會只根據你現在交出的成果品質給出反饋，而會要你瞻望未來、做出更多貢獻——要你開創或發明，創造更美好的未來。

在我做過的幾乎每一個深度訪談中，高成效人士顯然都是未來導向之士，他們會挑戰他人，要他人做出有意義的貢獻。他們不僅要他人做出比今天更好的東西，還要他人創新產品，腦力激盪出全新的商業模式，探索可以開發的新市場，深入未知領域以增添新價值。

我一開始以為，高成效人士只有在面對群體時會採取這種做法，會告訴整個團隊、要他們開創更美好的未來。但是我錯了，高成效人士也會向特定個人提出這樣的挑戰，會一個一個對團隊成員提出這樣的挑戰。

他們視挑戰對象而定，不斷調整挑戰層次。敦促人們貢獻，並沒有一體適用的最佳做法。你可以從下列這點看出領導你的是不是高成效領導人：他們遇見你本來的面貌，用你慣用的語言和你溝通，要你以你獨特的方式，幫助整個團隊開創更美好的未來。

持久領導的挑戰

「教師的影響是永恆的。」

——亨利・亞當斯（Henry Adams），美國歷史學家

除了我父母以外，早年影響我人生最大的人是琳達・巴魯（Linda Ballew）。琳達在我準備從中學輟學的關鍵一刻跨進我的人生，我決定輟學倒不是因為我不喜歡學校，而是因為我們家有機會到法國探親。由於我父母都得上班，唯一可以成行的時間就是我上學的期間。不幸的是，那次旅行的時間剛好撞上學區新出缺勤規定頒布時，新規定是任何學生只要缺席超過十天，就得退出那個學期的整個課程。

我們的法國之行歷時十四天，如果我隨家人一起旅行，那個學期的課就得重新來過。想跟班上同學一起畢業，唯一的辦法就是參加暑期補課，但每年暑假我都得全天打工賺錢，攢錢準備我的大學學費。我父母和我極力與校長和校方抗爭，希望學校能夠破例，讓我回學校上課。我們說，對我們家而言，這是畢生難得的機會，而且我們已經和老師商量好旅行回來以後補課的事，還要向班上報告我的法國之行經驗。

可惜的是，我們輸了這場抗爭。如果我隨家人旅行，就不能重返學校。而且由於我得利用暑期打工，不能參加補課，我大概不能跟同學一起畢業，我很難過。

後來，我們還是按照計畫完成法國之旅，因為馬克・吐溫（Mark Twain）說過：「絕對不要讓學校阻礙了教育。」我寫了

一篇譴責校方的讀者投書投稿當地報紙，然後上了飛歐洲的班機。旅途中，我拍了許多照片，寫了許多筆記，記述我們行經法國各地的人文景觀。那次旅行讓我們一家人更緊密地聚在一起，也是我有生以來最棒的學習經驗。

當我結束旅程返家後，學校果然不准我上學。但是，我的法文老師讓我上課，在班上分享旅遊照片，向同學報告我在法國的體驗。我在藝術課也如法泡製，但是當校長發現我人在學校以後，找人把我押送出校門。我真的很氣，考慮乾脆輟學，我的計畫是放棄學校，展開屬於我自己的園藝事業。

琳達・巴魯就在此時出現了，她是英文老師，是學校學生報《野牛報》（*The Iniwa*）的新聞顧問。她看到我在報上的那篇投書，還從藝術課老師那裡聽說我拍了很多法國的照片，於是找我談話。

她讚揚我那篇投書，但隨即告訴我，我其實可以寫得比那好得多。她問我一些對於寫作的看法，還指點了我一些技巧。隨後，她說想看看我在法國拍的那些照片，看完後她對那些照片表示讚揚，但也說我其實可以拍得比那好得多。她就這樣一邊讚揚我，一邊挑戰我，這套對我還真的很管用，我們的關係就在她的這種挑戰中建立了。

我告訴她：「不過，這一切已經不重要，因為我不打算回學校了。」我永遠忘不了她是如何處理這個情勢的。她並沒有對我說，輟學是個笨點子，也沒有設法說服我不要怪罪學校，因為校方這麼做只是照規定辦事。她沒有向我解釋中學畢業的重要性，只是以一種尊重我的方式，挑戰我的性格說：「布蘭登，你不是一個半途而廢的人，你也不會想當個半途而廢的人。你很強，不會讓學校就這樣逼你半途而廢。」

琳達還說我有潛力，在下學期回到學校後，應該加入學生報陣營。她認為我重回學校、加入學生報陣營是天經地義、再正確不過的事了。我再次告訴她，我要輟學。於是，她說了一席話，一口氣挑戰我的性格、人際關係與貢獻，內容大致上是這樣的：

「那太糟了，你可以做得更好的。這裡有許多學生需要像你這樣的人，需要像你這樣為自己的信念奮鬥的人。你在這個學校可以做很多有益的事，你也可以繼續在這裡學習藝術創作與寫作。你有太多才賦與潛能，不能用來創作實在可惜。想想吧。如果你想回到學校來，通知我一聲，我會幫你。你看起來不像一個半途而廢的人。」

我不記得我當時是怎麼反駁她的，但我確實記得她在聽完我的理由之後的反應。她仔細聽完我的辯解，接受、也尊重我的觀點。她與我建立一種真正的關係，並說她希望能夠再次見到我。

到了下學期，我重回學校。

那一年，琳達帶了一群包括我在內的學生，鼓勵我們思考，一起合作，以我們從未有過的方式貢獻。儘管當時的我們，資源少得可憐，又欠缺經驗，但是她讓我們懷抱大志，相信我們可以辦出全美最好的中學學生報。她創造一種追求盡善盡美的期望，目的不是要我們獲獎，而是要我們在面對自己與彼此時，可以有一種自豪與榮辱與共的感覺。她要我們成為以身作則的領導人。

「人們會支持他們創造的東西」——琳達的領導風格，就是這種理念的具體展現。她讓我們選擇頭版新聞、頭條標題、照片、署名方式和版面安排，儘管她是新聞學專家，對這一切瞭若指掌。她告訴我們如何分析競賽情勢，如何改善上一期發表的作品。她引領我們群策群力，相互支持，提升彼此的實力。她以堅忍與熱情，讓我們變得更能幹、更有自信。從許多方面來說，琳達使我們成為更好的人。

每當我們為了截稿開夜車或在週末趕工時，琳達都在那裡。她以身作則，教導我們如何成為好記者：想當好記者，就得多問。我仍然記得，當我準備將圖片或文章定格在版面上時，站在身後的她會說：「這是你要的位置嗎？這是最後定案嗎？你還想加點什麼東西上去嗎？」她總是不斷問我們問題：如何處理最好、我們要做什麼樣的人、要向世界傳遞什麼訊息、要如何把工作盡量做好、我們想要如何呈現自己與學校等。

那一年，在美國新聞教育協會（Journalism Education Association）大會，我們的報紙贏得「最佳展演獎」（Best of Show），拿下全美第一名。來自蒙大拿州一個名不見經傳小小中學的我們，擊敗了預算與資源比我們大十幾、二十倍的大型中學。在琳達・巴魯的領導下，我贏得全美與區域性攝影、版面設計、撰稿與調查報導第一名與第二名的獎項，後來成為主編。在我畢業後，《野牛報》繼續贏得了許多大獎，持續十年聲勢不墜。

琳達・巴魯在一個經費不足的州的一個經費不足的學區，主持一份經費不足的中學刊物。但她努力不懈，引領一群又一群沒有經驗的學生，成為優秀的年輕記者，讓他們在全美、在國際比賽中大放異彩。她領導的學生報紙在幾乎每一類型的中學刊物競賽中排名第一，她可能是美國有史以來獲獎最多的中學新聞學教師。

她為什麼這麼了不起？這可以歸納為三個原因：她教我們如何思考；她向我們挑戰；她以身作則影響團隊，讓團隊表現得盡善盡美。在我決心輟學的那關鍵一天，在那次的談話中，琳達・巴魯改變了我的一生。如果沒有她，你不會看到這本書。

成效提示

想一個你想要發揮正向影響力的人，回答下列問句：

性格

1. 我想要影響的這個人，有哪些性格優勢……
2. 如果他能……，就會變得更強。
3. 他在……方面，或許對自己太嚴苛了。
4. 要我告訴他如何自我改善，我會說……
5. 如果我可以激勵他成為更好的人，我會對他說……

人際關係

1. 我希望他能以不同的方式與人互動，包括……

2. 他通常在哪些方面與人互動的方式不如我的期望，因為……
3. 我可以鼓勵他更善待他人的方法是……

貢獻

1. 這個人做出的最大貢獻是……
2. 這個人還可以有更好貢獻的地方包括……
3. 我真正想要這個人貢獻更多的事情是……

練習3

以身作則

「以身作則就是領導。」
——阿爾伯特・史懷哲（Albert Schweitzer），
諾貝爾和平獎得主

高成效人士非常重視角色典範，以身作則。71%的高成效人士說，他們每天都會思考這件事。他們說，他們希望能夠成為家人、團隊和社群的模範。

當然，大家都希望自己能夠做個好榜樣，不是嗎？但是我發現，高成效人士比一般人更常、更特定地設法當個角色典範，以影響他人。他們不是只想當好人——你心目中那種善良、誠實、努力工作、樂善好施的好人好事代表。他們會進一步思考如何採取行動，成為他人的榜樣，或是協助他人達到特定成果。高成效人士主要強調的不是「我想像德蕾莎修女一樣」，而是「我要展現一種特定行為，讓其他人可以效法，幫助我們邁向特定成果。」

高成效人士當然希望自己能夠成為他人眼中的好人與榜樣代表，這是人性使然。他們所以成為高成效人士，是因為能夠極度聚焦於影響他人的意圖，幫助他人變得更好，或是達成特定成果。

為了說明這一點，我們回到本章一開始的那個故事，還記得那位服飾公司執行長胡安嗎？他和公司新聘的首席設計師丹妮拉處於鬥爭狀態，我向他挑戰，要他做丹妮拉及整個團隊更好的領導人。隨後，我拿出「終極影響力模式」，我們一起根據這個模式一步步探討，了解他希望丹妮拉如何思考她的角色、她的團隊與整間公司。之後，我們討論他可以向丹妮拉提出什麼挑戰，以鼓勵她思考自己是個什麼樣的人、與他人的關係，以及她的貢獻。

重要的是，我們也將場景調轉，再跑一趟模式。我要他想像丹妮拉利用這個模式進行探討，需要向他提出建議，要他思考他應該因應的挑戰。我要他思考，丹妮拉會希望他怎麼思考自己的角色、他的團隊與整間公司？丹妮拉會如何挑戰他的性格、人際關係與貢獻？要胡安從丹妮拉的角度根據這個模式一步步探討，對胡安來說很難。但是，這麼做讓胡安發現，或許丹妮拉擴大影響力的作為意在領導，而不是他以為的上位威脅。胡安開始了解，丹妮拉以有意義的方式挑戰他、挑戰公司現狀的做法，其實可能很有幫助。

當然，我們只能猜測她的想法，不過可以確定一件事，那就是：如果他想改變這種情況，自己就必須先改變。我們必須讓他建立這種角色典範的心態，這和他之前的防衛心態大不相同。

為了順利開啟必要的思考模式，我要他談談生命中對他最有影響力的人。當他談的時候，我用「終極影響力模式」說明他們為什麼這麼有影響力，舉例說明他們如何向他挑戰、如何教導他思考。他生命中對他最有影響力的人是他的父親，以及他的第一位商業夥伴。在他向我描述完這兩位人物的情況後，我要他思考，要怎麼做才能將這兩個人的價值觀和精神注入他的組織，以彰顯他們的傳承。我問他：「你該怎麼做，才能將他們的了不起之處引進你的公司、融入你的領導風格？你該怎麼做，才能像這兩個人對你一樣，也成為他人的典範？」

這場對話顯然令他吃驚，大多數的人都不會思考這樣的問題。

隨後我說：「現在，我們回到手邊議題。為什麼你認為你們公司有這麼多人將丹妮拉視為典範？」雖然在短短幾分鐘前，他還將丹妮拉批評得體無完膚，但現在他不得不承認丹妮拉確實有一些可敬之處。儘管他不喜歡，但他佩服她的直言無諱，因為在像她這樣的年紀時，他沒有她這麼大膽。她能夠這麼快就用她的遠見讓這麼多人跟著她走，包括原本支持他的一些人，讓他對她不敢小覷。她的堅持也令他佩服，他認為許多人將丹妮拉視為典範，是因為她比他更能夠向他們挑戰，要他們往前看。

有一會兒，我不知道我這番苦口婆心是否奏效——他會因此更加惱怒，還是會從新的角度觀察事情？於是，我再往前一步問：「胡安，我在想如果有一天，就像她今天是許多人的典範一樣，就像你過去那兩位典範對你一樣，你也可以成為她的典範，你想那會像什麼樣子？」

這個最後問題真正打動了他，我看到他靈光乍現。我無法精確描繪，但幾個月來一直籠罩著他的沮喪之情，似乎已經一掃而空。

當我們決心拋開所有是是非非，自問如何再次當個榜樣時，我們的人生往往出現意想不到的驚喜。

胡安發現，想在這種情況中成為典範，必須展現他要丹妮拉展現的同樣本領：不能固執己見，要用問問題的方式領導；必須以開放的胸襟，接受每個人的想法；必須讓她領導。如果他希望有一天丹妮拉能夠接受他的想法，他也得打開胸襟接受丹妮拉的想法。如果他想贏得他人尊重，他得先尊重他人。他覺察到的最重要的一件事是，他沒有體現他的父親與第一位商業夥伴灌輸給他的價值。

「我覺得我很任性暴躁，他們不會喜歡我這樣領導。」

當我們在機場降落、準備出席全員會議時，胡安已經用「終極影響力模式」練習了幾次，並且與艾隆和我腦力激盪出一些構想。但艾隆與我當時都不知道的是，當我們抵達會場時，胡安已經決定拋開會議原定的整個議程，他要讓整個團隊接受「終極影響力模式」訓練，並在訓練過程中與所有與會人員，包括支持丹妮拉的一夥人，建立真正對話。

他問他們，作為團結一體的他們，應該如何思考他們自己、他們的競爭、他們的市場。他向他們提出挑戰，要他們提出如何改善個別領導能力、促進團隊成長、讓公司對市場做出更大貢獻的計畫。他充滿熱情、敞開胸襟、強調合作、激勵人心，那不是裝模作樣，我可以看得出來整個團隊都因為他的態度大轉變而稱奇不已，他們都非常歡迎這種改變。

在訓練尾聲，他要首席設計師丹妮拉走到前面，承認自己原先對她、她的團隊與品牌誤判。胡安坦承自己面對有關性格、人際關係與貢獻的挑戰，並且要求她分享對「終極影響力模式」的看法，然後坐了下來。丹妮拉一開始很訝異，顯得小心翼翼。但胡安在一旁不斷鼓勵她，要她分享更多，兩個小時就這樣過去了。期間胡安坐在那裡仔細聆聽，問問題，記筆記。當丹妮拉結束分享時，胡安率領眾人站起身來為她喝采。那天晚上在團隊餐宴中，她用我這輩子見過最真誠、感人的方式向胡安敬酒。

在回程飛機上，胡安對我說了一句讓我長記在心的話：「或許，我們擁有的真正影響他人的能力，就是我們自己先接受影響的能力？」

成效提示

1. 就人際關係和職涯發展而言，我可以開始做哪些事，以成為更好的典範，包括……
2. 現在，哪些人迫切需要我的領導、做好榜樣，他們是……

3. 在哪些方面，我可以成為這些人的榜樣……
4. 如果十年後，我最親密的五個友人認為我是一個好榜樣，我希望他們會說我……

沒有爾虞我詐之美

「如果你一直幫助別人得到他們想要的，
你也會得到你想要的。」
——吉格・金克拉（Zig Ziglar），美國知名勵志演說家

每當我談到影響力或與他人分享「終極影響力模式」時，總會有人談到操控。我想，這是因為我們都曾有過遭到情人、朋友、商業夥伴操控的經驗所致。行銷人與媒體總是想要左右我們，灌輸我們一些想法，要我們買一些其實負擔不起或不需要的東西。這些想法可以用來操控他人，對他人造成負面影響嗎？當然可以。

我希望這一章能夠為你帶來一些省思，讓你邁向更高層級的服務。高成效人士不會處心積慮設法操控他人，「終極影響力模式」中間交集的「以身作則」是強大動機，讓他們將操控的念頭拋在腦後。高成效人士無疑擁有操控他人的能力，但不會這麼做。我怎麼知道？因為我在世界各地訪談、追蹤、訓練、教練過太多高成效人士，還在過程中認識他們的團隊、家人與親友，高成效人士身邊的人不覺得他們遭到操控，覺得自己獲得信任、尊重與啟發。

操控他人，能讓你在人生旅途中往前邁進嗎？當然

能，但只在短期間奏效。終有一天，操控他人的人會自焚與他人溝通的所有橋梁，發現自己陷於孤獨、無助的絕境。他們在本身福祉、在人際關係上不會有長遠的成功，如果他們一時取得任何成功，只是建築在欺騙、不一致與有毒的能量上。當然，你或許能夠找到騙子成功的極端例子，但那只是罕見特例，靠操控起家、維持成功的人畢竟只是少數。我要強調的重點是：取得長遠成功的人，絕大多數是典範，不是人心操控者。

我特別要寫這個段落，是因為我們活在一個混亂的世界，心懷鬼胎的人不在少數。然而，這也為我們帶來光明磊落的機會，值此混亂動盪之世，我們都面對一個問題：我們能不能努力成為他人的好榜樣？能不能投入心力，協助他人想得更大更遠？願意與他人一起面對多少大膽的挑戰，協助他人提升？在漫漫人生旅途中，我們能不能鼓舞下一代，讓他們也成為典範？

高成效習慣#6

展現勇氣

「應付困難有兩種方式：你改變困難，
或是你改變自己以面對困難。」
——菲爾絲・包頓（Phyllis Bottome），英國小說家

尊敬奮鬥

分享你的真我與抱負

找個你想為他努力的人

電話鈴聲將我吵醒。我勉強拿起話筒，幾乎無聲地回了一聲「喂」，看了一眼時鐘，是凌晨2:47。

一個女子的聲音說：「我需要你幫我看一些東西。太多人恨我，我想我有危險了。」

「什麼？」我喃喃地坐起身來。打電話給我的是珊德拉，是我的一個名流客戶，她可能太誇張了。

「什麼危險？妳還好嗎？」

「還好，我現在還很安全。不過，你能點一下我剛傳給你的那個連結嗎？」

我點了那個連結，看到珊德拉在YouTube的一支影片，標題是「真相」（CONFESSION），點閱數已經超過30萬。「等等，」我邊說邊披了件衣服，走出臥室，以免繼續打擾到我老婆。

為了方便講話，我走進廚房。她在電話線另一端迫不及待地一連問道：「你能看一下那支影片嗎？看看那些留言，然後回我電話好嗎？」說完，便把電話掛了。

影片中的珊德拉坐在那裡，對著鏡頭說話。她一開始先告訴觀眾，說她一直都沒有誠實面對這個世界，說她騙了大家。她說，她表面上一直十分開朗快樂，但鏡頭與媒體對真實的東西不感興趣。她說，她對於自己誤導他們很是難過，她要他們知道，她以後會更加坦誠。

我立刻就不喜歡這支影片，它給人一種虛偽的感覺，標題像是在騙點閱次數的「標題黨」。她情緒激動地分享她的故事，卻沒有任何細節，給人一種「喔！可憐的名女人，妳要我們知道妳的日子不好過。」但由於沒有特定細節，完全沒有預期效果。我看了那些留言，大多數觀眾同意我的看法，很多人拿她取笑，沒有取笑她的人要她說得清楚一點。同情她的人寥寥無幾，倒不是因為他們不關心，而是因為這支影片內容過於模糊，根本找不到可以關心的點。

我傳簡訊給珊德拉：我看了影片，讀了留言。妳有什麼危險？大家似乎都不喜歡這支影片，但我敢說妳不會有問題。

她回覆：我不知道。明天一起吃個午餐嗎？

我們同意一起吃午餐，結束對話。我本來想回去再睡一下，但心裡煩得睡不著。我搖了搖頭，讓自己清醒一下，坐下來看更多留言。

我開始想像明天午餐的對話：「我以為我做這支影片是照你說的，展現我的勇氣，布蘭登。」她接下來就會提醒我，我一直告訴她，要她更經常分享她的自我。根據我過去的經驗，她會怪罪我，對我發怒。我有極少數幾位喜怒無常的客戶，她是其中一人。我願意繼續跟她合作，因為我知道她本性善良。

不過，我得提醒自己要克制一下。我已經知道我會對她說什麼，我會讚揚她公開這支影片，但我也會告訴她：「對不起，珊蒂，但一支影片並不等同勇氣。」我得克制自己，因為我會開始大談近年「勇氣」已經如何如何被人膨脹到近乎可笑的地步，我會開始冷嘲熱諷。每當有人把他們第一支日記般的影片上傳社群媒體時，我們要鼓掌說：「喔，真有勇氣！」如果有人在腦力激盪會議中分享一個點子，我們要說：「喔，真有勇氣！」如果一個孩子賽跑跑到終點，就算他最後一名，我們也要說：「喔，真有勇氣！」

但拜託，公開影片就是一種自我表現的行為，是一種引起他人注意或與他人分享訊息的作為，當每個人都在這麼做的時候，只是分享資訊應該算不上什麼勇氣，對嗎？今天有十億人上網張貼東西，難道這樣做，就能讓個個都成為勇者了嗎？

在腦力激盪會議中分享點子是「你的工作」，如果你沒有因為這份勇氣得到一個擁抱，能夠聽到有人說一句：「好點子！」，你也應該滿足了。那個自始至終無精打采、根本就不想跑的孩子，在終於跑到終點、拿到第五十九名之後，真的需要我們大聲叫好、擊掌鼓勵嗎？

我聽到我在心中這樣自言自語，我知道我有點辛辣，但我心裡繼續叨唸著。當華盛頓跨過冰封的德拉瓦河攻擊一支優勢兵力時，那叫做勇敢。當太空人駕駛一個小艙衝入地球與月球之間一片廣袤黑空時，那叫做勇敢。當羅莎・帕克斯（Rosa Parks）拒絕讓座給白人、引發民權運動時，那叫做勇敢。

或許，我該對珊德拉這樣說：「妳不必打贏一場革命或發起一項歷史性社會運動，也能成為英雄或烈士。但是，當妳走到人生旅途盡頭，讓妳引以為傲的勇敢作為，不是這類小小、自利的分享。不是的。當妳走到人生旅途盡頭，真正讓妳引以為傲的，是當妳面對未知與真正風險，當勝敗攸關重大，當妳為了正義、為了他人，不計安危、報酬或成敗挺身而出的勇敢作為。

嗯，沒錯。我們明天要談的就是這種勇氣，我邊想著，邊回到床上。翌日，在驅車前往與珊德拉見面的餐廳途中，我又進一步想了一下關於這個勇氣的議題。我與珊德拉合作已有相當時間，知道她真的需要以一種新的方式看待勇氣。我相信我所見絕對不差。

珊德拉戴著墨鏡，坐在餐廳裡大多數客人看不到的一個角落。我坐下來，吸了一口氣，準備說出我對這次會談的期望。我提醒自己，一個好的教練要開誠布公。我知道，到目前為止，我在這一點上做得還不夠，但我會努力。

「珊蒂，妳還好嗎？」

「那支影片現在已經有130萬次點擊了，大多數的人都討厭，」她很喪氣地說。

「妳怎麼想？」

「我很以它為榮。要公開是一件很可怕的事，我原本以為大家的反應會比這好得多。」

我準備從「可怕」這一點切入，展開我對真正勇氣的那套說詞。但女服務生這時來到我們桌旁，我點了一壺茶，珊德拉加點了一杯咖啡。

「你要吃點什麼嗎？」她問。「我們可能得在這裡坐一下，我真的需要你的幫助。」

我本來計畫只是小談片刻，我想問題沒什麼大不了的，只不過是一支很蠢的影片罷了。我們都沉默了一會兒。

但我等不及要跟她討論這件事，便開口：「好吧，珊蒂，這有什麼好可怕的？我覺得影片的事情可以擱在一邊了，讓它不了了之吧。或許，隔兩三天妳再公布另一支，多講一些細節，就有了交代。這些事就是這樣的，妳知道的。」

我看到珊德拉的墨鏡下落下一串淚珠。「珊蒂，妳還好嗎？」

「問題不只是這支影片而已，布蘭登，真的很可怕。我以為我這麼做很勇敢，我是在求救，結果我只是幹了件蠢事而已？」她失聲哭了起來，我往前傾，握住她的手。

「嘿，妳怎麼啦？這到底是怎麼一回事？出了什麼事嗎？」

珊德拉喝了一口咖啡，慢慢摘下她的墨鏡，露出一眼瘀青。

「喔，我的天！珊蒂，怎麼回事？」

她低聲飲泣了一陣，然後開口。「是我先生幹的，我早該告訴你。我一直……，他對我家暴已經有很長一段時間。我一直很害怕，直到昨天，我覺得再也受不了了，所以就發布了那支影片。我只覺得這件事會……，」她開始泣不成聲。

我對自己那許多自以為是的愚蠢假設懊惱不已。無論你怎麼想，有時一個人踏出的第一步，都是充滿勇氣的。

「他看到那支影片氣得發瘋。我事先應該想得更周詳的，當時我只是想行動，你知道嗎？」

珊德拉和我在餐廳坐了三個小時，計畫她如何脫離家暴，她要住在哪裡，她的未來。她那天沒有再回家。她的友人前往她家，取了她的私人用品。她離開他，再也沒有回頭。她跨過了她自己的德拉瓦河，發動了她的人生革命，為我上了一課，教我什麼是勇氣。

高成效人士是勇者。數據顯示，勇氣與高成效有密切關係。事實上，勇氣評分愈高的人，在所有其他HP6的評分也愈高。也就是說，在人生旅途中展現更大勇氣的人，一般而言也更清晰、更有活力，更有必要性、生產力與影響力。就像珊德拉的例子一樣，勇氣可以讓你的人生出現革命性改變。事實上，我們的教練經驗顯示，勇氣是高成效習慣的基石。

展現勇氣不表示你得拯救這個世界，或是立下什麼豐功偉業。有時，所謂「展現勇氣」，就是在一個不可測的世界，朝著真正改變邁出第一步。對珊德拉來說，發布那支影片就是展現勇氣——只是小小一步，但開啟了分享的過程，讓她有信心邁出更大一步，最後掙回她的自由。雖然只是一支沒什麼人喜歡的影片，但它是代表勇氣的第一道曙光。

在研究過程中，為了評估勇氣，我們要求受訪者針對類似下列陳述，表示是否非常贊同、贊同或是不贊同：

- 即使在很困難的情況下，我也敢於為自己發聲。
- 面對人生挑戰與緊急事件，我會迅速反應，不會逃避。
- 儘管感到恐懼，我往往還是會採取行動。

我們還要求受訪者針對一些比較示弱的陳述表示意見：

- 我覺得我沒有坦誠表達我是誰的勇氣。
- 如果我可能因此遭到批評、嘲笑或威脅，就算我知道應該出手，也不會出手幫助他人。
- 我很少跨出我的安適區採取行動。

在對數以萬計受訪者進行評估後，我們明顯發現與其他人相比，儘管恐懼，高成效人士更願意採取行動。我們的訪談與教練課程都顯示了這項事實——似乎是，所有高成效人士都很了解勇氣對他們的意義，都可以清楚陳述自己如何展現勇氣。

當然，幾乎無論是誰，在受到鼓舞或引領下，總能想起生平做過的一些有勇氣的事。但除非同時擁有清晰、活力、必要性、生產力與影響力，有勇氣的人未必能夠成為高成效人士。一如既往，HP6也得結合在一起，才能創造長期的成功。

為什麼有些人比其他人「更有」勇氣？我們的研究顯示，造成這其間顯著差異的不是年齡或性別。[1]最可能認為自己很有勇氣的人，是那些……

- 喜愛克服挑戰，
- 認為自己很果斷，
- 認為自己有自信，
- 認為自己是高成效人士，
- 認為自己比同儕更成功，以及
- 對人生整體而言感到快樂、滿意的人。[2]

這些現象很有道理。如果你喜歡面對挑戰，一旦你必須挺身而出面對困難或阻礙時，你多半不會退縮。如果你覺得你屬於信心十足的行動派，一旦有人需要你的幫助，你自然會採取行動。但為什麼比較快樂的人也比較勇敢？這讓我百思不解。為了了解這個問題，我對二十位高成效人士進行了結構性訪談。他們的答覆大致如下：「當你快樂時，你比較不擔心自己，就能將注意力焦點擺在他人身上。」「快樂讓你覺得自己可以做到了不起的事。」「想在人生達到一定程度的幸福，你必須練就若干自控的本領，一旦達到那個幸福點，你覺得自己更能在不確定的情勢中取得掌控。」這些答覆都很有道理，但對於「為什麼快樂能讓人更勇敢」這個問題，顯然還是沒有一致性的答覆。

這說明了關於勇氣的一項通則：無論從什麼角度切入，勇氣都是一種難以解釋的特質。事實上，大多數人為了詮釋勇氣都費盡心思，更別說將它視為一種習慣而加以思考了。或許，與我們研究過的其他特質相形之下，人們更認定勇氣是一種有些人有、有些人沒有的特質，但那並不正確。勇氣其實更像是一種技巧，任何人只要肯學，都可以具備。[3]一旦你了解、學會，更經常展現勇氣，一切都改變了。

勇氣的基本要件

「勇氣是對恐懼的抗拒，是對恐懼的掌控，
不是沒有恐懼。」
——馬克・吐溫，美國文豪、幽默大師

馬克・吐溫說，勇氣不是無畏，而是儘管恐懼，仍然採取行動、堅持不懈，心理學者同意這個說法。[4]但勇氣可以在許多領域帶來無畏，舉例來說，心理學者發現，大多數接受傘訓的學員在第一次從飛機上跳出來時都很恐懼，得鼓足勇氣進行第一次跳傘。但是之後，跳的次數愈多，他們的信心愈強，也變得更加無畏。[5]最後，跳出飛機就像例行公事一樣——仍然令人振奮，但不再讓人恐懼。研究人員發現，拆彈專家、士兵與太空人的情形也一樣：面對恐懼的經驗愈多，感覺到的恐懼與緊張感也愈少。[6]

我們每個人都是這樣，成功完成一件事的次數愈多，愈能泰然面對這件事，所以你必須從「現在」起，就過一個更勇敢的人生。你愈積極去面對你的恐懼、表達自我、幫助他人，這些事情對你的難度和壓力也會愈來愈低。

當你勇敢面對恐懼時，還有其他一些東西也會出現。事實證明，就像恐慌或懦弱一樣，勇氣也具有傳染性。[7]如果你的孩子看見你一生畏首畏尾，他們會有所感，向你學樣。對你的團隊或你領導、服務的人來說，情況也是一樣。展現更多勇氣，是讓社會變得更美好的助力。

勇氣的各式各樣

想詮釋勇氣、將勇氣進行分類很難，對研究人員或一般大眾而言，甚至究竟什麼是勇氣都莫衷一是，沒有定論。[8]不過，我們終究還是達成了一個共識：在展現勇氣時，下列這些東西也可能出現：風險、恐懼與採取行動的好理由。

無論如何，還是得先探討一下勇氣的各種類型，方便接下來的進一步討論。你為了達成一項高貴的目標讓自己涉身險境，這是「生理勇氣」。舉例來說，你為了救人跳入十字路口，攔阻過往車輛。你得了重病，為生存而奮鬥，這也是生理勇氣。

「道德勇氣」是你為他人發聲，或是為了你相信的正義，為造福人群而不畏艱辛。出手干預，不讓惡人霸凌陌生人，不肯遵照惡法坐進公車後座，或是針對有爭論的議題發布影片、表達你的看法等，都是道德勇氣的展現。道德勇氣透過無私的行動展現，目的在於保護價值或提倡原則，以嘉惠公義。它的要旨在於社會責任、利他主義，「做正確的事」。

「心理勇氣」是採取行動，勇於面對或克服你本身的焦慮、不安全感與心理恐懼，目的在（a）展現你的真正自我，不肯同流合汙，就算其他人不喜歡也沒關係，或（b）體驗個人成長，就算只是一場個人勝利。

「日常勇氣」指的是儘管面對極度不確定（例如：遷入新城市）、生病，或挫折艱辛（例如：點子不受歡迎，或是工作環境不友善仍然每天準時上班等），仍然抱持正向態度。

雖然這些勇氣的分類定義談不上明確或特定，但這樣的分類有助於將勇氣概念化。

重要的是，你來決定勇氣對你的意義，然後展開勇往直前的人生。

我個人認為，勇氣就是面對風險、恐懼、敵意或反對之際，採取堅決行動，為真實、高貴或提升人生品質的目標戮力。[9]對我來說，「高貴」與「提升人生品質」這部分的定義特別重要，因為並非所有不畏恐懼的行動都稱得上勇敢。

舉例來說，自殺炸彈客似乎夠勇敢了，儘管他們一定也是非常害怕，仍然下定決心採取行動，而且他們相信自己這麼做，是為了高貴的目標。盜賊的情況也是一樣，冒著入獄或更嚴重後果之險以身試法，但他們的作為勇敢嗎？大多數的人都會說不。[10]原因在於，雖然他們的作為滿足了勇氣的部分條件，但至少根據大多數社會標準而言，他們的作為有害或具有毀滅性。不造成傷害，是勇氣的一項重要概念。

不顧恐懼而採取行動，也未必就是勇氣。舉例來說，一名少年為了加入同儕團體，冒險從高高的陽台上一躍而下。這名少年心中當然害怕，但是為了加入那個團體仍然決心冒險，似乎很有勇氣。但是，這樣做勇敢嗎？對有些人來說或許是。但看在其他人眼中，這不過是屈服於同儕或愚蠢罷了。

採取大膽行動，也未必就稱得上有勇氣。當大家認為你會採取行動時，你不採取行動，有時也是勇氣——非暴力示威顯現的正是這類例子。不接受挑釁、為保護自己身體而退出是非之地是勇氣。在維護你的正直的前提下，你不肯與人爭論，就算表面上看來你在示弱，但其實你是在展現勇氣。

對某些人來說，這些話或許有矯揉造作之嫌，但定義清楚很重要。儘管許多人將「勇敢」與「克服恐懼」混為一談，但勇敢不僅僅是克服恐懼而已，行動結果十分重要。如果你意圖良善，但行動結果傷害到人，別人多半不會認為你勇敢。事實上，研究人員發現，許多人認為只有帶來好成果的行動，才能稱得上是勇敢的行動。[11]舉例來說，如果你為自己的理念大聲抗爭，但一碰到有人提出質疑就立刻閉嘴，事情過後，你會覺得自己的抗爭很勇敢嗎？如果有人跳進河裡救另一個人，結果自己慘遭滅頂或需要救援，這種行為勇敢嗎？還是魯莽？或許是後者吧。

無論如何，最重要的是，我們關於勇氣的研究告訴我們，即使行動造成的後果可能很可怕、可能風險大或不確定，但高成效人士還是傾向採取行動。在過去十年聽了那麼多高成效人士的故事後，我發現一個真理：

如果你沒有採取行動，你永遠無法預知、無法發現你能夠完成這些了不起的事。

我聽到的這些勇氣故事，幾乎都是一時起意、援助他人的故事。高成效人士並不是生下來就有勇氣或透過沉思找到勇氣，行動喚醒他們的心，讓他們看見該走的路。他們不是「純粹希望」有一天能有機會做一件事，他們不會猶豫、只是一直想，而是會採取行動。他們知道，希望做一件好事卻不採取行動，就像不向人求助卻希望有人過來幫你一樣。

我也聽過許多轉換人生跑道的故事，很多人談到他們如何勇敢地把工作辭掉、離開一段霸凌關係，或是搬到新城市去住。雖然我們心目中的勇敢行徑總是舉步向前，但我也聽過許多「往後退」的勇敢故事——重溫一個塵封已久的舊夢。如果你早已放棄一個夢想，但在內心深處仍然對它難以忘懷，只有採取行動，才能解這魂牽夢縈之苦。改變方向永遠都不嫌晚。

高成效人士從來不會費心談的就是拖延與抱怨。不斷抱怨只會降低成效，一旦有了抱怨，若不能立刻行動設法改進，很容易就會退步。很多高成效人士都對我說過：「不要抱怨，要行動。」

根據許多受訪者對我描述的故事，勇敢是自發性行為。在我聽到的那許多故事中，最能啟發我的卻是有計畫的勇敢故事，或許這些故事最能說明勇敢是一種習慣，擁有可以複製的特性。他們知道自己在害怕什麼，所以預做準備。他們會做研究，尋找導師指點，然後面對恐懼。只有當我們的恐懼成為我們的成長計畫以後，我們才能踏上精通之道。

我可以在這裡與你分享更多個人觀察成果，但最後你必須為自己決定什麼是勇敢。「勇敢」往往是當事人的主觀認定，所以最重要的是，你得決定此時此刻的你活得是否勇敢。為了幫助你思考，我想問你一個問題：

> **如果未來的你——十年後的你，比今天的你更強、更能幹、更成功——現在來到你的面前，看看你目前的環境狀況。未來的你會給現在的你什麼建議，要你立刻採取什麼勇敢的行動，改變你的人生？未來的你，會要你怎麼生活？**

請將這個問題再讀一遍，花幾分鐘思考你的答案。我問很多人這個問題，雖然我不知道你的答案，但如果我猜得不錯，未來的你不會要你將就度日、得過且過，會要你盡情發揮、勇敢投入。想要盡情發揮，你就得超越基本，需要以一種新的方式看待你的恐懼與障礙，你需要接下來這三道勇氣練習。

練習1
尊敬奮鬥

「成功是100%努力將你的身心靈投入奮鬥。」
——約翰・伍登，UCLA傳奇籃球教練

為什麼有這麼多人顯然不能過勇敢的日子？他們知道應該為自己發聲，但沒有這麼做。他們也想面對他們的恐懼，冒一點險，但沒有這麼做。他們告訴你，他們會採取更大膽的行動，會追逐更遠大的夢想，會以重大而高貴的方式幫助他人，但沒有這麼做。為什麼？

這是我早期教練生涯中最令我沮喪的問題，許多客戶談到遠見與偉大的夢想，說他們想過一種模範人生，讓這個世界變得更好，但什麼也沒做。他們說，他們想過偉大的人生，但每當我們討論如何養成新習慣，以協助他們完成夢想時，他們經常退縮，說自己太忙或太恐懼。他們會給我看在研討會上做的願景板（vision board），我通常會問：「既然你已經有了這個新願景板，從星期一開始，你準備做的三項最重要大躍進是什麼？」他們一般答不出來、提不出計畫，根本不了解一次勇敢的行動，勝過一百個願景板！

我敢說，你也曾因無法採取較大膽的行動，對他人甚或對自己感到沮喪。既然如此，問題究竟出在哪裡？怎麼解決？我發現，這一切其實是一種心態問題。今天的社會比過去缺乏勇氣，因為我們規避奮鬥，而這種決定導致我們無法充分磨練性格與力量，兩者正是勇氣的兩項關鍵要素。

我的意思是，隨著更多國家與社群擁有超越過去的富足，我們處於人類史上前所未有的時代。但是，這樣的福祉，也可能暗藏詛咒，因為富足讓人不肯奮鬥。任何需要真正耗力費神、不斷嘗試、不畏艱難困苦、堅持不懈才能完成的建議或主張，在今天都不可能蔚為風潮。輕鬆與便利才是王道。許多人只要一碰上困難，就放棄婚姻、學業、工作與友情。如果你在日常生活中稍遇困難立即退縮，一旦面對真正的恐懼或威脅，你又怎能勇敢以對、堅持到底？

想發展作為勇氣要件的力量，我們得在因應人生基本挑戰的過程中有更好的表現。我們不能再這麼畏懼艱難，必須將奮鬥視為人格成長的一部分，必須學會尊敬奮鬥。

不幸的是，推崇奮鬥精神並不容易。以我這一行為例，經常有人勸我，要我不要提出那麼複雜、嚴厲的建議與課程，要讓建議與課程變得更有趣。他們說：「不要讓他們那麼辛苦，給他們太多困難的步驟，布蘭登，因為他們不會照做。把步驟弄少一點、簡單一點，要讓小六的孩子也能做。現在沒有人願意嘗試了，給他們簡單的就好。」（在寫這本書的時候，仍然有人在我耳邊叨唸著這些事。）

這些陳述的前提是，人都很懶，不愛挑戰，為了安適與安定可以犧牲成長。想想看，這樣的假設是不是無處不在？特別是在媒體世界，一切講究的就是如何讓日子更安逸，如何讓我們不必面對痛苦與緊張，只要專心投入你的優勢和強項就好，因為這能讓你感覺甚好，讓你做得更好。不必因為面對你的短處或缺點而受苦受難，那樣做不舒服，不值一試。什麼都能外包，因為學習真正技能並無價值。只須吞顆神奇藥丸，你就可以不必改變你可怕的飲食習慣了。

無所不在的訊息、媒體、網紅，就這樣不斷地告訴我們：人生不是用來奮鬥的，人生應該輕鬆自在；如其不然，就是我們走錯了路。想想看，這樣的訊息會對我們的能力造成什麼影響？想想看，這樣的訊息會對我們採取勇敢行動的可能性造成什麼影響？

如果我們不斷告訴人們，要他們專挑簡單的工作做，他們又怎麼會想到要做難的工作？

好消息是，我想全球各地的人正在覺醒，領悟到這些竅門捷徑、靈丹妙藥都不能解決問題。世人逐漸想起他們已經知道的一些事：想要達到卓越，就得努力工作，忍受單調乏味的紀律與慣例，在學習過程中面對揮之不去的沮喪，全心全力投入克服艱難險阻，而且最重要的是，得要拿出勇氣。我希望這本書的研究，能夠幫助你增長見識，讓你了解想獲致高成效，就得有真正的意圖，養成「複雜」的習慣。我在這本書裡談到的練習，都是「可以做到」的，但仍然需要你專心投入，堅持不懈地長期奮鬥。

我確信老一輩的人都會告訴我們，奮鬥曾是人生的必經過程。他們都知道，無憂無慮、沒有熱情地安然度日，從來都不是人生目標。他們從不真心指望一帆風順，毫無波折。他們會說，辛苦奮鬥是用來鍛造人格的火。他們標榜的是動手幹活，不屈不撓，堅持奮鬥，因為唯有如此才能讓你成為更好、更能幹的人。沉著自持，面對挑戰奮鬥不屈，能夠為你贏得敬意，讓你成為領導人。

這些話聽來若是在念經，讓你覺得真是老生常談，很抱歉，但都是真的。沒有經過奮鬥，無法成就一番豐功偉業。高成效人士迎向奮鬥、投入奮鬥，他們知道這是必經過程，因為他們知道真正的挑戰與艱辛能夠催促他們向前，幫助他們提升能力，讓他們崛起。他們學會尊重奮鬥，發展出預期奮鬥、歡迎奮鬥、運用奮鬥成就更多事的心態。

由於能夠勇於面對衝突和困境，我們能夠逐漸拆除恐懼之牆。這種心態是我的作品最重要的核心，讀過《自由革命》、《為你的人生充電》、《黃金人生的入場券》的讀者，會發現我對奮鬥有一種近乎崇拜的尊重。

唯能將奮鬥視為人生旅途必經的重要過程，我們才能找到真正的和平與屬於自己的力量。

另一條路當然就是什麼都做不好。討厭奮鬥或恐懼奮鬥的人，最後會對人生不斷抱怨，失去努力的動機，最後放棄目標。我們最近的一次研究，佐證了這種推崇奮鬥的概念。我們發現一項非常有力的指標：勇敢的人都認可「我喜歡嘗試克服新挑戰」與「儘管面對挑戰或抗力，我有信心我能達標」這類陳述。高成效人士不怕挑戰或失敗，也不怕學習和成長過程中必然出現的困難和辛苦。他們喜歡嘗試新事物，對達成目標充滿信心。你要他們談談過去那些千辛萬苦的奮鬥歷程，他們會眉飛色舞，愈講愈開心，不帶一絲恐懼。

心理學者針對抱持成長心態的人進行了幾十年的研究，研究成果與我們的發現若合符節。抱持成長心態的人相信，他們能夠改善，他們喜歡挑戰，願意迎向困難，而不是逃避困難。他們不像其他人那樣害怕失敗，因為他們知道可以學習，可以透過努力和訓練精益求精。這讓他們更加鼓舞、更加投入、更加不屈不撓，在人生每個領域的成就也比其他人更高。[12]

定型心態的人的看法與行為正好相反，認為他們的能力、智慧與特質已經固定有限。他們認為，他們不能改變現狀而取勝，這使得他們不敢面對任何超越他們「天賦」優勢與能力的挑戰。他們害怕失敗，因為失敗會為他們加上標籤。他們認為，犯錯會讓他們顯得無能。碰到難題，他們寧可放棄。研究顯示，與抱持成長心態的人相比，定型心態的人逃避挑戰的可能性大五倍，由此可見這種心態造成的毀滅性效果。[13]我們有關高成效人士與低成效人士的研究成果，也佐證了這一點。

如果你不願意面對無可避免的奮鬥、錯誤、混亂與人生的種種困難，那你的人生旅途會更加坎坷。沒有勇氣，你會比較沒有信心、不快樂、不成功，這是數據為證的事實。

人類的兩個故事

「絕對不要將你的挑戰視為一種劣勢。
你必須了解，事實上，面對、克服逆境的經驗，
正是你最大的優勢，這一點很重要。」
——蜜雪兒・歐巴馬（Michelle Obama），
前美國第一夫人

人類史上只有兩種故事：奮鬥與進步，而且除非你奮鬥，否則你沒有進步。這一切起伏正是我們所以身而為人的最主要原因，人生必有低潮，必有高潮，這樣我們才能知道什麼是喜悅與失望，什麼是成功與失敗，充分體驗人生滋味。

這道理人人懂，但是當面對艱難、一切變得愈來愈辛苦時，我們時常將它遺忘。厭惡奮鬥很簡單，但是我們不能這樣。隨著時間不斷逝去，厭惡只會使它的對象不斷擴大，成為遠較實物更大、更可怕的鬼魅。我們必須接受，奮鬥不是帶來辛苦掙扎毀了我們，就是讓我們持續成長。終有一天，我們得做出選擇，無論多難，下一步該怎麼走仍是「你」的選擇，這值得慶幸。

對於人生的挑戰，我們不僅應該感謝，還應該真心崇敬才是。在與高成效人士的討論中，他們會明白告訴你，想要保持優秀、追求卓越，就得將奮鬥視為提高成效、精益求精的踏腳石。這是高成效心態的一部分：面對任何值得投入的事，無論那是什麼，你必須將奮鬥視為達標過程的一部分。而接受奮鬥的決定本身，能讓勇氣從我們內心

深處油然而生。

我現在奮鬥、辛苦掙扎是必須的，它召喚我要出現、要變得更強大，透過奮鬥為自己和所愛的人打造出更美好的未來。

尊敬奮鬥的人生旅程，不是要你只是鼓勇而進、不求改善，也不是要你像禪宗大師一樣，接受人生的不可逆，即使不樂也默然承受，照單全收。「尊重奮鬥」的意思是，要你抱持迎向艱苦的心態，努力學習，讓自己盡量做好，帶出自己最好的一面。接受艱難困苦能讓你有一種現實感的覺醒，讓你預見問題將至、做好因應準備，在即將到來的狂風暴雨中屹立不倒。

熱情迎接挑戰、投入行動，是一種高成效心態。遇上了無可避免的人生困境嗎？你應該全心投入。就算你覺得壓力過大、喘不過氣來，何妨出去散個步、調勻呼吸，思考問題而不是逃避問題。請你勇敢正視問題，自問：「下一步我該怎麼做？」如果你還沒有準備好採取行動，你可以先做計畫、好好研究，一旦時機來到，你才能一馬當先、挺身而出。

在這道練習的結尾，我要舉出我的學員認為有用的兩個相關招數。第一招是我與美國陸軍特種部隊成員共事時學到的，他們告訴我，為了幫助士兵了解當兵的辛苦，他們有一句口號：「擁抱爛事。」（Embrace the suck.）有時，執勤是爛事，訓練是爛事，巡邏是爛事，天氣爛到爆，環境也很爛，但你不能逃避或哭哭啼啼，你得正面應對，要堅持挺下去。

你必須擁抱爛事。

美軍最讓我敬佩的一點是，極少有抱怨之聲。抱怨訴苦在軍中得不到敬意，這帶給我很大的啟發。無論在人生任何領域，你若有機會有幸在其中效力，你不要抱怨。

至於第二招，或許能幫助你擁抱尊敬奮鬥，那就是相信：你會挺過去的。只因為他們看不見你的潛能或不能共享你的遠見，只因為你不確定或害怕，並不表示你不夠格。只因為烏雲密布，並不表示雲後沒有太陽。

請你相信柳暗花明之道。人們常說，一切都是命，我要提醒你的是，要相信你的命——這個世界充滿機會，你要相信好事終會降臨。我相信，面對艱難之際，你必須對自己、對未來有信心。當我因腦部受創而陷於掙扎時，我寫了一張卡片夾在錢包裡，卡片上寫了幾個字：「記住，你比你想的更強，未來有許多好事等著你。」

成效提示

1. 我一直在奮鬥的事有……
2. 對於我需要奮鬥的這些事，我可以改用什麼方式看待，包括……
3. 繼續奮鬥可能會為我帶來什麼好事，包括……
4. 從今天起，面對人生無可避免的艱難辛苦，我選擇的面對方式是……

練習2

分享你的真我與抱負

「根據我的判斷，除非不斷磨練一件事或一個人，
想要做出什麼好成績很難。」
——愛德華・布雷克（Edward Blake），
前加拿大安大略省省長

我在《自由革命》那本書裡說，人類的主要動機就是無拘無束表達真正的自我、追逐夢想，就是體驗所謂的「個人自由」。當我們無憂無慮、覺得可以自由發揮時，精神特別抖擻。當我們以真我生活時——能夠表達真正的自我、真正的感覺、真正的欲求與夢想——我們活得真實、自由。這需要勇氣。

當然，沒人真心想過處處受限、唯唯諾諾的日子。但在《自由革命》發行後，我收到數以千計的郵件與評論，談到想做到「個人自由」真是談何容易。毫不虛假、無怨無悔地向這個世界展示真我，會為你帶來極大的風險。人們經常談到，他們很想以最真實的一面處世，但這麼做會惹來太多批判或排斥。他們擔心的是，一旦大家看清楚他們的真實樣貌，就沒戲唱了，他們做不到別人的期望。

我的看法是，如果對方是能夠鼓舞你的角色典範，你應該努力表現自己，滿足對方的期望。如果有人相信你，認為你能夠成就大事，你就努力做到對方的期望。但如果對方懷疑你、看輕你，不如一切作罷，不必那麼麻煩去討好那種人。過好你自己的日子，不必爭取那些懷疑者的認

同。就算你取得他人的認同，也得不到長久的喜悅，只會開心一陣子。唯一可行的途徑，就是表達真我、追逐你的夢想。

當你這麼做，難免會碰上批評，不妨將過程視為奮鬥的一部分。就像不可能永遠都風和日麗，遭到批評自屬難免，別讓這些批評搖擺了你的信念。如果你相信你的夢想，不要偏離，除了你心靈深處的渴望以外，你不需要其他人的批准。

與那麼多高成效人士談過話以後，我必須承認，我希望你能夠遭遇到一些批評與挫折。那是一種跡象，說明你走在自己的道路上、你有遠大的目標。事實上，如果最近沒有人以一種不以為然的神氣對你說：「你以為你是誰呀？什麼，你瘋了嗎？你確定這樣做對嗎？」或許你的日子過得不夠大膽。

我過去也做過類似主題的教練，某次一名客戶對我抗議：「但布蘭登，我並不以自己為榮。所以，我不想讓自己最真實的一面展露出來，我其實對自己某些地方感到滿難為情的，我不想分享真我。」我只能說：「朋友，如果你以真我為恥，那你一定還可以繼續探求。」

關於限縮自己

「只有膽敢冒險盡量往外闖的人，
才能發現自己究竟能夠走多遠。」
——T.S. 艾略特（T. S. Eliot），諾貝爾文學獎得主

《自由革命》的讀者有一個讓我始料未及的反應，就是他們對於分享真我有不一樣的恐懼。許多人寫信告訴我，他們不擔心其他人會批評他們、認為他們不夠好；他們擔心的是一旦表現得太好，會讓其他人自慚形穢。他們不敢展現真正的抱負、喜悅與權力，因為這樣做會讓身邊的人感覺不好。

他們覺得應該縮小他們的夢想，把那些遠大的構想藏起來，把自己降低一些，表現得傻一點，這樣其他人會感覺好一點。每當我收到這樣的顧慮時，往往會用手機傳一段影片給我可以觸及到的讀者，告訴他們：

> 不要讓自己退縮，我的朋友。不要因為你有遠大的夢想而自責，這些夢想能夠在你心田中植根是有原因的，你有責任尊重它們，不要只因為想要安撫、取悅身邊的人就畏畏縮縮、不圖人生進取。
>
> 畏縮不是謙遜，而是撒謊。如果你身邊的人不知道你真正的想法、感覺、需求與夢想，你不要怪罪他們。你無法充分發揮你的潛能，是因為你欠缺聲音，是因為你一味消極被動，不是因為他們不了解你。
>
> 多與他人溝通、分享，你才能建立能夠支持你、鼓舞你、提升你的關係。就算他們不支持你或不相信你，至少你過著自己想要的人生，至少你盡了力，至少你回應了你心靈的呼喚。你從充分展現自我中尋得自由。我的朋友，展現你的真

我，你才能充分發揮潛能。

我知道你在這一章聽了許多說教，但這段訊息很重要。許多讀者在讀過我的書許多年以後，仍然寫信給我，說我這段訊息幫了他們。我要你把這段訊息擺在垂手可得的地方，下次當你因為顧及他人的感受而考慮退縮時，你可以隨手取出再讀一次。

請繼續讀下去，我確信，想要提升你的勇氣，你必須以更開放的胸襟，更誠實面對你是誰、你要什麼、你真正的潛能是什麼這類問題。唯一能夠阻止你邁向更美好未來的，就是你的那份恐懼感，那份害怕惹惱他人而想要自我退縮的感覺。請別誤以為那是謙卑，那是對你的真正抱負的謊言，那是對上帝——或老天爺、宇宙、命運、勤奮——的恩賜的忤逆，而且那是一種潛伏性的危害。除非你選擇放棄，否則那份恐懼感會永久纏著你，不讓你體驗真我，不讓你發揮真正的潛能。它會迫使你降低眼界，讓你無法創造卓越，而且究竟能為你帶來什麼呢？

你或許會想：我的動機與欲求會威脅到別人，他們可能不喜歡我的抱負，或許會取笑我，所以我還是安靜一點，反正降低抱負或工作倫理，對我也比較輕鬆一點。

我聽過各式各樣這類言語，但我要再次強調：朋友，這類想法不是謙虛，而是恐懼、是謊言、是壓制，是不成熟的顧慮；它會將你的人際關係的活力與價值毀滅殆盡。我知道，就短期而言，自我限縮可以讓他人開心，或許還能讓你自己好過一點，但是請你想想：

沒有人願意跟一個虛偽的人交朋友。

如果你跟一個人認識往來了五年，突然間他對你說：「你不知道真正的我，我一直不曾對你說過實話。這些年來，我一直不敢告訴你我真正的夢想，因為我怕你，我擔心你會承受不了真相。」

像這樣的人，你會願意與他親近嗎？你會因此惱火嗎？你會有什麼反應？你可能會很訝異，感覺受傷。既然如此，你為什麼要用這種態度對待別人？請記住，如果你只是為了討好別人而限縮自己真正的想法與夢想，你不能怪罪他人，因為掐住脖子的人是你自己，而且當你這麼做的時候，你也讓你的人際關係窒息。

我曾在全球各地眼見許多人將自己葬送在虛偽的「謙卑」概念下，當一個人其實在說：「我還是低調一點比較好，因為我身邊那些膽小鬼會無法承受。」拜託，這樣的話真的謙卑嗎？

我的工作經驗告訴我，你讀到這裡可能有什麼反應。或許你會說：嗯，但是布蘭登，你不了解我的先生……我的社群……我的文化……我媽……我的教練……我的粉絲……我的品牌……我的（隨便你填入其他藉口）。我現在的工作，就是要你甩開這些藉口。

沒有你的同意，沒有人能夠不准你說話。除了你自己，沒有人能夠看扁你。除了你自己，也沒有人能夠敞開你的胸襟，釋放出你全部的潛能。

你總是可以找些理由，把你的虛偽與怠惰歸罪給「他們」。你也可以從今天起，說你真正要說的，做你真正要做的，或許有人不喜歡也在所不惜。會不會有人因此取笑你？或許你愛的人會因此懷疑你或離開你？你的鄰居或粉絲會不會因為覺得你「太愛吹噓」而背棄你？當然都有可能。但是，你覺得哪一個比較高貴：人家喜歡什麼你就照做，還是勇於說出你認為正確的事？終有一天，你必須自問你的人生究竟所為何來：恐懼，還是自由？你可以選擇躲入牢籠，另一個選項是勇氣。

我對這個議題有無盡的熱情，因為我知道終有一天，或是我、或是你一位「貴人」的忠告、或是你內心深處的一陣呢喃，能夠打動你，讓你敞開胸襟，和這個世界分享你自己。你或許一輩子不會與我碰面，當然不必聽信我這些話。不過，既然你已經讀到這裡，請你再忍耐一下，讓我多說一些。你必須了解，自我退縮會為你的心靈與人生帶來一種壓力。你在很長一段時間未必能夠察覺到這種壓力，它能欺騙你身邊的人，讓他們無法發現你真正的美與能力。更糟的是，它能阻止「貴人」走入你的人生。

這種事我見得很多，成功的人不能更上一層樓，因為他們選擇悶著頭幹活，不願說出自己真正的想法，不願與人分享。他們設法「做得得宜」、「實際」、「沉穩冷靜」。他們設法做得讓他人「快樂」或「舒服」，一旦有了非常好的構想，不僅不會拿出來與人分享，還犯下最致命的錯誤：不向外界求助。如果你不向外界求助，不會有最合適正確的人走入你的人生。如果你不能從外界取得幫助，或許只是因為你一味沉默隱藏，宇宙根本不知道你在要求什麼。

不久前，我與一位奧運金牌選手合作，我問她：「妳職涯中最大的收穫，出現在什麼時候？」她說：「在我終於開始表白我的奧運之夢時出現。突然間，人們開始指點我正確的方向，告訴我應該做什麼、需要哪些技巧、該找哪些人談談，以及職業運動員用的是哪些裝備、誰是最好的教練等。我發現，你若是爬到屋頂上，張嘴大聲喊出你要怎麼樣過你的人生，當然總會碰上一些鄉巴佬反脣相譏，但鄉裡各處領導人也都會過來幫你。像這樣的人生，才是人生。」

你人生的「貴人」會聆聽你訴說真相，會為你的抱負喝采，會樂意接納真實的你。他們會為了你的共享、真實，以及你對他們的信任而感激你。向他人推心置腹，友誼與愛也會像失而復得的珍寶一樣，為你帶來驚喜。

不時自我提醒，你必須信任他們，因為他們過去支持你。他們給了你力量，請不要軟弱，不要抱怨，拿出勇氣採取行動。請不要怪這怪那，要歡欣鼓舞，不要唯唯諾諾，要堅持真相。請不要自私，要為他人服務。請不要想投機取巧抄近路，要在奮鬥中成長，登峰造極。碰上逆境，請你堅持做自己的最佳典範，因為這才是你自我鍛鍊的最佳時機。

簡單的對話

與他人交心時，最重要的就是與他人分享你真正的渴望。他們不必同意你或幫你，甚至不必與你一起腦力激盪。重點不是在他們，重點是你要拿出勇氣，敞開胸襟面對他人，就像世界始終對你開放一樣。去做吧！每天向他人吐露一些你的想法、感覺和夢想，就算對方沒有當場表示支持你，誰知道呢？或許遠方一股力量，已經因為你的勇氣而啟動，一張通往偉大人生的路徑圖，將在必要時展開在你眼前。

這種習慣不是靠一次和認識的人有過重要談話就能養成。當然，你不必找來所有的親朋好友，讓他們都坐下，告訴他們你過去為什麼沒有開誠布公。你也不必拍攝影片說明你的整個人生與哲學，只要每天與他人分享一些你的想法與感覺就好了。每天找個人分享你真正想要的一些東西，你可以說：「嗯，我今天想要展開X，因為我想做Y。」比方說：

- 我想研究怎麼寫書，因為我有一些故事值得分享。
- 我想每天早上去健身房，因為我希望自己更有活力、更健康。
- 我想開始找另一份工作，因為我希望自己能夠更熱情投入，努力更獲得他人賞識。
- 我考慮找新教練，因為我想更進步。

這些都是簡單的陳述，這也是個簡單的公式。你想要與人分享什麼？無論那是什麼，請你與人分享，然後每天採取大膽的行動，落實你的想法。

成效提示

1. 我很想做、但一直未能與足夠的人分享的是……

2. 如果我想在日常生活中表現得更像自己，我首先要做的是……
3. 當我因為展現真我而遭人取笑時，我會……
4. 我準備將一個重要夢想與人分享並尋求協助，這個夢想是……

練習3

找個你想為他努力的人

「我不知道你們的命運是什麼，但我知道一件事：
在你們之中，只有那些努力追尋、
找到如何服務他人的人，才會真正快樂。」
——史懷哲

2006年，我身無分文。我做了我一直鼓勵你的事：我採取行動。我把工作辭了，專心投入寫作，發展成為訓練師。

我逢人就說我的夢想，許多人認為我瘋了，有時我自己也這麼想。當時，我並不知道怎麼寫書或出書，沒人認識我，我也沒什麼相關人脈，Facebook、YouTube和iTunes都還在起步，想讓大眾聽見你的聲音很難。

我只是想與人分享我從車禍中學到的事：在生命尾聲，我們都得問自己幾個問題，自我評估這一生是否過得快樂。如果你可以想出你那天可能會自問的問題，每天醒來後有目的地生活，也許你對自己最後的回答會感到滿意。我發現，對我來說，我會自問的問題是：「我活過了嗎？我愛過了嗎？我做的事重要嗎？」

我每天工作到深夜，自學如何建立網站、做線上行銷，因為我想將我那簡單的訊息傳給許多人。我住在我女友的公寓，因為我沒有錢。我從母親的舊縫紉室借了一張「折疊桌」，當成寫字檯。那間公寓很小，小到我把床當成櫥櫃，擺放我的帳單、筆記與恐懼。

對我個人而言，那是一段艱苦的日子。後來成為動機與高成效習慣宣傳大使的我，當時兩者欠缺。但是，我知道我要什麼：我要寫作，要當訓練師。我將古羅馬詩人賀拉斯那句名言貼在冰箱上：「在艱苦困難之秋，要大膽，要勇猛。」但許多日子過去，我的兩個願望都毫無進展。

我記得，那段時間我經常坐在咖啡館，看著其他人打著電腦，心裡想著，我真是有夠差。只是看著其他人工作，我卻什麼也不做。我早上起床後在公園裡閒逛，告訴自己，我需要一個更有啟發性的環境，在公園散步可以讓腦子清醒，寫出更好的東西。但是，我在那座公園逛了幾個月，腦袋始終是一團糨糊。我有夢，但動機不夠強，怎麼也勾不著。

我當時的習慣成效也不佳。我訂好各種鬧鐘、精神扳機，每天準時提醒我，要我寫作——但當然，我先得沏一杯好茶，煎顆無懈可擊的蛋，啟動絕佳的寫作狀態才行。我遵照這些習慣行事，往往創作出來的髒碗盤，比我完成的稿件頁數還多。並非所有的好習慣，都能帶來了不起的成果，特別是少了一項關鍵要素尤然。

隨後，一件非常簡單的事改變了一切。

一天晚上，我見到女友走進臥室，為了不打擾我，也為了不弄亂我隨手丟在床上各角落的帳單或筆記，她悄悄縮進被單下。我見到心愛的她睡在我的床上，身上壓著我的帳單，心如刀割。我望著那間小公寓——那間我因為沒有錢而沒有分攤任何費用的小房間，裡面除了我們的愛，什麼都沒有。我在裡面像是廢人一樣白吃白住，愁眉苦臉，寫不出東西，空有一堆夢想。於是我想，這不是我與她的日子，她應該過得更好。

就在那一刻，我內心深處靈機一動。或許在那一刻，對我或我的人生需求來說，我的成效還勉強說得過去，但我不能因為自己不圖進取或壞習慣，而傷了這個女孩——這個當所有人都認為我瘋了時相信我、為我採買生活需用的女孩，這個與我結識未久就嬌羞承認「我愛你」的女孩。

勇氣出現時你會知道，因為你下定決心全力一搏。往往，這樣的勇氣並非因你而來，你有這樣的勇氣是因為你要為另一人服務，因為你愛另一人，因為你要為另一人奮鬥。我必須成為一個成功的作家與訓練師，必須協助他人克服障礙，必須為這個女孩奮鬥，直到成功……如果不成功，不成功？那不是選項。

從那一刻起，我決定更專注、更緊密追逐我的夢想。我不再浪費時間到處閒逛、胡思亂想。我決心想得更遠更大，不要讓一些小鼻子小眼睛的念頭讓自己分神。我決心為我的理念奮鬥，大聲疾呼，造成更大的回響。我決心不再理會那些批判之聲，全心全意為那些有志於人生精進的人士服務。我並且決心娶這個女孩，為我們兩人奮鬥的決心鼓舞了我，讓我以前所未有的活力全力衝刺。

我這個故事並不稀奇，在寫這一章的時候，我翻閱與最高成效人士訪談的紀錄，發現他們有一個共通點，與我這個故事頗相類似：

> **我們為了他人，會比為了自己更願意付出。在為他人付出的過程中，我們找到為什麼必須勇往直前、全力投入的原因。**

我訪問過的每一位頂尖人士都告訴我，他們因為受到某人鼓舞而奮發向上。他們能夠登峰造極都有一個理由，而這個理由涉及的往往是一個人，不是一個宗旨或一群人。在大多數情況下，就是一個人。當然，有時不只一個人，還有他們的孩子、他們的員工、他們的家族、他們的社群需求等。但是，在大多數情況下，就是一個人。

我與你分享這件事，是因為今天的文化往往強調尋找你的人生宗旨，強調你要「改變世界」，要「造福億萬人」。許多人不斷追逐著這些崇高的人生宗旨，有些人確實也找到了，這當然是了不起的好事。關於勇氣的歷史性研究大體上指出，人會為了他人做出高貴的事。對高成效人士來說，那個高貴的事的對象，通常只是一個人或一小群人。

因此，如果你很年輕，接到指示現在要去尋找人生宗旨，不要覺得你得走遍天涯海角搜尋。或許你身邊的人正需要你現身相助，只要你能幫他，就能展現屬於你的一些力量。如果你年歲較長，就算你打算持續再登高峰，也請你記得你身邊的人。

我的研究發現十分明顯，也很美好：無論這些高成效人士為了什麼如此奮勇精進，原因一定高貴得令人欽羨，一定與造福他人有關。從他們給我的答覆中，就能明顯得知：

- 「她需要我。我必須幫她，別無其他選擇。」
- 「我不能眼睜睜看著他們受苦。」
- 「當時似乎沒有人關心，只能靠我出手。」
- 「我要為他那麼做，他會希望我那麼做。」
- 「似乎每個人都在觀望，所以我挺身而出。」
- 「我要留下一段佳話，所以下定決心，拚命全力以赴。」
- 「我要讓一切比過去更好，所以採取行動。」
- 「有愛無敵，所以我選擇行動。」

有時，勇敢似乎是一種自發性行為。但根據我的發現，在一般情況下，這是一種因為多年來對某事或某人深深關懷而有的表白或行動。所以，你要開始尋找你關心的人事物，不吝付出。現在，就請你深入去關懷一些事，挺身而出。一旦攸關重大，你會發現自己更有勇氣。

成效提示

1. 由於我關愛的人需要，我準備在本週採取一項勇敢的行動，這項行動是……
2. 由於我相信的一項理念需要，我準備在本週採取一項勇敢的行動，這項行動是……
3. 由於我的夢想需要，我準備在本週採取一項勇敢的行動，這項行動是……

穿越複雜的勇氣

「勇氣與毅力有道神奇護身符，碰上這道符，
困難不見了，障礙消失了。」
——約翰．昆西．亞當斯（John Quincy Adams），
美國前總統

就像這個世界愈來愈複雜一樣，人生也變得愈來愈難，但你會變得愈強。你學會更常參與、表現沉穩、應付得更好，面對批評與艱難困苦更加坦然。無須多久，你眼前的障礙似乎開始變小了，前方道路似乎比較平坦。無論發生什麼事，請你相信自己，挺身向前。你踏出的勇敢下一步，能為你開啟更美好的人生新視野。

在這樣一步步前進之後，回顧往事，你可以感到自豪。請容我回顧我在本章一開始與你分享的：

當你走到人生盡頭時，讓你自豪的勇敢行為，是那些當你面對不確定與巨大風險時做的攸關重大的事，是那些你在沒有任何安全、報酬或成功的保證下，為了一項動機、理念或他人做的事。

我知道這是真的，因為我曾經兩度走到人生盡頭。我知道這是真的，因為我曾經坐在醫院病床邊陪伴垂死的病人，我知道他們說的是什麼。我知道他們如何緬懷過去，如何懊惱自己沒能做到的事。我知道他們重視什麼，我知道哪些事情讓他們驕傲。

我學到這個教訓：對大多數的人來說，勇敢確實是難

得一見的大事。但我們都會記住這樣的事，這樣的事會塑造我們的自我意識與我們的人生。所以，請你經常考慮下列問題，為自己日後更勇敢的行為做好準備。唯有現在不斷自我調整，日後我們才能更優雅、更有勇氣地服務他人。

- 在我的人生旅途中，我曾經迴避哪些需要艱苦奮鬥才能達成、但可能永遠改善家人生活的事？
- 在職場上，我可以做哪些需要勞心勞力，但能夠真正改善情況、能夠助人的事？
- 我可以做出什麼決定，對某件超越小我的事展現道德承諾？
- 我該怎麼做，才能幫助自己泰然面對一種通常會讓我緊張或焦慮的情況？
- 雖然有點可怕，但我能夠做出什麼改變，讓我關愛的人受惠？
- 為了讓人生精進，我可以放棄哪些好康？
- 我想對親近的人說哪些真話，我會在什麼時候、用什麼方式勇敢宣布？
- 誰需要我，我要在今年為哪些人奮鬥？

這些問題或許能讓你今天就產生一些勇敢的思考與行動。請你記得持續自問這些問題，練習養成這一章談到的習慣。你會發現這個真相：在你內心遠離一切喧囂嘈雜的深處，在你裹覆在愛裡、心靈與夢想棲息的地方，你沒有恐懼。

第三部

保持成功

高成效殺手：

謹防三大陷阱

「親愛的布魯塔斯（Brutus），錯不在我們的命運，
而在我們自己。」

——威廉・莎士比亞（William Shakespeare），
《凱撒大帝》（*Julius Caesar*）

謹防高傲

謹防不滿

謹防疏忽

「就是他，『恐怖唐』，坐在那邊那位，」衣著考究的主管安德烈告訴我。

我順著安德烈的指向，望著酒吧另一個角落。「你為什麼這麼稱呼他？」

安德烈皺了皺眉。「大家都是這麼叫他的，早在我來這家公司很久以前，他們就這麼叫他了。他是業務副總，跟他同事苦不堪言，每個人都恨他。」

「我以為你說過，他是你們公司的明星戰將？」

「目前來說，他確實是。他很成功，但他是個徹頭徹尾的混蛋。公司今晚這個派對，就是因為他把整個銷售團隊逼得死去活來，迫使他們提早兩個月完成業績目標而舉行的慶功宴。當你明天與他談話時，我敢說，他一定會得意洋洋吹噓自己有多棒。」

這樣的言語出自安德烈口中，讓我很意外。他是這家製造公司的財務長，行事公正、務實，很得同事喜愛。我在他服務另一家公司時與他合作多年，從未聽他說過一句同事的壞話。安德烈來到這家公司只有六個月，有人能在這麼短的時間內惹毛他，實在讓我難以想像。

這裡面一定有些問題。我看到「恐怖唐」在同事簇擁下坐在那裡，大家似乎都玩得非常開心。「我不懂，」我對安德烈說。「如果他真像你說的，是個徹頭徹尾的混蛋，他怎麼能愈爬愈高？難道大家不會在辛苦忍耐一段時間後不再支持他，任由他垮下來嗎？」

安德烈喝了一口威士忌，笑了。「哈，他們已經拋棄他了。他只是還蒙在鼓裡罷了。」

第二天上午，安德烈帶我來到這家公司總部，他在這家公司領到的薪酬，比在原先那家公司足足多了一倍。不過，當我們走進總部大樓時，我可以感覺到他不喜歡這個地方。「你今天就會知道為什麼，」他跟我說。

我們走進會議室，見到「恐怖唐」正在檢查他的PowerPoint。他要在今天主持季度銷售會議，為公司業績目標定調。他的整個銷售團隊144人已經全員到齊，安德烈要我來這裡提供教練服務的對象，包括執行長、技術長、行銷長等幾位公司高管也已在場。我曾與這幾位高管合作數週，他們都要我與「恐怖唐」談談。他們已經安排妥當，等「恐怖唐」主持會議結束後，我就要會見「恐怖唐」，看看能為他提供什麼幫忙。

我看著「恐怖唐」主持了一次前後九十分鐘、在許多人看來都堪稱精彩的簡報會議。他的立論很有策略性，很有組織，也很明確。他有那種領兵打仗的威風，讓你想要跟著他一起向前衝鋒。

會議結束後，我與「恐怖唐」進行閉門會。我問他：「你覺得會議進行得順利嗎？」

「夠好了。你永遠也不會對一次演說真正感到滿意的，不是嗎？你總會想到還可以告訴他們一些事。」

「沒錯，我知道這種感覺。你覺得，在場聽眾接受度如何？」

「我的話大多數或許讓他們聽得迷迷糊糊。但這只不過是一次會議，對他們耳提面命、催他們執行是我的職責。後續工作還多得很，你一定很清楚的。」

「你很直白呢，」我說。「你認為，他們聽得迷迷糊糊？」

「老兄，你一定知道高處不勝寒這個道理。你只能希望自己將觀點解釋得很清楚。」

「高處不勝寒？」

「你懂我的意思啦！不是每個人都能爬到我們今天這個高度的，不是嗎？我敢說，你和那麼多成功人士合作過，一定很了解這個道理。或許，你可以幫我把這些人調教成高手，他們都太不開竅了，你知道嗎？」

我一言不發，等著他再說一些看法。

他以一種疑惑的眼神看著我。「你知道我的意思，對嗎？」

我在考慮，不知道應不應該把真相告訴他。我見證過的每個明星人物沉淪的故事都有一些可靠的先兆，他的態度與他那句「高處不勝寒」都與那些先兆吻合，但他不知道。

「老兄，有什麼話你可以直說，我今天沒有很多時間。不過，我保證，我可以處理你的問題，」他說完笑了起來。「無論你說什麼，都傷不了我的，我保證。」

「好吧！那好，我想頂多還有六個月，你就要毀了你的職涯。」

這一章談的是失敗，不過不是一般的失敗，我談的是高成效人士攀登頂峰後，因為成績太好、躊躇滿志，忘了他們賴以成功的基本，從高處隕落的失敗。

這一章談的事實上是高成效的「反做法」，談的是「恐怖唐」這類人物，如何開始以為他們與其他人不同、比其他人好、比其他人能幹、比其他人重要，以及這些態度如何毀了他們的成效，還有他們的職涯。這一章還有一個主題，是關於貪得無厭、盲目躁進，終於因不勝負荷而失敗的問題。這一章談的是警訊，是那些讓高成效人士從高空隕落的想法、感覺與行為。

早在與「恐怖唐」會面以前很久，我曾經對高成效人士進行過調查，了解他們先前的成功因為什麼戛然而止。我調查的對象有五百人，都是高成效評分最高15％的人士。我想知道，他們認為他們的成功維持了多久、是否曾經重摔過、是否自認為後來東山再起？我提出一些沒有標準答案的問題，例如：「你是否曾經成功過一段時間，例如：成功了三到五年，然後突然摔了下來？」我問更多的問題，找出他們摔下來的原因，了解他們失志了多久、隔了多久又能東山再起，以及讓他們再次成功的原因。

這些故事與我和各行各業高成效人士合作過程中聽到的驚人相似。我將這五百份調查問卷與故事蒐集、整理，又做了二十次訪談，以便進一步了解。然後，我將這些發現與我十多年來擔任高成效人士教練的經驗進行比對，明顯的模式出現了：

1. 當高成效人士跌跤時，最常出現的罪魁禍首有三件事——除了未能養成你在這本書裡學到的那六種習慣。

2. 當高成效人士東山再起時，這本書談到的六種習慣，成為他們再起的重要助力。
3. 當高成效人士描述這類人海浮沉時，顯然不願意重蹈覆轍。跌跤的經驗非常痛苦，當你在職涯展開之初時失敗，頂多沮喪而已。一旦你在攀上職涯高峰多年後狠狠摔落，情況之慘難以言喻。

那麼，造成高成效人士在長期成功之後跌跤的三件事，是哪三件事？首先，我們談談沒有造成他們失敗的是什麼：

- **恐懼不是問題。**想成為高成效人士，就得學會安於不安。接受我調查與訪談的人，沒有一個因為恐懼、擔心或退縮而失敗。
- **競爭不是問題。**一開始想要取得成功，你就得在你的領域脫穎而出，通常會有一身工夫。沒有人對我說過：「喔，布蘭登，我技不如人所以垮臺」這樣的話。
- **其他人不是問題。**那五百個答覆我的問卷的人，只有七個把自身失敗歸咎於其他人，但這七個人最後也承認，歸根究柢，還是自己的錯。高成效人士，特別是曾經摔跤之後東山再起的，會願意為他們的旅途承擔個人責任。
- **創意不是問題。**我原本以為有些高成效人士會說，是因為江郎才盡、沒什麼好創意貢獻了才失敗，但這類案例並未出現。
- **動機不是問題。**如果一定要扯上動機，只能說高成效人士有摔跤後再度爬起來的深度動機。你可以說，他們有非常強的表現必要性。

- **資源不是問題**。五百個人裡面，只有三十八人將失敗歸咎於經費或支援不足。我曾與這三十八人中的十四個人交談，欠缺經費或支援當然是一個現成藉口，但在這些藉口背後，他們也接受一個更殘酷、更硬邦邦的事實：他們把事情搞砸了。

這些問題當然都是造成人們失敗的原因，但我從高成效人士的身上發現，人們的表現所以由盛而衰，這些問題並非關鍵。**真正造成失敗的陷阱都是內在的，都是那些緩緩將我們的人性、熱忱與福祉消磨殆盡的負面思考、感覺與行為模式。這些陷阱是：高傲、不滿與疏忽。**

如果你想長期維持高成效的表現，你需要保持高成效習慣，有意識避開這三大陷阱。

陷阱＃1：高傲

「這世上有兩種驕傲，好的壞的。
『好的驕傲』代表我們的尊嚴與自尊，
『壞的驕傲』是自負與傲慢帶來的高傲重罪。」
——約翰・麥斯威爾（John Maxwell），
國際知名領導學專家

高成效人士面對一套獨特的性格陷阱，因為他們的表現通常超越身邊的人，當你總是超越身邊其他人，很容易躊躇滿志，開始覺得自己比較特別、比別人強、比其他人都重要。我在與「恐怖唐」的交談中，明顯感覺到他的高傲，其他人對他也有同感，而這是你必須不計一切代價避免的思考方式。

當然，你應該不會這樣對自己說：「總有一天，我要開始感覺自己比其他人好。」沒有人處心積慮主動變成那種妄自尊大、自戀、吹牛的傢伙。你不願意像這樣，因為你很可能遇過像這樣自以為比別人強的人。或許，你現在就可以想到五個像這樣的人，我敢打賭你對這五個人的印象都不會很好，正常人對高傲不會有好感。

但我這裡談的不是「那些人」，我要談的就是「你」。我要提醒你小心謹慎，因為一旦成功，你很快就會犯下同樣的錯誤。事實上，我認為你就像其他人一樣，可能曾經從你的言行舉止中透露出高傲。或許，你還沒有展現得那麼狂妄自大，但高傲的形式等級本來就有千百種。

比方說，你最近曾否想過你的幾個同事是白痴，你的構想比他們的好得多？沒錯，這就是高傲。你沒有要你的團隊檢討你主持的一次重要簡報，幫你糾錯或提供建議，因為你「錯不了」？這也是高傲。你在路上被超車，立刻就加速超回去，擋在那傢伙的前面，讓他知道誰才是老大？高傲。就算另一半很清楚他們的立場、不肯退讓，你還是反覆堅持你的論點，不斷重播？高傲。你懶得檢討你的工作表現，因為一直就是做得夠好了？高傲。你矮化他人，讓自己顯得好些？高傲。你瞧不起其他人的點子，因為他們不像你一樣用心思考？高傲。還有什麼似曾相識的例子嗎？

了解了嗎？高傲就是這樣，每次讓我們偏離正軌一點一點。當它牢牢控制我們時，我們的言談舉止就像個混蛋。我們不再向他人求助，不再徵詢他人意見，因為我們認為自己總是對的。我們遺忘他人的貢獻與權益，開始獨來獨往，群策群力、榮辱與共的意識開始遠離我們。我們指斥他人，瞧不起他人，愈來愈自以為是，不相信、不理會一切不利於己的證據。[1]我們落入高傲的陷阱中，逐漸毀了我們的人際關係與好表現。

好消息是，你可以學會留意這些感覺何時、如何進入你的腦中，一旦有了這些意識，你可以主動避開這道陷阱。想要發現「何時」並不難，高傲的根總是在「區隔」與「確定」的土壤中成長。當你開始感覺自己與其他人不同，或是當你對任何事物深信不疑時，危險就來了。

當你出現下列感覺時，高傲已經滲透你的心靈：

1. 你覺得自己比另一個人或另一群人好。
2. 你做得實在太好，你覺得自己不需要反饋、指導、不同觀點或支持。
3. 你覺得由於你的身分、地位或成就，你理所當然值得大家仰慕或遵從。
4. 你覺得別人不了解你，所以那些爭執與失敗，都不是你的錯。那是因為「他們」不懂你的處境，不知道你每天得處理多少需求、義務或機會。

當這些現象成為你人生經常出現的事實時，就算你還不知道，你已經踏上衰敗的路。這些思考的共通之處，就在於一種區隔意識：你覺得自己比其他人更能幹、更有成就，覺得自己高高在上，其他人都在你下面。

就是這種區隔意識讓「恐怖唐」產生「高處不勝寒」的感覺，但「恐怖唐」並非特例，太多人有這種古怪的念頭。他們會說，別人不了解他們的人生，問題是這樣的想法不僅錯誤，而且極具毀滅性。如果你覺得好像全世界都不了解你，那我告訴你，你現在就該戳破你藏身的那個泡泡，回到現實，是你與這個世界不一樣。有紀錄的人類歷史已經有好幾千年，今天世上有超過七十億人，世上總有人曾經走過你走的路，能夠了解你的處境，為你提出解決問題的建議。

一切的隔離都是自我施加的。但是，對那些認定世上沒人了解他、沒人懂他的處境的人來說，這是一個很難溝通的事實。我不知道多少次勸人放棄那種區隔意識，告訴他們：

- 你不是第一個面對財務困境的企業家。
- 你不是第一個失去孩子的父母。
- 你不是第一個被員工騙的經理人。
- 你不是第一個被騙的情人。
- 你不是第一個美夢破碎的人。
- 你不是第一個經營全球跨國企業的執行長。
- 你不是第一個發現自己罹癌的健康人士。
- 你不是第一個需要面對憂鬱症或成癮症而掙扎不已的人。

在面對這些困境時，我們很容易產生「只有自己」陷於這種掙扎的感覺，這純屬幻覺。只要你勇於展現真實自我，與人分享你的想法、感覺和挑戰，無論你有什麼情緒或處境，總會有了解你的人。當然，你也可以不斷對自己說，另一半不可能了解你。但是，如果你永遠不向你的另一半開口，這句話也就成了自我應驗的預言。

你愈是沉默不開口，別人就愈不了解你。

沒錯，你可以告訴自己，你的團隊沒一個懂的，但那只是因為你的妄自尊大蒙蔽了你的眼睛，讓你看不清其他人的價值而已。瞧不起別人，不會讓你變得更偉大，只會讓你更加隔離，讓自己更容易走上失敗而已。

我知道，當你陷入困境時，這些陳述會讓你感覺遭到批判，好像我枉顧你面對的現實。但我所以如此苦口婆心與你分享這些，是因為我見過太多優秀的人因為區隔意識作祟、瞧不起他人、不願向他人求助而重重摔落。我要提醒所有陷於掙扎的人，我們都是人類大家族的一分子，而人類的故事只有兩種：奮鬥與進步。

其他人能夠了解你的掙扎，能夠了解你的勝利，就算他們未必親身經歷，他們能夠了解你的艱難選擇。如果你不相信這一點，你就是在告訴自己一個有違自然、一個與七十億人都有悲歡喜樂的現實脫節的故事。

每當我與置身頂峰的高成效人士會晤，包括執行長、世界冠軍運動員、全校最熱門人物、房間裡最聰明的女士等，我都得進一步強調，提醒他們在某個地方，某個人更聰明、賺的錢更多、服務得更好、訓練得更嚴格、造福的人更多。我說這些話，為的不是貶抑這些人，而是要讓他們了解一個現實：無論你是什麼人，無論對你來說，這是多麼了不起的大事，讓你覺得自己與其他人不一樣，讓你自覺高人一等，但是在更大池子更大條魚的眼裡，這些都可能只是像家家酒一樣。這種思維很有效，有人已經憑藉這樣的省思，解決了這類高傲造成的難題。如果你能夠找到他們，就能找到一位導師、一位貴人，就能找到一道解方，一條重返現實與謙遜的路。

由於這種「高處不勝寒症候群」的殺傷力太大，我還要補充幾點：

首先，我很少遇見自以為「身在頂峰」的高成效人士，大多數高成效人士都認為自己才剛起步。

面對漫長人生路，他們認為自己是學生，無論表現有多傑出，他們覺得自己要走的精進之路還長得很。這是接受我訪談的那些得分最高的高成效人士普遍抱持的態度。

其次，如果你開始瞧不起其他人的能力，我得特別提醒你這一點：貶抑他人，不能使你更有潛能。無論你有什麼成就，那並不是因為你真的那麼與眾不同，而是因為你有福分。[2]現實狀況是，在個人層面上，你的表現差距主要來自我們討論過的那些習慣，只要能夠透過訓練、練習，加上好的指導、教練或角色典範，任何人都可以養成那些習慣。我經常提醒那些自覺高人一等的人：「你沒有比其他人好」，原因就在這裡。或許，你只是比較熟悉你的工作；你的資訊或機會比較多；你有機會接受較好的訓練；你能夠投入更多熱情；你獲得更多的反饋與指導。這些東西與你身為什麼人，並無與生俱來的關係，換成其他人得到這些東西，也能夠攀升到你這個階層。

這不是我的個人意見而已，幾乎所有關於專家成效的研究都指出，造成成效差異的主要原因不是個人天賦資質，而是關注與刻意練習的時間長短。在才幹、專業或保持世界級成效的世界，是「自然天賦」重要，還是「後天養成」重要，已經不是辯論主題。跨越幾十個領域的研究，已經破解了天賦超人的迷思。[3]

因此，我要向你提出一句最簡單的提醒：不要認為其他人比你差、跟不上你。其他人表現差所以讓你感到沮喪，是因為你忘了一件事：如果他們擁有更多機緣，可以接受更多訓練、練習，享有一流的教練或角色典範，幾乎每個人都能夠更成功。請記得我在前文中說過的，什麼事都可以訓練。但這不表示每個人都會要求這些訓練，都會下苦功，都會力爭上游，都會像你一樣奮力拚搏。不過，每個人都可以成功，都能成為人生勝利組。我們說句良心話：你也曾經弄得一場糊塗吧？還是說，你已經忘了那段往事？無論如何，你已經改善、進步了，就請你把同樣的機會留給其他人吧！當你記起你也一度陷於掙扎時，請你自我提醒，其他人也能大幅自我改善，這會讓你更有同情心，更能遠離優越情結的陷阱。

就算你現在都知道這些道理了，我們的這場仗還沒打贏，區隔意識只是高傲的苗而已。如果你想一窺高傲全貌，只要在確定的土壤上耕耘區隔意識就能如願以償。想想看，一個人如果對我們討論過的那些事情都那麼「確信無疑」，這個人會變得多麼令人無法容忍：

1. 他們確信無疑，認定他們比另一個人或另一群人更好。
2. 他們確信無疑，認定他們是領域裡最一流的，不需要反饋、指導、不同觀點或支持。
3. 他們確信無疑，認定他們理應得到他人仰慕或順從，因為他們的身分、地位高人一等，因為他們賺的錢和成就比別人多。
4. 他們確信無疑，認定別人不了解他們，一旦與人爭執衝突或失敗，當然不會是他們的錯。

我想，你不會喜歡與這樣的人共事，這樣的人不僅由於與他人建立區隔，不相信別人能夠了解自己、能夠提供幫助，還瞧不起其他人。每當你聽到自己在那裡自言自語，說「這些白痴到底是怎麼一回事？！」；每當有人犯錯，你不去問是否獲得足夠支援，卻心想「真是有夠蠢的！」；每當有人沒有像你那麼努力工作，你心想「他們為什麼這麼懶！」；每當你發現他人犯錯或走上人生歧途，你開始自覺高人一等，你已經逐步落入陷阱，可能因此毀滅你與他人的關係，破壞你領導他人的能力。

高傲感作祟的人認為自己比人強、比人能幹，認為自己理當高高在上。[4]正是由於這種確定意識作祟，他們斷了學習念頭，斷了與他人的關係，最後也斷了自己的成長之路。你愈是對任何一件事有絕對信念，愈可能看不見新的觀點與機會。絕對確定意識產生之時，就是高傲搶占上風之始。基於這些理由，我們必須謹防「區隔」與「確定」。

那麼，問題要怎麼解決呢？我發現，第一步永遠是認知，要有意識。當你發現自己無論基於任何理由開始與他人建立區隔時，你得提高警覺。其次，你需要養成習慣，讓自己就算做得比其他人都好，還是能夠保持謙遜和開放的胸襟。

謙遜是一種能夠衍生其他許多美德的基礎美德，與婚姻忠實、合作、同情心、較強的社會連結、整體群體接納度、樂觀、希望、決心、安於灰色地帶、願意嘗試新體驗等正向成果息息相關。我們願意承認現有的知識不足，我們在犯錯後產生罪惡感，也與謙遜有關。[5]

那麼，要如何保持謙遜？只要把前面舉的幾個例子略加反轉，就能發展出一種更開放、試驗導向的心態：

1. 避開你比其他人強的念頭，刻意運用別人的構想改善你做的事。「如果這一招能讓你有所改進，你會採用別人的構想嗎？」，不斷問自己這個問題，你會發現自己的想法有太多漏洞，你的高傲感自然會逐漸消逝。學習是鍛造謙遜的鐵砧。
2. 如果你發現你的想法沒有遭到足夠挑戰，或是你的成長停滯不前，請你考慮聘請一位教練、訓練師或治療師。沒錯，請你考慮聘請一位專家。有時，你身邊的人因為知識能力有限，不能看清楚問題所在。有時，他們能力不足，不能幫助你克服特定挑戰或人生險關。專業人士能夠幫助你探討議題、尋找真相，運用確實有效的工具幫助你成長。如果你無法聘請專業人士，你可以找一位導師、前輩，每個月至少打電話或與他們會面兩次。持續獲得反饋，是不斷成長的標誌。
3. 不要以為因為你的身分、地位、出身或成就，就認定你值得他人仰慕和遵從。記得，唯有透過關懷他人，而不是自我吹噓，才能贏得他人信任。要挑戰自己，提出更多有關對方是誰、來自何方、有什麼抱負等的問題。在與他人互動之前，請你先問自己：「我對這個人一無所知，如果這是我與這個人的第一次約會或互動，我該問些什麼問題，以便多了解這個人？」

4. 與其認定別人不了解你，你與人爭執、遭遇失敗都是別人的錯，不如反省你的角色，為你的行為負責。發生衝突後，請你自問：「我是不是在扭曲狀況，讓自己顯得好像遭受不白之冤？我是不是在編故事，讓自己感覺好過一些？我是不是在找藉口或假裝受害以保護自我？我的哪些行動造成目前這些狀況？對這個人或整個情勢，我是否有什麼不清楚的地方？」
5. 養成一種習慣，隨時提醒自己你享有的好機運。感恩與謙遜一直都是相互強化的，你愈是感恩就愈謙遜，你愈謙遜就愈感恩。[6]

這些建議能夠幫助你保持謙虛、有效、保持敬意，這是你保持成功的方法，你可以遵照這些建議打造令你引以為傲的人生。

最後，從領導力的觀點來看，高傲還有一個值得討論的地方。不是所有高成效人士在談到無法常保勝果時，都認為問題出在他們的高傲，他們沒有說開始覺得自己與人建立區隔、覺得自己高人一等，而是其他人有這樣的感覺，認為他們開始表現優越感。由於高成效人士的表現實在太好，開始與其他人脫節，因為他們真心認為自己不需要協助。由於他們不再投入，一種冷漠與高傲的氛圍於是油然而生。別忘了，若你不再投入、保持距離，就算不是你的本意，人們也會認為你給人的感覺比較高傲，這是前述那些建議能夠幫助你做個謙卑、投入的領導人的另一原因。

成效提示

1. 我最近在一個場合對其他人指斥得太過或不尊重，這個場合是⋯⋯
2. 當時，我對自己與對其他人的看法，分別是⋯⋯
3. 如果當時我能從更謙卑、更賞識的角度來看，或許會發現⋯⋯
4. 我要提醒自己，每個人都在面對人生難題，每個人都大同小異，最好的自我提醒方法是⋯⋯

陷阱＃2：不滿

「即使只是最小的成功也要感到滿足，
認為就算只是如此小小的成果，也不是一件小事。」
——馬可斯・奧理略斯（Marcus Aurelius），
羅馬帝國「哲學家皇帝」

我獨自一人站在幽暗的後台，一種可怕的焦慮感襲上心田。一位著名音樂家站在台前，面對成千觀眾不斷說著：「永遠不要滿足！」在不到十五分鐘裡，他反覆這樣說了不下十次。他告訴觀眾，這句話給了他必要的「情緒燃料」，讓他能夠繼續追逐夢想、創新，超越他的同儕。

喔，我的天！我該怎麼做？我的心跳加劇。下一個上場的人就是我，我的演講主題就是三個字：「要滿足。」這位音樂家講的，與我要講的恰恰相反。倒不是說他傳達的訊息有誤，既然他認為他的成功是因為他不滿，我又算哪根蔥，能跟他爭辯什麼？

一個人只要認為他們為什麼成功，這個成功理由對他們來說就是真的。

對我來說，問題在於他告訴那些觀眾，每個人在人生與職涯都應該拒絕滿足，因為只有不滿足才能帶來更大成功。而我們知道，這是錯誤的觀念，高成效人士大體上不會對他們自己、生活或工作不滿。請記住我在這本書裡與你分享的一些研究成果：高成效人士事實上比大多數人都更快樂，他們感到滿足，覺得自己得到豐厚報酬，他們的經驗正向多於負面，敬業樂群。

我在思考這個問題時，司儀走上台，宣布我是下一個主講人。現在，我已經不可能改變講詞，只能像我在職涯中多次經歷的那樣，做我必須做的事：打破一個有關高成效的強大、熱門迷思。

有一個源遠流長的文化感知，認為我們不應該對我們的工作滿足，因為滿足會導致自滿。但滿足真能讓我們的動機耗竭，削弱我們力求完美的決心嗎？在訪談、指導這麼多世界頂尖高成效人士之後，我發現答案是否定的。滿足與爭取最高成效是相依相伴的。[7]

永遠不滿足的人永遠得不到平靜。不滿的噪音吵得他們無法安寧，使他們找不到讓他們感受到活力與效率的節奏。如果我不能感受到此刻的滿足，我也不能感受到我與此刻的連結或對此刻的感恩。不滿是斷絕連結，所以不滿的人體驗不到高成效人士不斷談到的那種全力投入與喜悅。不滿讓人執著於負面的東西，讓人不去注意有效運作的事物，讓人不能讚揚或感激他人，讓人對生命的神奇無動於衷。這種什麼都不夠好、永不知足的心態，也迫使人們輕易拋開面前的事物，迎向下一次迭代或事物。也因為這樣，他們的腦子裡沒有對成就的真正感激或記憶，只是不斷忙著逐夢，希望有一天能夠做得十全十美。總有一天，那令人筋疲力盡、充滿負面情緒、永遠只有不滿的黑獄，會令人再也拿不出好成績。長期不滿，是邁向痛苦的第一步。

這種永不滿足、永不快樂的拚搏心態，與研究人員所謂的「負向完美主義」（maladaptive perfectionism）頗相類似。[8]抱持負向完美主義的人為自己訂定很高的標準，這是一件好事，但總是自我鞭策、為任何不完美自責不已，這就不好了。因為凡人都會犯錯，一犯錯就自責會造成高度認知焦慮。過度擔心犯錯會造成焦慮、缺乏信心、失敗傾向等負面後果。[9]而且最糟的是，無論你做到什麼或完成了什麼，你永遠不會滿足。這是一個痛苦的深淵，也難怪研究顯示它往往與憂鬱有關。[10]

既然不滿有損成效，為什麼這麼多人認為你必須不滿才能成功？因為這麼說很自然。不滿很容易，因為發掘出現在一個情勢中的差錯是一種進化習慣。這種常有人稱為「負面偏見」的糾錯、察覺不正常現象的能力，有助於我們人類的生存。[11]當我們的遠祖聽見密林中傳出異聲、察覺蟲鳴聲突然停止時，他們知道將有不速之客出現。這項本能是一件好事，但在現代日常生活中，過度應用這種本能不能幫助我們生存，只會讓我們受苦。

或許有人說，我們的腦生來就是糾錯的，但糾錯並不是腦的唯一原始功能。我們腦既能用來因應負面情緒或恐懼，也有享受歡樂的功能。[12]如果事實並非如此，全球各地大多數人在大多數時間都過得還算快樂的事實，又該如何解釋？[13]我們的自然傾向是追求正向情緒與經驗，當我們這麼做的時候，它能提升我們的學習與我們發現新機會的能力。[14]追求正向情緒與經驗，還能導致我們進入心流，造成優異的成果。[15]我們應該鼓勵、加強這種傾向，當它出現的時候，我們朝氣蓬勃，高成效更可能成為事實。

我所以極力反對「永不滿足」的論調，不僅因為實證研究而已。簡單說，這種想法幾乎沒有實際價值，因為它弄錯了該強調的地方。這個論調指的不是一個正面方向，而是一種陳述。當你與那些標榜「永不滿足」的人交談，要他們用正向說法加以解釋時，他們會說「要保持企圖心」，「要注意有些什麼效果不佳的地方，然後改善」，「要關注細節，把細節做得完美」，「隨著你成長，要將眼光不斷放大」，「要保持不斷前進」等。事實是，你可以做到所有這些事，仍然感到滿足。追求卓越與體驗滿足，兩者並不相互排斥。

所以，感到滿足並不表示「就這樣妥協」，只是表示「接受現狀，以現狀為樂」而已。它讓你感到滿意，無論一件事是否完成或「完美」。舉例來說，當我寫這本書的時候，儘管我想把它寫得更好，儘管截稿期限只剩下幾週，儘管我不知道這本書出版以後反應好不好，但我感到很滿足。當我製作影片的時候，儘管我知道如果能有多一些時間，讓我多練習幾次，我可以做得更好，儘管我知道，無論我做什麼，一定有許多人不喜歡我做出來的東西，但我感到很滿足。當我為我的客戶服務時，儘管我知道我們未必能夠得到十全十美的解決辦法，但我感到很滿足。這種滿足感並不表示我已經把一切問題都解決了，並不表示我不在乎細節，並不表示我不願意再接再厲、做得更好。我這樣做，只是做了一個簡單的人生選擇罷了：與其每天怨東怨西，看到什麼都不滿，不如做個滿足、樂觀進取的人。工作時與其咬牙切齒、不斷埋怨，何不樂在其中吹個口哨？這是一種選擇。

有人會告訴我：「布蘭登，雖然我總是不滿，但是我相當成功。」面對這樣的人，我的答覆是：你不必再對你的前途那麼不滿，你如果繼續對你的前途、你的品牌這樣不滿下去，很可能你的成效很快就會變差。每個人都需要滿足感與成就感的鼓舞，如果你不斷在這上面欺騙自己，不滿造成的負面情緒會成為你的致命傷。

請讓我們誠實以對，或許真正讓你變得那麼好的，並不是不滿。或許導致你成功的原因，並不是你以為的那些原因。或許讓你這些年來飛黃騰達的真正原因，是因為你關注細節，或是因為你熱情投入、極力鼓舞他人成長？或許你能夠成功，只因為你在不知不覺間養成了高成效習慣？我所以問這些問題，是因為我們往往將成功歸功於那些最熱門的負面情緒與人生經驗，忽略了成功的真正原因。就像有人會說：「我成功，是因為我每晚只睡四個小時。」錯了！缺乏睡眠不能讓你成功，五十年的睡眠研究證實，睡眠不足只會損傷、不會優化你的認知能力。[16]你雖然睡眠不足仍能成功，那是因為你的其他正面特質，補償了睡眠不足的缺失。基於同理，我認為不滿不是幫你攀登高峰的優勢。

我當然知道，如果你相信不滿幫助你成功，無論我在這裡怎麼說也不能讓你信服。但或許我能讓你考慮考慮，如果你能每隔一段時間，讓自己稍微享受一下，拍拍自己的背，讚揚一下你的團隊，覺得自己做得還不錯，工作進展堪稱順利，或許你會開心得多。一旦你能夠活在當下，對自己做的事感到滿意，你能享有更大的心流與潛能。你身邊的人會更開心、更感激你，向你提出更多建言。很快，在原本充滿各種不滿的地方，出現了一種真實的交往與樂趣。一旦出現這種情況，你已經練就了新功力、攀上全新的成效高峰。對工作滿意、從工作中找到樂趣的人，幾乎無論投入哪一個領域，都能夠做得比別人好。樂在工作中不是放縱，是維持創造力、健康、療癒與快樂的基本要件。[17]心流與樂趣是邁向精通的門戶，所以請你別怕，你不會因為覺得比較開心就失去熱情。

如果你是領導人，這些論點更加重要。在奮鬥的過程中，讓自己產生更大的滿足感，不只是讓你自己覺得更好過而已，你身邊的人感覺如何也很重要。沒有人願意跟一個永遠對自己、對他人不滿的人一起工作。我們發現，總是忙著糾正、從不將小小勝利當一回事的領導人，也是不懂得慶祝進步、嘉獎團隊、鼓勵反思、鼓吹他人理念的領導人；換言之，他們是那種沒有人喜歡效力的領導人。正是基於這個理由，我總是提醒高成效人士：如果你整天不滿這個、不滿那個，總有一天會毀了你對其他人的影響力。而你現在一定已經知道，影響力對你的長期成功至關重要。

既然這樣，怎樣才能盡量避開讓你的成效低落的不滿？我建議你從大處著眼：人生苦短，所以要去享受。與其不滿，不如歡歡喜喜做你的事，以你做的事為榮。我保證，你會覺得更有生氣、更加鼓舞、更有成就感。

要是你覺得人生沒有不滿令你難以想像，至少你可以每天或每週做一些練習，讓自己更常沐浴在人生福佑中。特別是，當你已經從不滿逐漸淪為自怨自艾，你尤其需要這類練習。當你發現自己有這種狀況時，你應該知道：與自己講和的時間到了。你不必再忍受，昨天已經隨著昨晚結束而成為過去，今早的晨光帶來嶄新的一天。

在這一刻，你可以深吸一口氣。經過種種一切，你終於可以給自己一些愛與賞識了。

為了協助你踏上這段旅途，請試試看下列做法：

- 每晚開始寫日誌，寫下當天發生的三件好事或令你喜出望外的事，寫下讓你感恩的進展或福賜。高成效人士想要保持高成效，有一個簡單、但非常重要的方法：開始注意那些進展順利的事，對自己獲得的福賜感恩，享受你的旅程，記錄你的勝利戰果。

- 每週一次召集你的家人或團隊，聚會中不談別的，只討論進展順利、讓人開心，以及你的努力讓什麼人獲益的好事。
- 在會議開始時，先要與會者分享一件能讓團隊開心、自豪、有成就感的好事。

這些都是簡單的步驟，但是對你關愛、對你領導的那些人來說都很重要。

我還記得那天演講——在那位著名音樂家要觀眾「永不滿足」之後，我緊接著上台，小心翼翼修正他的說法——結束後的情景。我提心吊膽地走回後台，想著那位音樂家如果還沒離開，一定會很惱怒。他果然還在，交叉著雙臂，站在那裡。

他對我說：「我聽了你的演講。我敢說，你一定很滿意！」

我笑得很尷尬。「沒錯，我設法滿意。不過，我希望我沒有惹惱你。你強調努力奮鬥、讓自己變得更好的重要性，我努力不否定你這些訊息。你至少應該對你這場演講感到滿意吧？觀眾似乎都很喜歡。」

「不！」他怒氣沖沖地說。「我不滿意，而且我不認為我應該或你應該滿意。我夠謙卑，知道自己可以做得更好。」

我回答：「我同意，我們都能夠做得更好。但是，我僅見的長期有效之路，就是快樂做著你手邊的事。你似乎就是這樣，你喜歡你做的事，對嗎？」

「沒錯，我喜歡。」

「而且你告訴觀眾，你覺得你走在正確的人生旅途上？」

「沒錯。」

「那好，你沒有成就感嗎？」

他思考了片刻說：「我想還沒有。」

「那你什麼時候才會有成就感？」我問。「如果你喜歡你做的事，而且你覺得你走在正確的人生旅途上，你準備什麼時候才能讓自己稍微放鬆、開心一下？」

他把手臂放了下來。「好問題。誰知道？或許很快吧。」

三個月後，報上刊出消息，他住進一家憂鬱症治療中心。

如果你希望保持高成效，請你時刻記得提醒自己享受勝利的成果，不要只是希望有一天能夠達到什麼境界，然後才能終於滿足。

成效提示

1. 我對幾個人生領域一直不滿意，這些領域包括……
2. 一些好事也在這些領域出現，包括……
3. 下次當我感到不滿時，我可以告訴自己，讓自己多留意一些好事，鼓勵自己繼續前進，這些好事包括……
4. 有人見到我不滿的次數可能已經太多，這些人是……
5. 如果我想讓人相信，其實可以一面享受人生，一面努力工作、取得成就，我就得改變這些行為……

陷阱＃3：疏忽

「如果你發現事情進展不順，而你想採取行動修正情勢，
首先你應該仔細檢視你提供的服務，
特別是你用什麼樣的精神提供這些服務。」
——羅傑・巴布森（Roger Babson），
美國企業家、經濟學家

就像高傲和不滿，疏忽也是你可能在不知不覺間墜入的陷阱。你當然不會對自己說：「嗯，我要拋開我的健康、我的家庭、我的團隊、我的責任、我真正的熱情與夢想」，主要的問題是你的熱情或公務蒙蔽了你，讓你看不清真正重要的事，終於導致挫敗。

因此，讓你從高成效頂峰墜落的原因，往往不是你做了什麼，而是你「沒做」什麼。你一心一意追逐某個人生領域的成就與精進，結果疏忽了其他領域。沒隔多久，這些其他領域反撲，爭取你的注意。許多高成效人士全力投入職涯，始終將另一半的需求拋在腦後，就是這一類的故事。很快，他們的婚姻出了問題，搞得他們情緒不佳，成效也不斷下挫。再將這個例子的主題，轉換成疏忽健康、孩子、友情、精神信仰或財務，結局也是一樣：對某個人生領域的過度迷戀，造成排山倒海而來的負面效應，最後使得高成效人士隕落。

當然，沒有人會故意長期疏忽人生的重要部分，至少接受我訪談的那些曾經遭逢重挫的高成效人士不是這樣。事實上，他們大多數對事情竟會變得如此一發不可收拾而

驚異不已，通常會說：「我知道，我一時投入的工作太多了一點，但我沒想到事情會糟到如此地步，直到……」，他們強調的是最後那兩個字：「直到……。」他們悔恨交加地強調「直到……」，這樣的話我不知道聽過多少遍。

我要你避免這個命運。好消息是，就戰術來說，想要避免疏忽不難。壞消息是，那需要有難度、而且往往大幅度的心理轉變。在與你分享如何避免這樣的命運以前，我先與你分享兩個事實，幫助你了解高成效人士為什麼會疏忽對他們這麼重要的事。

我在訪談的過程中，發現一個很有趣的現象：高成效人士在談到何以疏忽時，歸咎的理由與低成效人士不一樣。低成效人士往往將他們的疏忽，歸咎於別人或沒有時間。他們會說：「我沒有足夠支援，我不可能一切包辦，有些事情只能放棄」，或說：「一天就只有二十四個小時，時間不夠用。」毫無疑問，我們都能用這些藉口說明自己的疏忽。

但是，高成效人士很少運用這些藉口，在談到因疏忽而傷害成效時，他們大多歸咎於自己。他們認為是自己造成的，疏忽是自己犯下的錯。我發現，他們為疏忽所做的解釋，可以分成兩類：失察與過度擴張。

失察

在這兩個理由中，失察出現的頻率少一點，但毀滅性毫不遜色。所謂「失察」的意思是，你由於過於專心投入一個領域，對於出現在另一領域的問題全然無知。高成效人士在做這類解釋時會這樣說：「我太沉迷於工作中，真的不知道自己已經胖成這樣了。」或說：「她有天就突然起身走人，我對自己竟然沒有察覺，悔恨不已。」或說：「我那時才發現，我的團隊幾個月來一直都在告訴我同樣的事，但是我太忙了，沒有注意到。」

聽到高成效人士描述他們如何因失察而導致疏忽的故事，令人痛心。他們的口吻十分明確、一致：對於自己竟然沒注意到其他那些重要的事非常懊恨，特別是對因為疏忽而遭到挫敗的高成效人士而言，回顧往事總是令人痛苦非常。

他們所以這麼痛苦，部分原因在於他們深信幫助他們成功的那些因素——努力、專心、堅持下去，正是造成他們失敗的原因。研究人員已經發現，有時堅持不懈過久，實際上能夠損傷到身心福祉和健康，讓我們錯失達標的其他途徑，甚至疏忽了與人合作的機會。[18]過度敬業會變成工作狂，造成工作與家庭衝突，傷害到工作狂本人與家人的身心福祉。[19]

我所以這麼苦口婆心勸你，要你不要墜入失察的陷阱，原因就在這裡。不要當那個問題明明擺在那裡、卻視而不見的人。災難到來必有警兆，只須小心謹慎即可趨吉避凶。本書前文有關清晰與影響力的兩章，能夠幫助你避開失察。此外，你還可以翻閱習慣4生產力那一章，固定做人生競技場的自我評估。

觀察十個重大人生競技場的品質或進度，保持你

對人生的省思。只須每週對這些重大人生競技場的活動進行一次檢視，就能夠幫助我們重新平衡，或者至少幫助我們尋求更多平衡。

我發現，將生活組織成十個類別很有幫助：健康、家人／家庭、朋友、親密關係（另一半或婚姻）、使命／工作、財務、冒險、嗜好、靈性、情緒。我在與客戶共事時，經常要他們從1到10分為他們的快樂評分，還要他們每逢週日夜晚——寫下他們在這十類競技場的目標。

你或許有其他想要自我監控的領域，或者有其他志在完成的目標，我鼓勵你創造屬於自己的類別，為自己評分，為自己設定提示。這樣做的目標是：讓你可以持續檢討，至少每週一次。我們的客戶發現這種做法非常有幫助，不僅能夠避免在一個領域的疏忽，還有助於達到更佳的人生整體平衡。

過度擴張

現在你有了一種新工具，能讓你在不斷崛起的過程中避免失察。下一個你得面對的問題是「過度擴張」，這個問題比較難纏。

高成效人士所以有效，原因之一是他們比較自律，能為必須專心投入的工作設定優先順序。在讀完習慣4生產力那一章後，你已經了解到，他們能夠找出他們的主要興趣領域，然後全力投入高品質輸出，因此可以更上一層樓，不斷成長、增加價值。不過，一旦他們的專注因為過度擴張而削弱時，表現也變差了。

根據從成功巔峰衰落的高成效人士，「過度擴張」是因為貪得無厭，再加上不切實際，認為自己可以在短時間成就大事造成的問題。也就是說，這是一個以太快速度在太多領域追逐太多東西的問題。

他們學到的教訓很明確：當你好的時候，你會想要做得更多。但是，你得留神你的欲望和衝動。高成效的重點，不在於只因為你能，就為了多而多。高成效的重點往往在於「少」，講究專注於少數幾件最關鍵、最能保護你的時間與身心福祉的事物，讓你可以真正與身邊的人往來，享受你的生活，充滿信心地處理你的責任。一旦能夠專心投入少數幾件事與你最關心的人，你不會落入過度擴張的陷阱。你的抱負如果太廣，你的胃口很快就會超越你的能力。也因此，你必須不斷提醒自己，最主要的事就是將最主要的事放在最主要的地位。

我通常只須問一個簡單的問題，就能知道一個人是否即將跌跤：「此時此刻的你，覺得自己投入得太超過嗎？」我發現，剛取得成功的人在面對這個問題時，幾乎都會說：「是的。」他們所以能夠取得初步成功，是因為他們還在測試自己的能力、了解自己的強項、探索正確的事，他們要打鐵趁熱，所以願意投入幾乎一切，處理眼前的事物。他們生怕錯過了一些什麼，於是到了某個點後，開始高估自己處理事物的能力。還有一群人在面對這個問題時，也會表示同意，就是那些表現下滑的高成效人士。

一旦成為高成效人士，你必須面對艱難的心態轉型。就若干方面來說，它有點像是與你過去的作為背道而馳，像是一種危險的反面做法，但是非常重要，這個新心態是：

要放慢速度，要更有策略眼光，要更經常說「不」。

我知道，告訴那些走路帶風的人，要他們停下來，似乎很煞風景。但請你仔細再將這個句子讀一遍，咀嚼一下，因為它對你非常重要。高成效自然帶來風光與欣喜，你開始感覺無往不利，特別是當你成為眾所矚目的焦點、當機會為你創造新抱負和新機會時尤其如此。你為你的成功感到欣喜，你覺得你的拚搏與努力沒有白費，而且你要繼續努力拚下去。但是，這種拚搏與努力心態可能讓你心力交瘁，如果你繼續這樣毫無節制拚下去，最後有可能輸光賠盡。沒錯，你能做了不起的事。沒錯，你要征服全世界。沒錯，你是個狠角色。但是，請不要因為你擅長做你能做的，就讓自己過度擴張。扮演狠角色稍一不慎，就會讓你心力交瘁。

所以，你要緩下來，「事緩則圓」。你要有耐心，你有足夠技能與足夠時間，可以讓你不斷開創，不斷增加價值，不斷創新。你可以刻意、耐心耐煩地精進你的主要興趣領域。打持久戰，能讓人生更像是場好玩的遊戲，不像是受苦受難。

雖然「事緩則圓」看起來沒有「打鐵趁熱」那麼威猛，卻是接受我訪談、超過四分之三的「前」高成效人士的建議。當你處於巔峰狀態、一切得心應手時，加快腳步做更多的事似乎理所當然，但稍有不慎，它也能讓你跌得很慘。

所謂「緩下來」，指的又是什麼意思？首先，你應該主導你的每一天，不要只是被動回應。當你不斷取勝時，很容易把時間花在接受邀宴、慶功的瑣事上。結果，時間就這樣流逝，你行程滿檔，卻一事無成。你覺得自己很成功，但除了再開幾次會，其實什麼進展也沒有。所謂「緩下來」，就是花時間安排、檢視你的行程，做你從這本書學到的東西，每天早晚、每週檢查你的目標進度。

「緩下來」也是對那些會占用你太多時間的好事說「不」。如果有個好機會出現，但會讓你幾個晚上無法成眠，迫使你取消早已計畫好的策略性行動，或是讓你抽不出時間陪伴家人，你應該對它說「不」。把行程排得太滿，讓你沒有時間思考或休閒，最後只會讓你疲倦和煩躁，而疲倦和壞脾氣無論如何是帶不來世界級表現的。

正是基於這個道理，我鼓勵所有有志繼續攀高的高成效人士，要他們先對閃入腦海的機會說「不」，然後迫使自己找出對它說「是」的理由。「是」讓你加入競爭，投入許多事、追逐許多利益，能夠幫助你了解自己有多大的能耐。但是，你現在走得正順，更多的「是」可能會傷害你，「不」才能讓你保持專注。

想看清「是」與「不」之間的差異，你得多運用一些策略性思考。所謂「策略性思考」，指的是把事情盡量簡化，只保留最基本的要件，然後計畫可能在幾個月與幾年間達成的成就。這很難，但你現在必須採取不同的評估方式，用更長遠的眼光衡量你的機會。你不能只是想到這個月可以做什麼，你得根據你為今後幾個月訂定的計畫，展開你的五步驟行動。如果你考慮投入的新行動，就策略而言對你的最終目標沒有幫助，你必須暫時將它擱置。大多數真正值得一試、真正有意義的人生機會，就算擱置半年，也不會就此消逝。如果你覺得我這個說法難以置信，那只是因為你初嚐勝利果實。

所以，你要慢下來，要多說「不」，要更具策略眼光。不要失察真正重要的事，也不要過度擴張、費勁去忙那些不是很重要的事，請你緩下腳步來思考。

別忘記你怎麼走到這一步

「有時，我們過於關心要把我們在成長過程中得不到的東西給孩子，結果卻忘了把我們在成長過程中有的東西給孩子。」

——詹姆斯・杜布森（James Dobson），
美國兒童心理學權威

最後，還有一個簡單的提醒：不要忘記那些讓你能有今天這些成就的正向習慣，不要疏忽那些你現在知道能夠帶你更上一層樓的習慣。我們往往認為，疏忽就是沒有看清楚問題，但疏忽同時也意味著我們忘了繼續做那些讓我們成功的事。請你不妨自問：「迄今為止，我的人生所以成功的五大原因是什麼？」或許，你會發現這樣問對你的明顯好處，你可以把這五大原因放進你的週日檢討清單，自問：「我是否還在繼續做這些讓我成功的事？」

一位高成效人士告訴我，不想疏忽對我們重要的事，最好的辦法就是教育他人，要他們重視那些事。比方說，如果你教導孩子，要他們重視耐性，你自己也比較不容易疏忽這種美德。所以，你可以開始教他人一些什麼事，讓他們提醒你一起重視呢？

成效提示

1. 在哪些領域，我疏忽了對我的人生很重要的人事物，這些領域是……
2. 在哪些領域，我這樣的疏忽會讓我日後悔恨不已，包括……
3. 我現在可以在什麼領域重新聚焦，重新分配我對重要事物的關注，這些領域有……
4. 現在，我覺得自己在一些人生領域過度投入，包括……
5. 我需要多學會對一些人事物說「不」，包括……
6. 我現在很想追逐一個機會，但其實隔幾個月再好好計畫也不遲，這個機會是……
7. 儘管有許多令我興奮的機會和利益出現，但此時此刻，我應該聚焦於讓我成功的幾件主要事物是……
8. 我應該提醒自己不要貪多的幾件事是……

難以接受的真相

偷走你的成功的罪魁禍首，不是欠缺價值或智慧，是你的注意力分配出了問題。你覺得與他人開始有所區隔，於是不再注意反饋、多元觀點，以及處理事情的新方法。由於你做得太好，你開始只注意到出錯、不完美的地方，結果持續失望消磨了你的熱情。你有不少理由疏忽某些重要的人生領域，這樣你才可以持續往前衝，並且說這樣做「值得」。就是這樣一點一滴，你不再關注你的人生中一些真正重要的事情。

這些事情都可以不必成為你的現實。

高傲、不滿與疏忽是你的敵人，讓敵軍成功滲透你的人生，你就輸了。要小心謹慎，有意識避開敵方侵襲，練習你的HP6，一切都會很好。

當我們發現自己的作為，都是本章討論的負面作為時，這樣的真相當然讓我們難以接受。但如果保持成功對你很重要，我鼓勵你經常回頭閱讀這一章。它能夠幫助你保持謙遜、滿足、專注，提升你與其他人的成效，享受豐富、精彩的人生。

The # 1 Thing
頭等大事

「認為自己能幹的人，就是能幹的人。」
——維吉爾（Virgil），古羅馬詩人

「你一直都像這樣嗎？」奧洛拉問。

「什麼意思？」

「就是，嗯，就是這種……活力。快樂？」

我想了想，笑著說：「對，我就是這麼惱人。怎麼啦？」

奧洛拉望著集結在會場上的一萬五千名觀眾。我們站在會場最高一排，俯瞰著底下的講台。不到一小時，我們都得上台演說。

「你不會緊張嗎？」她問。「我覺得自己不大舒服，思緒都不能集中。」

一名製作助理打斷了我們的對話，表示要帶我們下去，前往會場下的休息室。我們邊走著，奧洛拉繼續問。

「你看起來一派輕鬆，你怎麼能這麼有自信？」

她的問題讓我吃驚，因為我當時也很緊張。這不僅是我向這麼多人發表演說的第一次，也是我就這個特定主題發表演說的第一次。我向奧洛拉解釋：「老實說，我也不知道他們對我的演講會有什麼反應。」

「那你為什麼看起來這麼冷靜？」

「我絕對不會說我很冷靜！我也很緊張，但我不去想，我要擔心的是那一萬五千名就要聽我演講的觀眾。很高興與妳對話。」

「你太客氣了，布蘭登。對不起，我只是緊張得好像要吐出來一樣。」

「為什麼？妳過去曾經當著這麼多人的面前吐過？」

她笑了出來。「沒有啦，你知道的。」

奧洛拉其實從未在群眾面前發表過演說。身為世界級體操運動員的她，有不少在成千上萬觀眾前演出的經驗，但從未當眾發表過支酬正式演說。她應邀發表這次演說，是因為她是本地名人，不久前還拿過奧運獎牌。

我們來到休息室，奧洛拉在一張化妝椅上坐下。她與化妝師麗莎閒聊了幾句，然後又問：「那麼我該怎麼想比較好，布蘭登。這可是你的世界，不是我的世界。」

「妳現在在想什麼？」

「我在想，我就要搞砸了！」

「妳從未當著這麼多人面前發表演說搞砸過，對不對？」

「對。」

「既然這樣，又何必這樣想？」

「我也不知道，就是有這種感覺。」

「我了解這種感覺。不過，妳已經知道這種感覺對妳沒有好處，讓我問妳一個不同的問題吧！妳為什麼來這裡？」

「我只是想與他們分享我的故事，或許能夠鼓勵一些人。」

「美呆了！嗯，妳一定很清楚妳的故事，對吧？妳過去只在接受訪問時談過這些故事，大概談了一百萬次了吧？」

她還沒來得及回答，麗莎已經搶著說曾在ESPN看過奧洛拉受訪。

「我們都知道妳的故事，奧洛拉，」我告訴她。「妳也知道，妳知道妳該說些什麼，所以現在妳的問題只是，妳希望自己以什麼樣貌站在那裡演說，妳想怎樣打動妳的觀眾？當妳在體操表演台上亮相時，妳怎麼形容自己？」

「快樂、自信，我很興奮。」

「當妳比賽時，緊張會伴隨妳這些情緒而來嗎？」

「當然。」

我笑了。「如果這樣，妳來這裡就不是第一次了。妳知道妳該做什麼，也知道妳該怎麼做。我想，唯一真正重要的問題是，妳該怎麼與這些觀眾打成一片……。」我傾身靠近她，以近乎玩笑的口吻說：「妳要表現得像一個緊張兮兮、好像連基本側手翻動作也做不出來的小女孩，還是要像一個在奧運會場向世人展示她的超能力的體操明星？」

我的語氣讓奧洛拉有些意外，但讓麗莎聽了笑出聲來。

「妳得展現妳的本色，」我說。「妳不是那種初登台嚇得手足無措的小女孩，妳是世界冠軍。這位現在坐在我面前的世界冠軍，今天想要怎樣與她的觀眾打成一片呢？」

「我要把我的愛給他們。我要讓他們知道，我因為他們的支持才能拿到獎牌。」

「那就去做。把妳的愛給他們。讓愛作為妳的情緒，讓愛成為妳的訊息。妳能真正感覺到那種愛嗎？」

奧洛拉站起身，在我的臉頰上親了一下。「你說得對，布蘭登。我是一個一百磅的愛的化身。讓我們上台，把愛帶給這些觀眾。」

在研究哪些習慣對高成效人士最重要的過程中，我們評估了一百多種變數。我們向高成效人士提出幾乎可以想得到的各種問題，盡力了解他們如何能夠這麼傑出。我們設法找出高成效習慣與高成效的關係，到目前為止，我們發現，最能夠影響成效的莫過於信心。

信心是讓你勇於挺身而出、應付挑戰的最關鍵因素。你知道信心的重要性，因為我已經與你分享很多。高成效人士最愛用三個字詞，描述他們的情緒狀態：投入、喜悅與信心。他們這些描述和研究數據也很吻合，全球各地的高成效人士都比同儕更同意下列這個陳述：儘管面對挑戰或阻力，但我對完成目標充滿信心。事實證明，信心與整體高成效、與六個高成效習慣都有相輔相成的密切關係。愈有信心的人愈清晰、愈有活力，也愈有生產力、影響力、必要性與勇氣。[1]

我們還發現，信心十足的人一般而言，人生比較幸福，比較喜愛接受新挑戰，覺得自己能夠讓這個世界變得更美好。[2]針對這段話，你不妨停下來好好想一想。對太多人生欲求來說，信心都是通往這些欲求的強有力途徑。近四十年的相關研究也認為，這種信心——通常稱為「自我效能」（self-efficacy）——是卓越成效與快樂的指標。[3]但是，這種信心的好處，不止於卓越成效與快樂而已。一項跨57種文化群體、涉及逾22,000人的統合分析指出，愈有信心的人，愈不容易因為工作壓力過大而有心力交瘁的感覺。[4]

在過度工作成為重大關切議題的今天，信心已經成為一種重要解方。信心何以能夠幫助我們避開心力交瘁？高成效人士告訴我，那是因為一旦你更具信心，你會更願意說不，更確定自己應該專注些什麼，而這使你更有效能，更不容易受到干擾。另一項跨173項研究、33,000人參與的研究成果顯示，自我效能與正向健康行為密切相關。你愈是充滿信心、相信自己能有好表現，你愈能做出有益健康的事。[5]你或許已經從你的人生體驗到這個事實，當你對自己感到滿意時，你投入時間運動健身的可能性也較大。

這些發現都導致行為表現研究方面的一項重大結論：更有信心，對你的健康更有益，它能降低你心力交瘁的機率，讓你快樂、更願意接受新挑戰，讓你更有成就感。基於這些原因，我認為信心是創造高成效的首要功臣。

當然，這不表示單憑信心就能夠創造高成效。你可以擁有絕大的信心，但除非你能養成高成效習慣，你取得長期成功的遠景並不看好。我們的研究明白指出，想要脫穎而出、持續創造卓越的表現，除了需要強大的自信，你還得養成高成效習慣。

無論如何，這種改善成效的自信來自何方？當高成效人士因應人生挑戰、追逐更大的目標時，究竟做了些什麼以建立、保持自信？

信心的三個C

「自信是成就大事的第一要件。」
——山繆・強森（Samuel Johnson），18世紀英國文豪

在發現信心是高成效的重要關鍵之後，我從兩萬多名

受訪人士中，找出HPI總體評分最高的三十人，這兩萬多人都非常贊同「儘管面對挑戰或阻力，但我對完成目標充滿信心」的陳述。我已經讀過許多關於信心的學術文獻，我們也有大量的相關訪談數據，所以我想聽聽看最頂尖的高成效人士對信心究竟有些什麼說法。我心想，不知他們是否有一種我們凡夫俗子沒有的、類似超人的感覺，有一種與生俱來、擋不住的信心？

或許你已經猜到了，答案是：沒有。高成效人士確實比大多數人更具信心，但這不是與生俱來的，也不是靠運氣或超人技能得來的。我的研究成果告訴我，高成效人士所以比大多數人更具信心，只因為與大多數人相較，他們多想那些讓他們更有信心的事，多做那些讓他們更有信心的事，更能避開那些讓他們失去信心的事。他們幾乎千篇一律一致表示，他們的信心來自刻意思考與行動。所有接受我訪談或接受我訓練、與我合作的高成效人士，沒有一個人說：「我生來就信心十足，能夠因應龐大的人生挑戰。」

那麼，高成效人士究竟怎麼想、怎麼做、怎麼避，才能建立這麼強的信心？我將我在這方面的研究成果分成三個「C」：能力（competence）、一致性（congruence）與人際關係（connection）。由於這些都是建立高成效信心的重要主題，我像前幾章的做法，將它們視為練習。

練習＃1：培養能力

「信心有多強，能力就有多強。」
——威廉・哈茲利特（William Hazlitt），
19世紀英國散文家

大多數的人都認為，信心是對自我的一般信念；與成效改善息息相關的那種信心，來自於對自己有能力完成特定任務的信念。[6]也就是說，你對一項特定任務的知識、技巧、能力或才賦愈多——你的「能力」愈多，你充滿信心、圓滿完成任務的可能性也愈高。我從1997年起就在教授這個「信心－能力循環」，這個話題至今仍然不斷出現在高成效人士與我的對話中，讓我不時感覺驚奇。

所謂「信心－能力循環」強調的是：無論什麼事，你的能力愈強，你愈有多多嘗試的信心，就愈能施展自己所長。這些嘗試與伸展導致更多學習，讓你擁有更多能力；更多能力於是帶來更大信心，如此不斷反覆。經常上健身房，你就能看到這種現象。第一次上健身房，看到那許許多多的器材，你會有不知從何著手的感覺，你搞不清楚狀況，顯得笨手笨腳。但之後你上健身房的次數愈多、知道的愈多，沒隔多久，你對自己使用這些器材的能力有了信心。隨著你對這些器材的使用了解愈多，你開始加強訓練、強化自我。你對上健身房並非生來就有信心，你的信心是後天培養出來的。信心不是一種固定的人格特質，是一種透過鍛鍊練出來的肌肉。

最頂尖的那三十位高成效人士，都透過某種方式談到

「信心－能力循環」。他們將自己目前的信心，歸功於多年來的專注、學習、練習與技能發展。事實上，在這三十人中，有二十三人在討論信心時，首先談到的就是這類經驗，而且沒有一個說他們生下來就有很強大的信心。他們談的不是那種「我喜歡自己」或「我對自己感覺甚好」的一般性自尊，他們談的是如何努力嘗試、終於相信自己有能力把事情做好的信心。他們心想，我知道該做些什麼，知道如何增加價值。

讓我稱奇的是，高成效人士甚至在提到性格特質以前，已經先將他們的信心歸功於這種能力。我原本以為，他們會先談性格特質如何帶給他們自信，然後談到技巧鍛鍊。我錯了！我說「信心－能力循環」的話題會讓我不時感覺驚奇，原因就在這裡。

在習慣4生產力那一章，我談過如何透過「漸進式精通」磨練卓越能力，現在我要進一步探討這方面的另一議題。高成效人士所以有信心，不僅因為他們在特定領域擁有技能，也因為他們相信自己能在未來取得必要能力。也就是說，根據他們的說法，他們的信心不是綁在特定一些能力上，而是因為他們相信自己能在未來妥善處理事物，就算沒有經驗也沒關係。他們的信心，來自他們對於自身學習能力的信念。

高成效人士是有效的學習者，相信自己能夠進行必要學習以便在未來取勝，這種信念讓他們更加信心十足。

由於過去累積了各種學習經驗，他們相信自己可以做得到——「我相信我有能力解決問題」，便成為高成效人士的心聲。高成效人士能夠迅速了解新情勢，或是在新情勢中迅速習得技巧，這是導致他們信心十足的關鍵能力。換言之，他們的關鍵能力，就是他們習得能力的能力。

所以，我知道提醒奧洛拉注意她本身的超能力，能夠讓她在發表演說以前更有信心。她已經在人生中解決了許多問題，只須稍微提醒一下，就能為她打一劑信心補針，讓她自信面對這場演說，即使她從未做過這樣的演說。

對運動比賽而言，這種概念尤其重要。在運動場或競技場上，每天你都會遇上比你更有經驗，或更有天賦、更成功的對手。你往往覺得自己不是他們的對手，而且你的感覺往往沒錯。但經驗不如人，不表示你就得退縮。唯有不斷出賽，就算你是最沒有經驗的新手，也能夠逐漸累積經驗、建立信心。

除了相信自己有能力解決問題，高成效人士還能比其他人更懂得反省過去的成功，從中學習。

高成效人士能從成功中記取教訓。他們懂得歸功於自己，將大大小小的勝利融入心態，為他們帶來更強大的力量。

這是非常重大的差異，低成效人士很少汲取教訓，如果汲取教訓，往往又對自己過於嚴厲。即使取勝，他們也很少能將那些勝利整合、融入個人認同中，因此就算做得很好，他們也不覺得自己很行。他們不懂得享受那種勝利的感覺，所以得不到遊戲中的那些「補血劑」（power-up）。在與他們的談話中，你可以明顯發現，他們不知道自己學了什麼、不知道自己走了多遠、不知道現在或將來能夠完成什麼。儘管已經走了很遠，但是他們缺乏自信，把自己追求的標準放得很低。

所以，在你努力的過程中，請你一定要不斷反省你的進度與你新近學到的東西。不要等到跨年才來思考你這一年做了哪些重要的事，我建議你每週日至少花30分鐘反省當週的成績。你在過去一週學到什麼？有哪些事情處理得很好？哪些事值得你為自己鼓勵鼓勵？這個做法聽起來很簡單，但能帶來深度效應，讓你更有信心。

成效提示

1. 我一直在培養的能力——知識、技巧、能力、才幹——包括……
2. 如果我把學會許多事情的功勞都歸給自己，我會覺得更……
3. 過去幾年我學會了一些技能，但我還沒有將功勞歸給自己，這些技能包括……
4. 我覺得，我現在有能力應付一項重大人生挑戰，因為我善於學習如何……
5. 我準備從今天起，每週做一項練習讓自己更有信心，這項練習是……

練習＃2：保持一致性

「自我信任是成功的首要祕密。」
——愛默生

與最好版本的自己保持一致性，是人類的原始動機之一。在《為你的人生充電》這本書裡，我用了一整章篇幅討論這個主題，現在我節錄其中一段展開相關討論：

> 一致性的核心問題是：我們如何真正過我們的人生，而不只是想像我們的人生。追求一致性的力量，迫使你自問：「我對『我是誰』這個問題誠實嗎？」「我是否值得信任，是否對自己和他人誠實？」「我能否做到我想的與我宣揚的？」「我能夠貫徹自我信念嗎？」「在面對眾人挑戰時，我能夠堅持立場嗎？」這些問題與我們的答案詮釋了我們，也大體上決定了我們的命運。
>
> 想維持一致性很難。我們的個人認同、個性、狀態，隨著環境不同而不同。我們可能在職場上是巨星，回到家卻成了看門的管家。在與好友相處時，我們可能妙語如珠、興高采烈，但在床上卻羞澀保守。我們可能在一個情勢中很有侵略性，但在緊要關頭卻猶豫不決。在不同環境下的角色變換，很自然也很健康，如果我們永遠一成不變，人生會非常不健康，更別提乏味了。
>
> 想要感到更有一致性，我們必須先釐清我們

是誰、我們想過什麼樣的人生這類問題。我們必須有意識地創造、維護我們的個人認同，這需要我們有意識地選擇與付出。

或許，在你年輕的時候，沒有人為你點燃愛的蠟燭，所以你一直有不被人愛或不能愛人的想法。現在，已經成年的你，可以有意識地選擇為自己點燃那根蠟燭。或許，你從未得到你應得的注意或尊重，現在時機已至，你可以為自己爭取你應得的注意或尊重。或許，沒有人向你灌輸過信心，讓你覺得自己可以共同塑造、撼動這個世界。現在，請你為自己灌輸那份信心吧！這是你建立自我認同的方法。

我的訪談成果明白指出，「為自己灌輸信心」就是高成效人士處理人生的寫照。他們不會等著其他人來詮釋他們應該像什麼樣，他們會在某個點上——通常是人生中一個重大時機——取得主控，決定自己要做什麼樣的人，然後根據那個自我形象生活。

他們憑藉有意識的意願塑造個人認同，並且據此調整想法、感覺和行為。

他們的生活方式與他們選定的方式一致，日子過得愈久，他們對人生更有信心。我在與他們訪談時，總是聽他們一再說道：「我決定脫離我父母（或辭去工作、分手等），做我真正喜歡的事。」「我最後決定找一份更像是我會做的工作。」「我開始活得更有意圖。」

另一個顯然的事實是，高成效人士不再有那種「假裝」的感覺。在接受我訪談的三十位頂尖高成效人士中，有六個承認他們在人生或職涯早期有那種感覺，但沒有一個認為自己仍然在假裝。相反地，他們每天起床，都很清楚自己究竟想要做個什麼樣的人，然後起身努力按照自己的意圖行事。這種一致性的行為舉措，為他們帶來真實、驕傲、自信。在休息室與奧洛拉談話時，我要奧洛拉別忘了她是世界冠軍，讓她的想法和行動與那個世界冠軍的事實一致。有時，簡單的一句提醒，就能為我們帶來我們所需的信心。

如果你能了解一致性的力量，就能了解為什麼追求清晰的習慣對信心這麼重要。你不可能與你一直搞不清楚的事物建立一致性，沒有清晰，就沒有一致性，也就沒有信心，就這麼簡單。我建議你翻回習慣1清晰那一章，每週填一次「清晰表」，原因就在這裡。在每週伊始，想清楚你要做什麼樣的人，然後配合你選定的自我形象採取行動，你會更有信心。

最後，我要與你分享一件大多數高成效人士與我分享的事：信心來自對你自己以及對他人的真實。所以，請不要說謊，因為謊言會撕裂你的性格。如果你對小事撒謊，一旦遇上大事，你會釀成慘禍。你的心靈要知道你過著誠實的人生，你若打破信任，就會有不一致的感覺，你的成效也會下挫。堅持真相，訴說真相，你會有一致性的感覺。

成效提示

1. 我真正想成為的人特質有……
2. 每週我可以做三件事，讓我與理想的自我形象更一致，這三件事是……
3. 為了讓我與理想的自我形象更一致，我必須戒除三件事，這三件事是……

練習＃3：享受人際關係

「你用兩個月時間關心他人而能交到的朋友，
比你用兩年時間設法讓他人關心你而交到的朋友更多。」
——戴爾・卡內基（Dale Carnegie），
現代人際關係教育奠基人

如你所知，高成效人士喜歡發展對他人的影響力。他們喜歡與人交往，喜歡了解他人的想法、他人面對的挑戰，以及他人的處世立場，他們還喜歡與人分享這類事物。但是，必須提醒你的是，這不表示所有高成效人士都很外向。最近一項對九百多位執行長進行的研究發現，最頂尖的高成效人士只有略多於半數的人外向。[7]由於這種幾近半數的機率，我們確定性格不是高成效的決定性因素。

既然性格不是高成效的決定性因素，高成效人士究竟為什麼這麼關心他人？為什麼他們這麼重視待人接物？為什麼他們能夠這麼有信心地與人交談、問問題、投入與他人的關係？

簡單來說，高成效人士學到與他人交往的巨大價值。他們發現，與人交往能讓他們對自己、對這個世界了解得更多。與人交往，提升了他們的一致性與能力。這一點你也知道：你愈是與他人一起工作，對自己的了解也愈多；你愈是與他人一起工作，愈能學到新思考方式、新技巧、新的服務做法。高成效人士告訴我，他們所以能夠那麼投入，就是因為這樣能夠幫助他們學習。

這是一項重要差異，特別是如果你不認為自己是個「隨和的人」。你是不是生性隨和、容易與人相處並不重要，重要的是：你願不願意從他人那裡學到東西？你願意花時間去學嗎？你真的想要與人交往，了解他們怎麼想、需要什麼、認識他們的立場嗎？如果你能夠鼓起你的好奇心，抱著這些念頭與人交往，你會變得更有自信。至少，高成效人士是這麼告訴我們的。

高成效人士的自信，來自這樣的心態：「我知道我能與他人相處得很好，因為我對他人感興趣，我想從他們身上學習。」在我們的訪談中，沒有一個高成效人士這麼說：「我知道我能與他人相處得很好，因為我要讓他們對我感興趣，我要讓他們知道我是誰。」高成效人士心裡想的不是「電梯簡報」，快速讓別人認識自己；信心來自交往，不是來自宣揚。

成效提示

1. 我想要與人相處得更好，主要理由是……
2. 我知道當我……，我與人相處起來會更有自信。
3. 為了與人相處更有自信，從現在起，我在與人交談時要這樣思考……

一條簡單公式與暫別的話

「一旦你信任自己，就知道如何生活。」
——約翰・馮・歌德（Johann von Goethe），德國文豪

回想建立信心的三大要件——能力、一致性與人際關係，或許你已經發現了一個共通點。高成效人士在這三個領域的發展，都是由好奇心帶動的，他們的知識、技巧和能力因好奇心而發展。好奇心使他們自我檢驗——你得問自己許多問題，才能知道自己是否過著具有一致性的生活。此外，好奇心讓他們想要了解其他人。所以，我們或許可以訂一條公式：

好奇×（能力＋一致性＋人際關係）＝信心

這條方程式為我們帶來的一項福音是，你不必假裝自己是超人，只要願意學習新事物，遵照自己的想望，做自己想做的人，並且關心他人、與人交往就好了。如此一來，你會對自己更有信心。研究顯示，好奇心本身就能改善你的福祉。[8]好奇心像電弧，能為你帶來充滿喜悅與活力的人生。想要擁有這樣的人生，你需要在內心展開下列這

樣的對話：

- 我知道應該做些什麼、應該如何增加價值——至少我相信我能想出解決辦法，而且願意努力解決問題。
- 我知道我能遵照自己的想望，做自己想做的人。
- 我知道我能與人相處得很好，因為我真心想要了解他們、從他們身上學習、為他們服務。

如果這樣的內心對話成為你的人生常態，你多半能夠信心十足地走上高成效之路。更有信心地攀登人生高峰，當然不是件簡單的事。通往登峰造極之路總是艱辛困苦，這是我在整本書不斷與你分享的事實。但我也在書中說得很清楚，個人發展為的不是安適、而是成長，所以想實踐本書談到的習慣與練習並不容易，請接受這個事實。

雖然這是充滿挑戰的旅途，至少你現在有了路徑圖，知道達成高成效必備的六種習慣，也知道如何養成這些習慣。只須記取本章的教訓，你就能更有信心地踏上高成效之路。對你的成效保持好奇，透過對HP6的練習，不斷提升你的成效：

1. **追求清晰**。更清楚你要做個什麼樣的人、你想如何與人互動，以及什麼事物能讓你的人生更有意義。
2. **激發活力**。活力讓你保持聚焦，讓你精神抖擻。想要保持最佳狀態，你需要常保心理耐力、生理活力與正向情緒。
3. **提高必要性**。這意味根據你的內在標準（即你的個人認同、信念、價值觀、對卓越的期望），以及外在需求（即社會義務、競爭、公開承諾），你必須時時鼓勵、提醒自己要有好表現。

4. **增加生產力**。提升你在主要興趣領域的產出，特別是在你有意闖出名聲、創造影響力的領域。你需要專注創造「高品質輸出」（PQO），還得盡量減少讓你無法專心投入PQO的干擾（或機會）。
5. **發展影響力**。設法影響你身邊的人，讓他們相信並支持你的努力與抱負。若是沒有強有力的支援網路，想要達到長期的重大成就幾乎不可能。
6. **展現勇氣**。表達你的想法、大膽採取行動，即使面對恐懼、不確定或不斷變化的情勢，仍能為自己和他人挺身而出。

想要成為高成效人士，長期締造卓越表現，你得養成這六種習慣。這些習慣能讓你更有信心，更加卓越。

現在，你已經知道該怎麼做了。請你規律進行本書的練習，書末有「摘要指南」，有必要可以快速瀏覽，提醒自己。從現在起，在你參加每一次會議以前，在你打每一通重要電話以前，在你啟動每一項新計畫或追逐每一個新目標以前，請重新看看這六種習慣一次。

之後，每隔六十天，用高成效指標追蹤你的進度，找出你需要繼續專注的習慣。如果你已經做過高成效指標評估，它會提醒你要你以六十天為期，再做一次。如果你還沒做過或沒有看到提醒，你隨時可以上HighPerformanceIndicator.com做免費的基本評估。如果你想繼續你在這方面的研究與學習，可以考慮參加我辦的研討活動，或是加入我們的「高成效大師計畫」（High

Performance Master's Program）。隨時有需要，都歡迎上HighPerformanceInstitute.com瀏覽一下。

二十幾年前，我在車禍發生後，渾身血跡、驚恐不已地倒在扭曲變形的引擎蓋上。我學到一件事：走到人生盡頭時，每個人都會自問一些問題，評估自己是否對這趟人生之旅感到欣喜。我發現，我的問題是：我活過了嗎？我愛過了嗎？我做的事重要嗎？當時，我不喜歡自己對這些問題的答案，於是我努力改變我的生命，尋求最佳的人生之道。能夠大難不死、重獲新生是何等福賜，我感覺唯有努力表現最佳的自我，才能對得起這樣的福賜。我的努力導致我不斷學習，也終於發現了這些高成效習慣。

我希望，你在讀完這本書以後，也能夠決心力求表現，尊崇你的生命。我希望，你每天起床後，都能決心練習這些習慣，讓你以你的人生為榮。我希望，你在力爭上游、活出精彩人生的過程中，能夠滿心喜悅，為服務他人而努力。我希望，有一天當你攀上始料未及的人生高峰，當你回顧反思時，能對自己說這是你夢寐以求的人生，你努力爭取，而你做到了，你從不放棄，也永不放棄。

你能夠登峰造極，只因為這是你的選擇。

我相信，這種選擇是每個人都能做出的人生現實。現在，就看你的了，請你為自己爭取。

摘要指南

「無論你做什麼，把它做好。」
——林肯

個人習慣

習慣＃1：追求清晰

1. **展望高成效的未來四大領域**。建立願景，了解你想當個什麼樣的人、準備如何與人互動、必須學會什麼技能以便在今後取勝，以及你該怎麼做才能發揮潛力、服務他人。無論面對任何情勢，請先釐清你在這四大領域的意圖與目標：自我、社交、技能、服務。
2. **決定你要的感覺**。你要經常自問：「我要為這個場合帶來的主要感覺是什麼？我想從這個場合取得的主要感覺是什麼？」不要被動等著情緒找上你，主動選擇並創造你希望在生活中不斷體驗到並想分享的感覺。
3. **決定什麼對你有意義**。不是所有可以達成的事都是重要的事，成就不是重點，重點是有沒有意義。展望今後幾個月和未來的工作，決定什麼能為你帶來熱情、連結與滿足感，然後投入更多時間去做。要不斷自問：「我該怎麼做，才能讓這件事對我個人有意義？」

習慣＃2：激發活力

1. **釋放緊張，設定意圖**。利用事務間的空檔恢復你的活力。你可以閉上雙眼，做幾次深呼吸，釋放身心的緊張感。請你試著至少每個小時做一次，一旦你感覺壓力解除，為你的下一項活動設定明確意圖，睜開眼，專心投入。
2. **創造喜悅**。要為你投入每一天、每個場合的活力負責，特別要專注於為重要活動創造喜悅。預期你的行動會帶來正向成果，自問一些能夠引起正面情緒的問題，並且設定心理扳機，提醒自己要保持正向與感激。對身邊發生的小事與出現的人，表示感恩。

3. **優化健康**。為了應付人生的各項需求，你得迅速學習、處理壓力、保持警覺、全神貫注、記住重要的事、保持正面情緒，所以你必須更嚴肅對待睡眠、運動和營養問題。與你的醫生和其他專業人士合作，優化你的健康。你知道自己應該做什麼，要做到！

習慣＃3：提高必要性

1. **要知道誰需要你提供最佳狀態服務**。除非你意識到必須表現卓越（不管是為了自己或他人），否則你不會力圖上進、出類拔萃。從現在起，每當你在辦公桌前坐下來準備工作時，請你自問：「此時此刻，誰最需要我的最佳狀態服務？基於我的個人認同與我的義務，我今天必須要怎麼表現？」
2. **要確認為什麼**。當我們口頭承諾一些什麼時，那些事變得對我們更加真實、更重要，讓我們覺得自己更得遵照行事。經常對自己大聲說出你的「為什麼」，並且與人分享。這樣做，能鼓勵你盡量做到言行一致、落實承諾。下次當你想要提升表現的必要性時，你可以向自己和他人宣布你「要什麼」，以及「為什麼」你要這些東西。
3. **要提升你的人際交往圈**。情緒與卓越都具有感染力，所以要多花一點時間與同儕團體中最正向、最成功的人相處。然後，持續營造並重組你理想的支援網路，鼓勵其他人發揮。請你自問：「在展開下一項計畫時，我該怎麼與最優秀的人才共事？我該怎麼鼓舞他人，提升他們的標準？」

社會習慣

習慣＃4：增加生產力

1. **增加關鍵輸出。**無論你在哪個領域或哪個產業，找出最攸關成敗得失的關鍵產出、差異性和貢獻，全力投入。對其他一切不重要的人事物說「不」，專注創造「關鍵高品質輸出」。要記住，最主要的事，就是把最主要的事當成最主要的事去做。
2. **計畫你的五大步驟。**請你自問：「如果只需要五個重要步驟就能夠達成目標，這五個重要步驟是什麼？」這五個重要步驟不只是五件事，每一個步驟都是一堆活動、一項計畫，你可以再逐一細分出待辦事項、限期與活動。一旦你摸索清楚了，就安排到行事曆上，特別排出時間全力投入這些必要特定事項。
3. **把關鍵技能練到強到令人吃驚（「漸進式精通」）。**找出你在接下來三年內必須培養的五項重大技能，讓你成為你想成為的那個人。運用「漸進式精通」的十項步驟全力投入，好好練就這些關鍵技能。最重要的是，要持續發展攸關未來成功的關鍵技能。

習慣＃5：發展影響力

1. **教人們如何思考。**在每一個可以發揮影響力的場合，自問如何讓你想要影響的人思考這三件事：

（a）他們自己、（b）其他人，以及（c）較廣的世界，了解他們的看法，並且持續溝通。想要塑造人們的思考，你可以這樣說：「不妨這樣想……。」「……，你怎麼看？」「如果……，會怎樣？」

2. **挑戰人們成長、貢獻。**觀察人們的性格、人際關係與貢獻，主動挑戰他們，要他們進一步提升。問他們是否盡了全力？問他們能不能更善待身邊的人，提供更好的服務？

3. **以身作則。**71%的高成效人士說，他們每天都會思考這件事。他們說，他們希望能夠成為家人、團隊和社群的模範。你可以不時自問：「我該怎麼處理這個情況，才能鼓舞他人，讓他們相信自己、做出最好的表現，並且以正直、誠心，為他人提供最好的服務？」

習慣＃6：展現勇氣

1. **尊敬奮鬥。**當你得到學習與服務的機會，你不要為你付出的辛勞抱怨。你要將奮鬥視為人生旅程中必要、重要、正向的一部分，唯有經過奮鬥，你才能找到真正的平靜與個人力量。自我改善與逐夢之旅難免艱辛，不要抱怨，要勇於面對挑戰。

2. **分享你的真我與抱負。**人類的主要動機就是無拘無束表達真正的自我、追逐夢想，就是體驗所謂的「個人自由」。你要持續與人分享你真正的想法、感覺、需求與夢想。不要為了討好他人而刻意限縮自己，要活出真正的自己。

3. **找個你想為他努力的人。**我們需要一個讓我們挺身而出的高貴目標，高成效人士往往會用一個人作為這個目標——他們為這個人努力奮鬥，這樣他們才能享有安穩、更好的人生。比起你為自己做的，你為他人做得更多。為他人努力，能讓你找到為什麼必須勇往直前、全力投入、力求精進的動機。

這六種習慣及每章的三道練習，是你長期締造卓越表現、創造非凡人生的重要助力。這本書也談到其他基本策略，但這六種統合習慣最能幫助你精進。如果你需要更多資源，可以上HighPerformanceHabits.com/tools瀏覽。

謝辭

這是我人生第六次完成一本書稿後，提筆寫謝辭。想到這麼多支持我、鼓勵我出版過去五本書的人，仍然對我不離不棄，讓我深感幸何如之。長期關係對長期成功尤其重要，或許應該說，長期關係正是長期成功的意義所在。

如果你熟悉我的作品，你知道我相信自己能夠歷經一場車禍大難不死、重拾人生，全是上帝的恩賜。每天我都努力活得更充實，以更開放的心去愛，盡力為這個世界做出更多貢獻，希望能夠不負這樣的恩賜。

若是沒有父母、兄弟姊妹、恩師與妻子的愛和支持，我不可能寫出任何東西。媽，感謝妳，妳讓我們都知道如何尊重奮鬥，將喜悅帶進我們人生中的每一刻。爸，我們都想念你。自你離開以後，我時時刻刻念著你。大衛、布萊恩、海倫，感謝你們鼓勵我，讓我當個好人、好手足。我對你們的愛，超過你們的想像。琳達・巴魯，妳是我們大家庭的一分子，是我第一位真正的恩師。謝謝妳教我創作、寫作、攝影，教我以身作則進行領導。丹妮絲，我的陽光寶寶，謝謝妳一直對我深信不疑，謝謝妳讓我知道有思想、仁慈、有愛心、出類拔萃的人像什麼樣子。妳是我生平見過最了不起的人，是我這輩子獲得的最大贈禮。瑪帝與珊蒂，謝謝你們的榜樣，謝謝你們鼓舞了我們。

在寫這本書的兩年半期間，我經常因為寫作消失無蹤，所幸我在布夏德集團（The Burchard Group）有個了不起的團隊，能夠鼓舞我，保護我的時間，為我們的學員與客戶提供優質服務。我要感謝我的團隊，感謝你們的奉獻、絕佳表現與創意。為數以百萬計學員與幾千萬粉絲服務的福賜與艱辛，不是一般人能想見的，但你們很清楚這一切，每天推動這些工作。我非常感謝你們，布夏德集團能有今天，你們厥功至偉。

丹尼斯・麥金泰（Denise McIntyre）是讓我們都能按部就班行事的功臣。謝謝你超人一等的信念、信任、領導與友誼，感謝你自始至終一直不離不棄，對你就算千恩萬謝也嫌不夠。梅爾・亞伯拉罕（Mel Abraham）指導了我的許多重大業務決定，為我引薦上台，為我擋開壞人，成為我最親密的友人。丹尼斯與梅爾是人人夢寐以求的良朋益友。

我有幸擁有一個可以每天一起工作的大團隊，成員包括：傑諾米・亞伯拉罕（Jeremy Abraham）、亞迪・柯曼（Adim Coleman）、凱倫・杰爾斯曼（Karen Gelsman）、麥克・杭特（Michael Hunter）、亞歷克斯・郝格（Alex Houg）、漢娜・郝格（Hannah Houg）、米雪兒・胡里夫

（Michelle Huljev）、美姬・柯克蘭（Maggie Kirkland）、潔西卡・利普曼（Jessica Lipman）、海倫・林奇（Helen Lynch）、傑森・米勒（Jason Miller）、泰利・鮑威爾（Terry Powers）、崔維斯・謝爾茲（Travis Shields）、米雪・史密斯（Michele Smith）、丹尼・紹斯威（Danny Southwick）與安東尼・楚克斯（Anthony Trucks）。我還要感謝布夏德集團原始老班底珍妮佛・羅賓斯（Jennifer Robbins），她在我創業之初支援我，訂下讓我們團隊直到今天仍然戰戰兢兢、全力以赴以求達成的高標。

這本書能夠問世，還得感謝其他許多優秀、卓越的人。讓一本書出版上市，需要許多人的努力。我的經紀人史考特・霍夫曼（Scott Hoffman）打從第一天起就對我信任有加，在六本書的寫作、出版過程中，由於有你相挺，我一直不覺孤單。能在這段不凡的旅程上有你相伴，真是非常榮幸。在另一位出版商沒能見到《自由革命》這本書的前景之後，雷德・崔西（Reid Tracy）將我引薦到乾草書屋（Hay House），讓我有幸成為乾草書屋家族的一員。雷德，我永遠忘不了你的慷慨，你是個人發展出版史上最重要的領導人，我希望你知道你對我、對這個世界造成的影響。

乾草書屋主編培瑞・克勞（Perry Crowe）不辭辛勞，讓這本書能夠完成、誕生。謝謝你，培瑞，你的編輯與整理功力令人感佩。康絲坦絲・黑爾（Constance Hale）審閱了這本書的初稿，為我提供許多重要的修潤意見。謝謝妳，康妮。如果這本書看起來有模有樣，就得歸功於麥克・卡爾（Michael Carr）。麥克是我合作過最棒的編輯，我的每一本書都經過他的編輯，由於我每寫一本書就換一個新調子，而且我總是無法記取之前犯下的過錯，當我的編輯絕對不是一件簡單的工作。謝謝你，麥克，謝謝你為這本書不斷挑燈夜戰，謝謝你讓我看起來不像那麼蹩腳的作者。

許多友人、心理學者、專業教練與導師，協助我塑造這本書的思考，幫我進行調查、研究與分析，謝謝你們。丹尼・紹斯威像我一樣，對這個主題充滿熱情，幫我領導我們的一些研究，還耗上許多夜晚為我審稿，我必須特別向丹尼申致謝忱。丹尼，你是我的好兄弟。我還要感謝夏農・湯普森（Shannon Thompson）、艾麗莎・拉吉克（Alissa Mrazek）與麥克・拉吉克（Mike Mrazek），謝謝你們為我提供額外分析與文獻探討。艾麗莎與麥克，謝謝你們的可靠與熱心。

我在Growth.com的團隊也不斷鼓勵我，用世界級的專業精神為我們的客戶服務，還教了我許多關於組織卓越方面的知識。謝謝你們，迪恩・格拉吉奧希（Dean Graziosi）與艾森・威利斯（Ethan Willis），謝謝你們領導Growth，把這個團隊建立得這麼出類拔萃。我從你們兩位學得多到數不清的重大人生教訓與業務見解，兩位是我的新導師。我要感謝我們在Growth的第一批領導人，包括迪恩的整個團隊，以及戴蒙・威利斯（Damon Willis）、布萊恩・哈奇（Bryan Hatch）與卡利・伊努耶（Cary Inouye），我以你們為榮。

對於我們遍布全球各地的同儕社群、經認證的高成效教練，謝謝你們的熱忱、奉獻，以及你們為個人與專業發展教練產業帶來的領導。你們是真正的世界一流教練，能與你們共事是我的榮幸。

我也深深感謝所有的讀者、線上學員、社群媒體粉絲，以及各種善意和支持。儘管近年來我獲得一些關注，在投入個人發展教練產業的眾多自我奉獻的學者、專家長流中，我覺得自己只是小小漣漪。如果不是因為讀了許多關於心理學與自我改善主題的書籍，對於人生這門課程，我能夠造成的衝擊真是何其不足為道。我從十九歲起，每週至少讀一本書；從二十八歲起，每天至少讀一篇研究文章；但直到今天，我仍有菜鳥新手的感覺。或許，這種對閱讀的投入，是我這輩子養成的最好習慣。

由於總是有人要我推薦，我在這裡提出一份名單，名單上的人都是我這一行的大師，是塑造我早期思想與人生的人物：戴爾·卡內基（Dale Carnegie）、拿破崙·希爾（Napoleon Hill）、厄爾·南丁格爾（Earl Nightingale）、奧格·曼迪諾（Og Mandino）、諾曼·考辛斯（Norman Cousins）、吉姆·羅恩（Jim Rohn）、約翰·伍登（John Wooden）、偉恩·戴爾（Wayne Dyer）、瑪莉安妮·威廉森（Marianne Williamson）、史蒂芬·柯維（Stephen Covey）、路易斯·海（Louise Hay）、馬歇爾·葛史密斯（Marshall Goldsmith）、布萊恩·崔西（Brian Tracy）、吉格·金克拉（Zig Ziglar）、哈維·麥凱（Harvey Mackay）、彼得·杜拉克（Peter Drucker）、法蘭西斯·賀賽蘋（Frances Hesselbein）、詹姆士·雷德非（James Redfield）、黛比·福特（Debbie

Ford）、丹・米爾曼（Dan Millman）、湯姆・彼得斯（Tom Peters）、雷斯・布朗（Les Brown）、理察・卡爾森（Richard Carlson）、傑克・坎菲爾（Jack Canfield）、羅賓・夏瑪（Robin Sharma）、湯尼・羅賓斯（Tony Robbins）、丹尼爾・亞曼（Daniel Amen）與保羅・科爾賀（Paulo Coelho）等。

我的相關研究，受到好幾位傑出學者與心理學家作品的鼓舞，包括：亞伯拉罕・馬斯洛（Abraham Maslow）、卡爾・羅吉斯（Carl Rogers）、阿爾弗雷瑞・阿德勒（Alfred Adler）、埃里希・佛洛姆（Erich Fromm）、納桑尼爾・布蘭丹（Nathaniel Branden）、奧伯特・班杜拉（Albert Bandura）、理查德・戴維森（Richard Davidson）、羅伊・鮑梅斯特（Roy Baumeister）、芭芭拉・傅雷德里克森（Barbara Fredrickson）、愛德華・戴希（Edward Deci）、理查德・萊恩（Richard Ryan）、米哈里・契克森米哈伊（Mihaly Csikszentmihalyi）、馬丁・塞利格曼（Martin Seligman）、丹尼爾・高曼（Daniel Goleman）、約翰・高特曼（John Gottman）、卡蘿・杜維克（Carol Dweck）、麥克・莫山尼克（Michael Merzenich）、安琪拉・達克沃斯（Angela Duckworth）與安德斯・艾瑞克森（Anders Ericsson）。我只是一個教練，如果你想了解人間條件，進窺學術界登峰造極之作，可以查閱他們的作品。

如果你從線上行銷影片看到關於本書的訊息，那完全是因為我從傑夫・沃克（Jeff Walker）、法蘭克・柯恩（Frank Kern）與其他十幾位了不起的線上訓練師與行銷人那裡學了一些東西所致。許多人教導我，讓我了解如何與人分享我的訊息，許多人幫助我推廣我的作品與使命，我要謝謝你們。誰又知道線上與社群媒體行銷，會成為今天這樣的局面？我要感謝我在這一行的好友，謝謝你們的榜樣、友誼與領導。特別我要感謝：喬・波力士（Joe Polish）、湯尼・羅賓斯、羅賓・夏瑪、彼得・迪亞曼迪斯（Peter Diamandis）、丹尼爾・亞曼、霞琳・強森（Chalene Johnson）、尼克・奧特納（Nick Ortner）、瑪莉・佛萊奧（Marie Forleo）、JJ 維金（JJ Virgin）、蓋比・伯恩斯坦（Gabby Bernstein）、麥特・柏格斯（Mat Boggs）、瑪麗・莫里西（Mary Morrissey）、珍妮特・艾特伍德（Janet Attwood）、克利斯・艾伍德（Chris Attwood）、傑克・坎菲爾、布萊恩・崔西、哈維・麥凱、路易斯・霍艾斯（Lewis Howes）、克里斯・卡爾（Kris Carr）、湯尼・霍頓（Tony Horton）、賴瑞・金（Larry King）、蕭娜・金（Shawna King）、雅莉安娜・哈芬登（Arianna Huffington）、史都華・強森（Stuart Johnson）與歐普拉・溫芙蕾（Oprah Winfrey）。

我要向我遍布全球的教練客戶們致謝，謝謝你們給我機會，謝謝你們給了我這麼多教誨。

感謝我的好友萊恩、傑森、史蒂夫、傑西、戴夫、尼克、史蒂芬，還有所有那些蒙大拿州的灰熊。我愛你們，也想念你們。當其他人沒把我這個有點宅的孩子看在眼裡時，謝謝你們相信我，當我的朋友。

最後，對於所有在我寫這本書的期間——這是我寫作生涯中最長的一段時間——可能感覺遭到我疏忽的朋友、同事、學員與粉絲，我希望你們在看完這本書以後原諒我的疏離。在寫這本書的每一天、每一頁的過程中，你們一直都在我心中。

注釋

前言：卓越，是一種習慣

1. 好幾個作家朋友納悶我為何做出這樣的決定。這個領域過度仰賴公司案例分析來支持論述的書，很快就會變得過時，舉幾個例子也許有幫助。想想詹姆・柯林斯（Jim Collins）的《從A到A+》（*Good to Great*），他在書中舉了非常多有名的企業，包括現在早已破產的電路城（Circuit City）、2007–2008年世界金融危機根源之一的房利美（Fannie Mae），以及同樣被列為「卓越公司」的富國銀行（Wells Fargo），因為盜開帳戶遭罰1.85億美元，解雇了超過五千名相關員工。蓋瑞・哈默爾（Gary Hamel）的傑作《啟動革命》（*Leading the Revolution*）讚揚過安隆（Enron），該公司最高層主管因為主導這起曾為美國史上最大破產醜聞案鋃鐺入獄。湯姆・彼得斯（Tom Peters）的《追求卓越》（*In Search of Excellence*）也列舉了雅達利（Atari）、NCR、王安電腦（Wang Labs）和全錄（Xerox），這些公司都消失了。但是，這幾位優秀作者的論述並非不正確，這只是證明了隨著時空環境改變，績效表現也必然跟著改變。

過度引述公司來舉證，隨著時間過去，書籍內容很容易會變得不可讀。此外，「企業績效」這個用詞，其實並不完全恰當，因為是人在做事，不是公司在做事。綜合這些因素，我選擇避免在這本書中引述公司案例，而是引證績效教練和研究人員的成果來探究個人行為差異，了解為何有些人就是比較成功。基於同樣考量，我在這本書也選擇不彰顯當代傑出人士的表現，雖然就短期來說，這種敘事手法可能比較好讀，但時間一久，同樣會有範例過時的問題。個人也像公司一樣，稍有不慎就會跌落神壇——其實，我們大多數人都有表現不佳的時候，這本書不會有所保留。高成效並非一種人人可一直持續的狀態，所以我選擇強調策略，而不是歌頌現在剛好表現很好的產業巨星。當然，我會在適當之處零星舉例說明，這樣重要的關鍵策略和戰術會比較好讀。我得再說一次，選擇的過程對我來說並不容易，但是知道可以把我想要分享的故事、案例、一些最新的範例分享在網路上，讓我覺得容易多了。我的職涯是藉由幫助人們取得成果而獲得回報，不是藉由採訪人們、了解他們的背景，你也會在這本書中看到這點。如果你喜歡看一些魅力人士的生活風格訪談，可以找一下相關播客或書籍。如果你對我的個人觀點和故事感興趣，可以到 iTunes 找一下我的播客來聽。想要了解更多研究內容，請瀏覽 HighPerformanceInstitute.com。

超越自然：高成效的追求

1. 為了保護客戶和學員，我在本書引述的個案內容會稍作修改，如有雷同純屬巧合。
2. Dweck, C. S. (2008); Dweck, C. S., & Leggett, E. L. (1988).
3. Duckworth, A. L. (2016); Duckworth, A. L., et al. (2015).
4. Ericsson, K. A., & Pool, R. (2016a); Ericsson, K. A. (2014).

5. Munyon, T. P., et al. (2015); Goleman, D., et al. (2013); Goleman, D. (2007).
6. See Bossidy, L., et al. (2011); Seidman, D. (2011).
7. Reivich, K., & Shatté, A. (2002).
8. Ratey, J. J., & Hagerman, E. (2008).
9. 想了解最新的方法報告，請瀏覽HighPerformance Institute.com。
10. 針對這九項因素有更深入的學術討論，請造訪HighPeformance Institute.com/research。

習慣1：追求清晰

1. Campbell, J. D., et al. (1996).
2. Locke, E. A., & Latham, G. P. (2002).
3. Gollwitzer, P. M., & Brandstätter, V. (1997).
4. Gollwitzer, P. M. (1999); Gollwitzer, P. M., & Oettingen, G. (2016).
5. Torrance, E.P. (1983).
6. 當然，有人可能認為，回答得較快、聽起來更有信心，不必然就代表更清晰，也許受訪者根本沒有認真思考過這些問題，可能只是隨便丟一些答案出來，或是比較外向一點，可以快速主張自己的想法。但是，我比對他們的HPI得分與訪談回覆得到的發現並非如此（舉例來說，HPI評估問及創意、自信等項目，很多人這兩項的評估結果較差，但仍然回答得較快、較有信心。）整體而言，高成效評分與創意或性格自述並無強烈相關，所以回答的速度和語調可能只表示受訪者先前想過類似問題。但關於這點，未來還需要更正式的研究證實。

7. Goleman, D. (1998); Goleman, D., et al. (2001, 2013).

8. Boggs, M., & Miller, J. (2008).

9. Gottman, J., & Silver, N. (1995, 2015).

10. 實徵研究支持這種心態。舉例來說，一個人可以將感受到的焦慮詮釋為壓力或興奮，並且體驗到那個選擇帶來的不同好處與結果。See Crum, A. J., et al. (2013).

11. Kleinginna, P. R., & Kleinginna, A. M. (1981); Lang, P. J. (2010); Damasio, A. R. (1999).

12. 我在這裡使用「反應」（reaction），指的是對現實世界刺激（例如：看到或感覺到）的反應，也指對內在預期的反應。當我們預期某件事快要發生或可能發生，情緒會受到甘擾，那情緒是預期的反應或結果。

13. See Barrett, L. F. (2017, 2017).

14. For a broader view of emotions, see Lewis, M., et al. (2010).

15. Ryff, C. D., & Singer, B. (1998); Markman, K. D., et al. (2013).

16. For a broader general discussion on meaning, start with MacKenzie, M. J., & Baumeister, R. (2014); Wrzesniewski, A. (2003); Rosso, B. D., et al. (2010).

17. Steger, M. F., et al. (2006).

18. Sun, J., et al. (2017).

19. Stillman, T. F., et al. (2009).

20. Debats, D. L. (1999); Lambert, N. M., et al. (2010); Markman, K. D., et al. (2013).

21. 安全感相關討論參見：Yousef, D. A. (1998)；自主性相關討論參見：Herzberg, F., et al. (1969)；平衡意識相關討論參見：Thompson, C. A., & Prottas, D. J. (2006)。

22. Martela, F., & Steger, M. F. (2016).

習慣2：激發活力

1. See also Koball, H. L., et al. (2010).
2. 顯著相關（r= .63）。
3. Ogden, C. L., et al. (2015).
4. 最新建議可瀏覽：https://www.cdc.gov/physicalactivity/basics/adults.
5. American Psychological Association (2015).
6. American Psychological Association (2016).
7. Seppala, E., & Cameron, K. (2015); Harter, J. K., et al. (2003); Danna, K., & Griffin, R. W. (1999).
8. Ghosh, S., et al. (2013). Issa, G., et al. (2010); Tafet, G. E., et al. (2001); Isovich, E., et al. (2000).
9. 更多關於焦慮和福祉的相關討論，參見：Grossman, P., et al. (2004)；Brown, K. W., & Ryan, R. M. (2003)。更多關於創意的相關討論，參見Horan, R. (2009)。
10. Valentine, E. R., & Sweet, P. L. (1999).
11. 有些人可能注意到「釋放緊張，設定意圖」的方法更像是放鬆技巧，而不是冥想練習，我沒有意見，因為兩者都可能帶來很好的效果。參見Jain, S., et al. (2007)的對照試驗，冥想稍微勝出。想了解冥想的正向神經效果，特別是針對專注力，可參考Hasenkamp, W., & Barsalou, L. W. (2012)。想了解冥想收到的負面評價，可參考Sedlmeier, P., et al. (2012)。
12. Miller, J. J., et al. (1995).
13. Lyubomirsky, S., et al. (2005).
14. Bryan, T., & Bryan, J. (1991).
15. Sy, T., et al. (2005); Staw, B. M., & Barsade, S. G. (1993).

16. Isen, A. M., et al. (1991).

17. Isen, A. M., & Levin, P. F. (1972); Isen, A. M., et al. (1976).

18. Davidson, R. J., et al. (2000).

19. Lemonick, M. D. (2005).

20. 這種方法稱為「心理對照和執行意圖」(Mental-Contrasting and Implementation Intentions, MCII),在目標達成科學中是廣為研究的做法。你想著你想要的成果,再想像可能會出現的阻力或障礙,然後設定意圖,克服這些阻力或障礙。有趣的是,光是視覺化想像你想要的,與目標達成通常有負相關。但是,視覺化你想要的成果,並且設想一套計畫克服阻力或障礙,與目標達成有高度相關。參見Duckworth, A. L., et al. (2011a) and Oettingen, G., et al. (2001)。想了解第三人稱自我對話的相關討論,可參考Kross, E., et al. (2014)。

21. Lemonick, M. D. (2005).

22. Schirmer, A., et al. (2011); Hertenstein, M. J., et al. (2009).

23. Emmons, R. A. (2000).

24. Seligman, M. E., et al. (2005).

25. See Pilcher, J. J., & Huffcutt, A. J. (1996); Benca, R. M., et al. (1992); Cappuccio, F. P., et al. (2008).

26. 想獲得更深入的認識,可從這裡開始:Blazer, D. G., & Hernandez, L. M. (2006)。

27. Cotman, C. W., & Berchtold, N. C. (2002).

28. Ibid.

29. Tomporowski, P. D. (2003); Tenenbaum, G., et al. (1993).

30. Foley, T. E., & Fleshner, M. (2008); Ratey, J. J., & Hagerman, E. (2008).

31. Castelli, D. M., et al. (2007); Kramer, A. F., & Hillman, C. H. (2006); Sibley, B. A., & Etnier, J. L. (2003).

32. Ratey, J. J., & Hagerman, E. (2008); Penninx, B. W., et al. (2002); Chen, C., et al. (2016).

33. Jacobs, B. L. (1994); Jacobs, B. L., & Azmitia, E. C. (1992); Ratey, J. J., & Hagerman, E. (2008).

34. Rethorst, C. D., et al. (2009); Jacobs, B. L. (1994); Jacobs, B. L., & Azmitia, E. C. (1992); Ratey, J. J., & Hagerman, E. (2008); Chaouloff, F., et al. (1989).

35. Anderson, E., & Shivakumar, G. (2015); Sparling, P. B., et al. (2003).

36. Obesity stats: Davis, C., et al. (2004). Excess consumption: McCrory, M. A., et al. (2002).

37. Davis, C., et al. (2004).

38. 論營養與生產力的連結，可參見：Hoddinott, J., et al. (2008)；Thomas, D., & Frankenberg, E. (2002)；Strauss, J., & Thomas, D. (1998)。

39. Behrman, J. R. (1993).

40. 有很多因素說明為什麼，參見：Grawitch, M. J., et al. (2006)；Wright, T. A., & Cropanzano, R. (2000)。

41. Seen at http://www.apa.org/news/press/releases/2016/06/workplace-well-being.aspx.

習慣3：提高必要性

1. See Deci, E. L., & Ryan, R. M. (2010, 2002); Koestner, R. (1996).

2. Locke, E. A., & Latham, G. P. (2002).

3. 自我監督和其他反饋機制是這種成果的關鍵。See Bandura, A., & Cervone, D. (1983).
4. See Bandura, A. (1991).
5. See Harkin, B., et al. (2016).
6. Teixeira, P. J., et al. (2015).
7. Frost, R. O., & Henderson, K. J. (1991).
8. 從運動、音樂到一般日常，在很多生活情況中，這點皆為真。See Beilock, S. L., & Carr, T. H. (2001); Wan, C. Y., & Huon, G. F. (2005).
9. Locke, E. A., & Latham, G. P. (2002).
10. Ryan, R. M., & Deci, E. L. (2000a, 2000b).
11. Ericsson, K. A., et al. (1993). Duckworth, A. L., et al. (2011a, 2011b).
12. See the full findings at HighPerformanceInstitute.com/research.
13. 舉例來說，Baumeister, R. F. (1984) 將「壓力」定義為：「任何因素或因素的結合，加強在特定場合表現良好的重要性。」關於高成效研究，我對「外在力量」的定義更廣，不只是單一特定場合或事件，我把它們視為互補的動機或活動，原本就很重要。「外在力量」可能根本不會加強良好表現的重要性，而是讓原本已經重要的活動更社會化或更具個人意義。
14. 事實上，這項陳述無法有意義地預測任何領域的高得分或高成效的其他預測變數。與這項陳述有關的兩件事是你不想要的，最顯著相關的是「我比同儕應付更多壓力」（有顯著性差異但關係薄弱），其次是「大家不明白我有多努力工作」（同樣有顯著性差異，但關係非常薄弱。）

15. 我承認在原文中交替使用duty、obligation、responsibility泛指「責任」，有些人可能會有不同意見，我必須向各地的語言學家和哲學家致歉，特別是Hume和Kant。想了解這些主題的相關哲學論述，參見Schneewind, J. B. (1992); Feinberg, J. (1966); Brandt, R. B. (1964); Wand, B. (1956)。我這裡的目標只是想表達高成效人士實際的說法，他們如何描述「應該⋯⋯」的整體感覺，以及他們為什麼「必須」做到。

16. See Lerner, J. S., & Tetlock, P. E. (1999); Crown, D. F., & Rosse, J. G. (1995); Forward, J., & Zander, A. (1971); Humphreys, M. S., & Revelle, W. (1984). For a wide-ranging discussion on how individual judgment and choice can be shaped by accountability, see Tetlock, P. E. (1992).

17. For multiple perspectives and mechanisms on this, including pros and cons, see Rummler, G. A., & Brache, A. P. (1995); Dubnick, M. (2005); Frink, D. D., & Ferris, G. R. (1998).

18. Fuligni, A. J. (2001).

19. Cunningham, G. B. (2006); Sulsky, L. M. (1999).

20. 這裡的「高成效人士」是在生產力項目得分4.4、HPI整體評估得分4.2以上的人。（生產力只是HPI評估的一個領域，全部評估包含超過了一百項變數。）

21. Leroy, S. (2009).

22. Csikszentmihalyi, M., & Rathunde, K. (1993); Csikszentmihalyi, M. (1975, 1997); Csikszentmihalyi, M., et al. (2005).

23. 在過去五年的調查中，我們從未見過高成效與常見性格描述（五大性格特質）有顯著相關，現代組織研究似乎證實了這點。近期一項研究發現，高成效CEO更可能是內向者，而不是外向者。See Botelho, E. L., et al. (2017).

For a full discussion on why introverts get shortchanged, see Cain, S. (2013). 更廣義來說，關於成功，個性特質只有非常有限的預測效度。See Barrick, M. R., & Mount, M. K. (1991); Duckworth, A. L., et al. (2007); Morgeson, F. P., et al. (2007). 觀察個性與成就的統合分析，賓州大學心理學教授、麥克阿瑟獎得主安琪拉・達克沃斯（Angela Duckworth）發現，「任何個性特質頂多影響成就表現的不到2%差異。」See Duckworth, A. L., et al. (2007).

24. Schimel, J., et al. (2004).

25. Pury, C. L., et al. (2007); Pury, C. L., & Kowalski, R. M. (2007).

26. See Christakis, N. A., & Fowler, J. H. (2008b). On sleep, see Mednick, S. C., et al. (2010); on the food you eat, Pachucki, M. A., et al. (2011); on economic behavior, O'Boyle, E. (2016).

27. On smoking, see Christakis, N. A., & Fowler, J. H. (2008a); on obesity, Christakis, N. A., & Fowler, J. H. (2007); on loneliness, Cacioppo, J. T., et al. (2009); on depression, Rosenquist, J. N., et al. (2011); on divorce, McDermott, R., et al. (2013); on drug use, Mednick, S. C., et al. (2010).

28. On happiness, see Christakis, N. A., & Fowler, J. H. (2008b); on prosocial behavior, see Fowler, J. H., & Christakis, N. A. (2010).

29. Coyle, D. (2009); Chambliss, D. F. (1989).

30. Christakis, N. A., & Fowler, J. H. (2009).

31. Felitti, V. J., et al., (1998).

32. Danese, A., & McEwen, B. S. (2012).

33. Lee, T. (2016); Kristof, N. (2016); Dunlap, E., et al. (2009).

34. Dweck, C. S. (2014).

35. Claro, S., et al. (2016).

36. Duckworth, A. L. (2016); Seligman, M. E. P. (2012).

37. Beck, J. S. (2011); Begley, S., & Davidson, R. (2012); Butler, A. C., et al. (2006); Seligman, M. E. P. (1990).

38. 很多人可能會說：「那一定是因為他們是外向的人」，並非如此。高成效與個性特質並不密切相關，這些做法也不一定只有外向的人會採取。相反地，不論個性如何，親社會行為和試圖與更高層級的人工作或結識，與對成長的渴望、成就和貢獻密切連結。

39. US Department of Labor (2016). Release available at https://www.bls.gov/news.release/volun.nr0.htm.

40. 關於競爭與它對勝敗和人生的影響，寫的最好的也許是：Bronson, P., & Merryman, A. (2013)。

習慣4：增加生產力

1. 我們的研究發現，與一般受訪者相比，感覺自己比同儕付出更多的人，並未比較可能有生產力。對那些覺得自己正在創造差異的人來說，這點也是一樣。也就是說，願意付出或創造差異，與生產力並無顯著相關。施予者可能很有心，未必能夠有始有終。

2. Csikszentmihalyi, M. (1996); Locke, E. A., & Latham, G. P. (1990).

3. Cerasoli, C. P., et al. (2014).

4. Weldon, E., et al. (1991); Locke, E. A., & Latham, G. P. (1990).

5. On nutrition, see Hoddinott, J., et al. (2008); on exercise, see Cotman, C. W., & Berchtold, N. C. (2002).

6. For nutrition and productivity connections, see Hoddinott, J., et al. (2008); Thomas, D., & Frankenberg, E. (2002); Strauss, J., & Thomas, D. (1998).
7. Lyubomirsky, S., et al. (2005).
8. Lyubomirsky, S., et al. (2005).
9. Sgroi, D. (2015).
10. See LexisNexis (2010).
11. See http://www.nytimes.com/2013/05/05/opinion/sunday/a-focus-on-distraction.html.
12. Lavie, N. (2010).
13. On optimal performance, see Ericsson, K. A., et al. (1993); on quality of work, see Newport, C. (2016).
14. Leroy, S. (2009).
15. Mark, G., et al. (2005).
16. 沒錯，根據《紐約時報》，在2016年6月美國人平均就是看那麼多小時的電視。See Koblin, J. (2016).
17. 主管表示整體福祉提升了19%，工作生活平衡感提升了24%。針對兩個主題（整體福祉與工作生活平衡），我們問了五個問題，受訪者從1到10分為自己打分數。增加的百分比數值，是一群16個人在六週之後的平均值。這是一項非正式的調查，我們正致力於更大型的研究。
18. Immordino-Yang, M. H., et al. (2012).
19. See https://www.fastcompany.com/3035605/how-to-be-a-success-at-everything/the-exact-amount-of-time-you-should-work-every-day.
20. Trougakos, J. P., & Hideg, I. (2009); Trougakos, J. P., et al.

(2008).

21. Trougakos, J. P., et al. (2014).
22. Berman, M. G., et al. (2008).
23. Garrett, G., et al. (2016).
24. Carter, E. C., et al. (2015).
25. See Levitin, D. J. (2014).
26. Schwartz, T., & McCarthy, C. (2007).
27. See https://www.fastcompany.com/3035605/how-to-be-a-success-at-everything/the-exact-amount-of-time-you-should-work-every-day.
28. Ericsson, K. A., et al. (1993).
29. Simonton, D. K. (1988).
30. Chui, M., et al. (2012).
31. Whittaker, S., et al. (2011, May).
32. 想了解專家產業運作，可參考我的前著《富豪信使》。
33. Senécal, C., et al. (1995).
34. Wood, R., & Locke, E. (1990).
35. Weldon, E., & Weingart, L. R. (1993); Weldon, E., et al. (1991).
36. Masicampo, E. J., & Baumeister, R. F. (2011).
37. 舉例來說，傳奇四分衛湯姆・布雷迪把所有練習和健身計畫完美搭配他的年紀進行。當我在編撰這本書時，他領導新英格蘭愛國者隊贏得第51屆超級盃，打破了多項NFL紀錄。了解更多布雷迪的執著追求：https://www.si.com/nfl/2014/12/10/tom-brady-new-england-patriots-age-fitness。

38. Grugulis, I., et al. (2017).

39. See Dweck, C. S. (2008); Duckworth, A. L. (2016); and Ericsson, K. A., & Poole, R. (2016a).

40. Ericsson, K. A., & Pool, R. (2016c).

41. 我最愛的一篇是：Safire, W. (2004)。

習慣5：發展影響力

1. 在兩項分開進行的調查，「我比同儕付出更多」的陳述與影響力都未達顯著相關（高於r＝.20）。樣本數都不小，第一項研究包括來自140國8,826位高成效人士（63%是女性），第二項研究則是來自50國4,626位高成效人士（67%是女性）。

2. (r = .45).

3. 在同樣的兩項調查中，「我比同儕更有創意」的陳述與影響力的相關係數為.17和.19，未達顯著相關。

4. 在同樣的兩項調查中，我們發現了這點。

5. 對影響力主題感興趣的讀者，尤其是主張自己無法取得影響力的人，必讀Munyon, T. P., et al. (2015)。想了解「政治技巧」如何有利於晉升，參考Gentry, W. A., et al. (2012)。

6. Flynn, F. J., & Bohns, V. K. (2012).

7. Savitsky, K., et al. (2001).

8. Jecker, J., & Landy, D. (1969).

9. Weaver, K., et al. (2007).

10. Marquardt, M. J. (2011); Kouzes, J. M., & Posner, B. Z. (2011); Kanter, R. M. (1999); Nanus, B. (1992).

11. Grant, A. (2013).

12. Cialdini, R. B. (2007); Regan, D. T. (1971).

13. Bolman, L. G., & Deal, T. E. (2003).

14. https://www.apaexcellence.org/assets/general/2016-work-and-wellbeing-survey-results.pdf.

15. Grant, A. M., & Gino, F. (2010).

習慣6：展現勇氣

1. 平均來說，女性在勇氣這一項的得分「稍微」高於男性，但由於數值差異非常小、樣本數非常大，所以不是顯著差異。在我們的教練干預中，男女性對勇氣相關問題的答覆，沒有可衡量的差異。

2. 一項調查的數據是：喜愛克服挑戰r = .45；認為自己很果斷r = .45；認為自己有自信r = .49；認為自己是高成效人士r = .41；認為自己比同儕更成功r = .40；對人生整體而言感到快樂、滿意r = .41。

3. Rachman, S. J. (2010).

4. 「不是無畏」參見Rachman, S. J. (2010)；「儘管恐懼，仍然採取行動」參見Norton & Weiss (2009)。

5. Rachman, S. (1990); Macmillan & Rachman (1988).

6. 「拆彈專家、士兵」參見Cox, D., et al. (1983)；「太空人」參見Ruff & Korchin (1964)。

7. Rachman, S. (1990).

8. Pury, C. L., & Lopez, S. J. (2010).

9. 這個個人觀點與此回顧的發現一致：Rate, C. R., et al. (2007)。

10. Pury, C. L., et al. (2015); Pury, C. L., & Starkey, C. B. (2010).

11. Pury, C. L., & Hensel, A. D. (2010).

12. Dweck, C. S. (2008).

13. Dweck, C. S., & Leggett, E. L. (1988).

高成效殺手：謹防三大陷阱

1. Nickerson, R. S. (1998).
2. 毫不令人意外，有優越感的人更可能會將他們的成功（與他人的「失敗」）歸因於諸如個性、天賦、IQ或高顏值等「永久特質」。參見Tracy, J. L., et al. (2009)。
3. See Ericsson, K. A., & Pool, R. (2016a, 2016b & 2016c).
4. 諷刺的是，有優越感傾向的人比其他人的情緒更容易不穩定。覺得自己比別人好的人，也覺得自己獲得較少支持、與其他人較少連結。參見Tracy, J. L., et al. (2009)。
5. Wright, J. C., et al. (2017).
6. Kruse, E., et al. (2014).
7. 你也許還記得前文提過一項針對超過二十七萬五千人的統合分析發現，快樂帶來許多正向結果，例如：較長壽、較少生病、財務上更成功、婚姻更美滿、人際關係更好、工作更有生產力和充實感，以及更大的社會影響力。參見Lyubomirsky, S., et al. (2005)。
8. Grzegorek, J., et al. (2004); Rice, K. G., et al. (2003).
9. Frost, R. O., & Henderson, K. J. (1991).
10. Hewitt, P. L., & Flett, G. L. (2002).
11. See Rozin, P., & Royzman, E. B. (2001).
12. Hanson, R. (2013); Lykken, D. (2000).
13. Diener, E., & Biswas-Diener, R. (2011); Lyubomirsky, S., et al. (2005).

14. Fredrickson, B. (2004).
15. Csikszentmihalyi, M. (1997); Stavrou, N. A., et al. (2007).
16. Samuels, C. (2009).
17. Marano, H. E. (1999); Elkind, D. (2007); Gil, E. (2012).
18. 關於堅持不懈過久對健康的代價，參見Miller, G. E., & Wrosch, C. (2007)；關於偏執和其他個人問題，參見Kashdan, T. (2017)。
19. Bonebright, C. A., et al. (2000).

頭等大事

1. 信心與整體高成效達顯著相關（r = .59），可預測35％的高成效變異。信心與所有HP6都相關：清晰 r = .53（信心預測28％的清晰變異）；活力 r = .47（信心預測22％的活力變異）；生產力 r = .44（信心預測19％的生產力變異）；影響力 r = .41（信心預測17％的影響力變異）；必要性 r = .37（信心預測13％的必要性變異）；勇氣r = .49（信心預測24％的勇氣變異）。
2. 「整體而言，我滿意我的生活」（r = .42），信心預測18％的變異。「我喜愛克服挑戰」（r = .44），信心預測19％的變異。「我覺得我在創造不同」（r = .46），信心預測21％的變異。
3. 一般常說的「自信」和「自我效能」有區別，前者通常被視為對個人價值和能力的整體評價，後者則是相信一個人有能力在特定任務或情境中表現良好。不過，高成效人士不會特意區分，這種區分整體而言比較屬於學術性質，但這裡會交換使用。進一步了解自我效能，可參見Bandura, A. (1980); Stajkovic, A. D., & Luthans, F. (1998)。
4. Shoji, K., et al. (2016).

5. Duff, D. C. (2010).
6. 這通常是「自我效能」的表現，參見Bandura, A. (1980, 1982, 1991); Bandura, A., & Cervone, D. (1983)。
7. Botelho, E. L., et al. (2017).
8. Sheldon, K. M., et al. (2015).

參考文獻

Accenture (2009). *Untapped potential: Stretching toward the future. International women's day 2009 global research results.* Retrieved from https://www.in.gov/icw/files/Accenture_Research.pdf

Aggerholm, K. (2015). *Talent development, existential philosophy and sport: On becoming an elite athlete.* New York, NY: Routledge.

Amen, D. G. (2015). *Change your brain, change your life: The breakthrough program for conquering anxiety, depression, obsessiveness, lack of focus, anger, and memory problems.* New York, NY: Harmony.

American Psychological Association (2015). *Stress in America: Paying with our health.* Retrieved from http://www.apa.org/news/press/releases/stress/2014/stress-report.pdf

American Psychological Association (2016). *2016 Work and well-being survey.* Retrieved from http://www.apaexcellence.org/assets/general/2016-work-and-wellbeing-survey-results.pdf

Anderson, E., & Shivakumar, G. (2015). Effects of exercise and physical activity on anxiety. Progress in physical activity and exercise and affective and anxiety disorders: translational studies, perspectives and future directions. *Frontiers in Psychiatry, 4, 27.* Retrieved from http://journal.frontiersin.org/article/10.3389/fpsyt.2013.00027/full

Aronson, J. (1992). Women's sense of responsibility for the care of old people: "But who else is going to do it?" *Gender & Society, 6*(1), 8–29.

Artz, B., Goodall, A. H., & Oswald, A. J. (2016). Do women ask? *IZA Discussion Papers.* No. 10183. Retrieved from https://www.econstor.eu/bitstream/10419/147869/1/dp10183.pdf

Bandura, A. (1980). Gauging the relationship between self-efficacy judgment and action. *Cognitive Therapy and Research, 4,* 263–268.

Bandura, A. (1982). Self-efficacy mechanism in human agency. *American Psychologist, 37*(2), 122.

Bandura, A. (1991). Social cognitive theory of self-regulation. *Organizational Behavior and Human Decision Processes, 50*(2), 248–287.

Bandura, A., & Cervone, D. (1983). Self-evaluative and self-efficacy mechanisms governing the motivational effects of goal systems. *Journal of Personality and Social Psychology, 45*(5), 1017.

Barnwell, B. (2014, August 27). The it factor. *Grantland.* Retrieved from http://grantland.com/features/it-factor-nfl-quarterback-intangibles

Barrett, L. F. (2017). The theory of constructed emotion:

an active inference account of interoception and categorization. *Social Cognitive and Affective Neuroscience, 12*(1), 1–23.

Barrett, L. F. (2017). *How emotions are made: The secret life of the brain.* New York, NY: Houghton Mifflin Harcourt.

Barrick, M. R., & Mount, M. K. (1991). The big five personality dimensions and job performance: a meta-analysis. *Personnel Psychology, 44*(1), 1-26.

Batty, G. D., Deary, I. J., & Gottfredson, L. S. (2007). Premorbid (early life) IQ and later mortality risk: Systematic review. *Annals of Epidemiology, 17*(4), 278–288.

Baumeister, R. F. (1984). Choking under pressure: Self-conscious and paradoxical effects of incentives on skillful performance. *Journal of Personality and Social Psychology, 46*(3), 610–620.

Bayer, A. E., & Folger, J. (1966). Some correlates of a citation measure of productivity in science. *Sociology of Education, 39*, 381–390.

Beck, J. S. (2011). *Cognitive behavior therapy: Basics and beyond.* New York, NY: Guilford Press.

Begley, S., & Davidson, R. (2012). *The emotional life of your brain: How its unique patterns affect the way you think, feel, and live—and how you can change them.* New York, NY: Penguin.

Behrman, J. R. (1993). The economic rationale for investing in nutrition in developing countries. *World Development, 21*(11), 1749–1771.

Beilock, S. L., & Carr, T. H. (2001). On the fragility of skilled performance: What governs choking under pressure? *Journal of Experimental Psychology: General, 130*(4), 701.

Benca, R. M., Obermeyer, W. H., Thisted, R. A., & Gillin, J. C. (1992). Sleep and psychiatric disorders: A meta-analysis. *Archives of General Psychiatry, 49*(8), 651–668.

Berman, M. G., Jonides, J., & Kaplan, S. (2008). The cognitive benefits of interacting with nature. *Psychological Science, 19*(12), 1207–1212.

Blackwell, L., Dweck, C., & Trzesniewski, K. (2007). Achievement across the adolescent transition: A longitudinal study and an intervention. *Child Development, 78*(1), 246–263.

Blazer, D. G., & Hernandez, L. M. (Eds.). (2006). *Genes, behavior, and the social environment: Moving beyond the nature/nurture debate.* Washington, DC: National Academies Press.

Bloom, B. S. (1985). The nature of the study and why it was done. In B. S. Bloom (Ed.), *Developing talent in young people* (pp. 3–18). New York, NY: Ballantine.

Bolman, L. G., & Deal, T. E. (2003). *Reframing organizations: Artistry, choice, and leadership.* Hoboken, NJ: John Wiley & Sons.

Boggs, M., & Miller, J. (2008). *Project everlasting.* New York, NY: Fireside.

Bonebright, C. A., Clay, D. L., & Ankermann, R. D. (2000). The relationship of workaholism with work-life conflict, life satisfaction, and purpose in life. *Journal of Counseling Psychology, 47*(4), 469–477.

Borjas, G. J. (1990). *Friends or strangers: The impact of immigrants on the US economy.* New York, NY: Basic Books.

Bossidy, L., Charan, R., & Burck, C. (2011). *Execution: The discipline of getting things done.* New York, NY: Random House.

Botelho, E. L., Powell, K. R., Kinkaid S., Wang, D. (2017). What sets successful CEOs apart. *Harvard Business Review,* May–June, 70–77.

Brandt, R. B. (1964). The concepts of obligation and duty. *Mind, 73*(291), 374- 393.

Bronson, P., & Merryman, A. (2013). *Top dog: The science of winning and losing.* New York, NY: Random House.

Brown, K. W., & Ryan, R. M. (2003). The benefits of being present: Mindfulness and its role in psychological well-being. *Journal of Personality and Social Psychology, 84*(4), 822.

Bryan, T., & Bryan, J. (1991). Positive mood and math performance. *Journal of Learning Disabilities, 24,* 490–494.

Burt, C. (1966). The genetic determination of differences in intelligence: A study of monozygotic twins reared together and apart. *British Journal of Psychology, 57*(12), 137–153.

Butler, A. C., Chapman, J. E., Forman, E. M., & Beck, A. T. (2006). The empiri- cal status of cognitive-behavioral therapy: A review of meta-analyses. *Clinical Psychology Review, 26*(1), 17–31.

Cacioppo, J. T., Fowler, J. H., & Christakis, N. A. (2009). Alone in the crowd: The structure and spread of loneliness in a large social network. *Journal of Personality and Social Psychology, 97,* 977–991.

Cain, S. (2013). *Quiet: The power of introverts in a world that can't stop talking.* New York, NY: Broadway Books.

Campbell, J. D., Trapnell, P. D., Heine, S. J., Katz, I. M., Lavallee, L. F., & Lehman, D. R. (1996). Self-concept clarity: Measurement, personality correlates, and cultural boundaries. *Journal of Personality and Social Psychology, 70*(1), 141.

Cappuccio, F. P., Taggart, F. M., Kandala, N., Currie, A., Peile, E., Stranges, S., & Miller, M. A. (2008). Meta-analysis of short sleep duration and obesity in children and adults. *SLEEP, 31*(5), 619.

Capron, C., & Duyme, M. (1989). Assessment of the effects of socio-economic status on IQ in a full cross-fostering study. *Nature, 340,* 552–554.

Carter, E. C., Kofler, L. M., Forster, D. E., & McCullough, M. E. (2015). A series of meta-analytic tests of the depletion effect: Self-control does not seem to rely on a limited resource. *Journal of Experimental Psychology: General, 144*(4), 796–815.

Caspi, A., Roberts, B. W., & Shiner, R. L. (2005). Personality development: Stability and change. *Annual Review of Psychology, 56,* 453–484. Retrieved from http://dx.doi.org/10.1146/annurev.psych.55.090902.141913

Castelli, D. M., Hillman, C. H., Buck, S. M., & Erwin, H. E. (2007). Physical fitness and academic achievement in third- and fifth-grade students. *Journal of Sport and Exercise Psychology, 29*(2), 239–252.

Center for Behavioral Health Statistics and Quality. (2015). *Behavioral health trends in the United States: Results from the 2014 national survey on drug use and health* (HHS Publication no. SMA 15-4927, NSDUH Series H-50). Retrieved from https://www.samhsa.gov/data/sites/default/

files/NSDUH-FRR1-2014/ NSDUH-FRR1-2014.htm

Center for Behavioral Health Statistics and Quality. (2016). *Key substance use and mental health indicators in the United States: Results from the 2015 national survey on drug use and health*. Retrieved from https://www.samhsa.gov/data/sites/default/files/NSDUH-FFR1-2015/NSDUH-FFR1-2015/NSDUH-FFR1-2015.pdf

Cerasoli, C. P., Nicklin, J. M., & Ford, M. T. (2014). Intrinsic motivation and extrinsic incentives jointly predict performance: A 40-year meta-analysis. *Psychological Bulletin, 140*(4), 980.

Chambliss, D. F. (1989). The mundanity of excellence: An ethnographic report on stratification and Olympic swimmers. *Sociological Theory, 7*(1), 70–86.

Chaouloff, F., Laude, D., & Elghozi, J. (1989). Physical exercise: Evidence for differential consequences of tryptophan on 5-HT synthesis and metabolism in central serotonergic cell bodies and terminals. *Journal of Neural Transmission, 78*(2), 1435–1463.

Chen, C., Nakagawa, S., Kitaichi, Y., An, Y., Omiya, Y., Song, N., . . . & Kusumi, I. (2016). The role of medial prefrontal corticosterone and dopamine in the antidepressant-like effect of exercise. *Psychoneuroendocrinology, 69*, 1–9.

Christakis, N. A., & Fowler, J. H. (2007). The spread of obesity in a large social network over 32 years. *New England Journal of Medicine, 357*(4), 370–379. doi:10.1056/NEJMsa066082

Christakis, N. A., & Fowler, J. H. (2008a). The collective dynamics of smoking in a large social network. *New England Journal of Medicine, 358*, 2249–2258. doi:10.1056/NEJMsa0706154

Christakis, N. A., & Fowler, J. H. (2008b). Dynamic spread of happiness in a large social network: Longitudinal analysis over 20 years in the Framingham Heart Study. *British Medical Journal, 337*(a2338), 1–9. doi:10.1136/bmj.a2338

Christakis, N. A., & Fowler, J. H. (2009). *Connected: The surprising power of our social networks and how they shape our lives.* New York, NY: Little, Brown and Company.

Christakis, N. A., & Fowler, J. H. (2013). Social contagion theory: Examining dynamic social networks and human behavior. *Statistics in Medicine, 32*(4), 556–577.

Chui, M., Manyika, J., Bughin, J., Dobbs, R., Roxburgh, C., Sarrazin, H., . . . & Westergren, M. (2012, July). The social economy: Unlocking value and productivity through social technologies. *McKinsey Global Institute.*

Cialdini, R. B. (2007). *Influence: The psychology of persuasion.* New York, NY: Harper Collins.

Claro, S., Paunesku, D., & Dweck, C. S. (2016). Growth mindset tempers the effects of poverty on academic achievement. *Proceedings of the National Academy of Sciences, 113*(31), 8664–8668.

Cole, J. R., & Cole, S. (1973*). Social stratification in science.* Chicago, IL: University of Chicago Press.

Columbia University, CASA. (2012, July). *Addiction medicine: Closing the gap between science and practice.* Retrieved from www.centeronaddiction.org/download/file/fid/1177

Connor, K. M., & Davidson, J. R. T. (2003). Development of a new resilience scale: The Connor-Davidson Resilience Scale (CD-RISC). *Depression and Anxiety, 18,* 76–82.

Cotman, C. W., & Berchtold, N. C. (2002). Exercise: A

behavioral intervention to enhance brain health and plasticity. *Trends in Neurosciences, 25*(6), 295–301.

Cox, D., Hallam, R., O'Connor, K., & Rachman, S. (1983). An experimental analysis of fearlessness and courage. *British Journal of Psychology, 74,* 107–117.

Coyle, D. (2009). *The talent code: Greatest isn't born. It's grown. Here's how.* New York, NY: Bantam.

Crown, D. F., & Rosse, J. G. (1995). Yours, mine, and ours: Facilitating group productivity through the integration of individual and group goals. *Organizational Behavior and Human Decision Processes, 64,* 138–150.

Crum, A. J., Salovey, P., & Achor, S. (2013). Rethinking stress: The role of mindsets in determining the stress response. *Journal of Personality and Social Psychology, 104*(4), 716.

Crust, L., & Clough, P. J. (2011). Developing mental toughness: From research to practice. *Journal of Sport Psychology in Action, 2*(1), 21–32.

Csikszentmihalyi, M. (1975). *Beyond boredom and anxiety.* San Francisco, CA: Jossey-Bass.

Csikszentmihalyi, M. (1996). *Creativity: Flow and the psychology of discovery and invention.* New York, NY: Harper Collins.

Csikszentmihalyi, M. (1997). *Finding flow: The psychology of engagement with everyday life.* New York, NY: Basic Books.

Csikszentmihalyi, M., Abuhamdeh, S., & Nakamura, J. (2005). Flow. In A. Elliot (Ed.), *Handbook of competence and motivation* (pp. 598–698). New York, NY: Guilford Press.

Csikszentmihalyi, M., & Rathunde, K. (1993). The measurement of flow in everyday life: Toward a theory of emergent motivation. In J. E. Jacobs (Ed.), *Developmental perspectives on motivation: Volume 40 of the Nebraska Symposium on Motivation* (pp. 57–97). Lincoln, NE: University of Nebraska Press.

Culture. (2016). In *Merriam-Webster's online dictionary* (11th ed.) Retrieved from http://www.merriam-webster.com/dictionary/culture

Cunningham, G. B. (2006). The relationships among commitment to change, coping with change, and turnover intentions. *European Journal of Work and Organizational Psychology, 15*(1), 29–45.

Damasio, A. R. (1999). *The feeling of what happens: Body and emotion in the making of consciousness.* Boston, MA: Houghton Mifflin Harcourt.

Danese, A., & McEwen, B. S. (2012). Adverse childhood experiences, allostasis, allostatic load, and age-related disease. *Physiology & Behavior, 106*(1), 29–39.

Danna, K., & Griffin, R. W. (1999). Health and well-being in the workplace: A review and synthesis of the literature. *Journal of Management, 25*(3), 357–384.

Davidson, R. J., Jackson, D., & Kalin, N. H. (2000). Emotion, plasticity, context, and regulation: Perspectives from affective neuroscience. *Psychological Bulletin 126,* 890–909.

Davis, C., Levitan, R. D., Muglia, P., Bewell, C., & Kennedy, J. L. (2004). Decision-making deficits and overeating: A risk model for obesity. *Obesity Research, 12*(6), 929–935.

Debats, D. L. (1999). Sources of meaning: An investigation of significant commitments in life. *Journal of Humanistic Psychology, 39*(4), 30–57.

Deci, E. L., & Ryan, R. M. (2002). *Handbook of self-determination research*. Rochester, NY: University of Rochester Press.

Deci, E. L., & Ryan, R. M. (2010). *Self-determination*. Hoboken, NJ: John Wiley & Sons.

Demerouti E., Bakker, A. B., Nachreiner, F., & Schaufeli, W. B. (2000). A model of burnout and life satisfaction amongst nurses. *Journal of Advanced Nursing, 32*(2), 454–464.

Diener, C. I., & Dweck, C. S. (1978). An analysis of learned helplessness: Continuous changes in performance, strategy, and achievement cognitions following failure. *Personality and Social Psychology, 36*(5), 451–461.

Diener, E., & Biswas-Diener, R. (2011). *Happiness: Unlocking the mysteries of psychological wealth*. Hoboken, NJ: John Wiley & Sons.

Diener, E., & Seligman, M. E. (2004). Beyond money: Toward an economy of well-being. *Psychological Science in the Public Interest, 5*(1), 1–31.

Diener, E. D., Emmons, R. A., Larsen, R. J., & Griffin, S. (1985). The satisfaction with life scale. *Journal of Personality Assessment, 49*(1), 71–75.

Doidge, N. (2007). *The brain that changes itself: Stories of personal triumph from the frontiers of brain science*. New York, NY: Penguin.

Doll, J., & Mayr, U. (1987). Intelligenz und schachleistung – Eine untersuchung an schachexperten [Intelligence and performance in chess – A study of chess experts]. *Psychologische Beiträge, 29*, 270–289.

Drennan, D. (1992). *Transforming company culture: Getting your company from where you are now to where you want to be*. London, UK: McGraw-Hill.

Dubnick, M. (2005). Accountability and the promise of performance: In search of the mechanisms. *Public Performance & Management Review, 28*(3), 376–417.

Duckworth, A. L. (2016). *Grit: The power of passion and perseverance.* New York, NY: Simon and Schuster.

Duckworth, A. L., Eichstaedt, J. C., & Ungar, L. H. (2015). The mechanics of human achievement. *Social and Personality Psychology Compass, 9*(7), 359–369.

Duckworth, A. L., Grant, H., Loew, B., Oettingen, G., & Gollwitzer, P. M. (2011a). Self-regulation strategies improve self-discipline in adolescents: Benefits of mental contrasting and implementation intentions. *Educational Psychology, 31*(1), 17–26.

Duckworth, A. L., Kirby, T. A., Tsukayama, E., Berstein, H., & Ericsson, K. A. (2011b). Deliberate practice spells success: Why grittier competitors triumph at the National Spelling Bee. *Social Psychological and Personality Science, 2*(2), 174–181.

Duckworth, A. L., Peterson, C., Matthews, M. D., & Kelly, D. R. (2007). Grit: Perseverance and passion for long-term goals. *Journal of Personality and Social Psychology*, *92*(6), 1087.

Duff, D. C. (2010). *The relationship between behavioral intention, self-efficacy and health behavior: A meta-analysis of meta-analyses.* East Lansing: MI: Michigan State University Press.

Dunlap, E., Golub, A., Johnson, B. D., & Benoit, E. (2009). Normalization of violence: Experiences of childhood abuse by inner-city crack users. *Journal of Ethnicity in Substance Abuse, 8*(1), 15–34.

Dweck, C. S. (2008). *Mindset: The new psychology of success.*

New York, NY: Random House.

Dweck, C. S. (2014). *The power of believing that you can improve* [Video file]. Retrieved from https://www.ted.com/talks/carol_dweck_the_power_of_believing_that_you_can_improve?language=en#t-386248

Dweck, C. S., & Leggett, E. L. (1988). A social-cognitive approach to motivation and personality. *Psychological Review, 95*(2), 256–273.

Dweck, C. S., & Reppucci, N. D. (1973). Learned helplessness and reinforcement responsibility in children. *Journal of Personality and Social Psychology, 25*(1), 109–116.

Easterlin, R. A., McVey, L. A., Switek, M., Sawangfa, O., & Zweig, J. S. (2010). The happiness-income paradox revisited. *Proceedings of the National Academy of Sciences, 107*(52), 22463–22468.

Elkind, D. (2007). *The power of play: How spontaneous imaginative activities lead to happier, healthier children.* Da Capo Press.

Elliott, E. S., & Dweck, C. S. (1988). Goals: An approach to motivation and achievement. *Journal of Personality and Social Psychology, 54*(1), 5–13.

Emmons, R. A. (2000). Is spirituality an intelligence? Motivation, cognition, and the psychology of ultimate concern. *The International Journal for the Psychology of Religion, 10*(1), 3–26.

Emmons, R. A. (2007). *Thanks!: How the new science of gratitude can make you happier.* Boston, MA: Houghton Mifflin Harcourt.

Ericsson, K. A. (2006). The influence of experience and

deliberate practice on the development of superior expert performance. In K. A. Ericsson, N. Charness, P. J. Feltovich, & R. R. Hoffman (Eds.), *Cambridge handbook of expertise and expert performance* (pp. 685–706). Cambridge, UK: Cambridge University Press.

Ericsson, K. A. (2014). Why expert performance is special and cannot be extrapolated from studies of performance in the general population: A response to criticisms. *Intelligence, 45,* 81–103.

Ericsson, K. A., & Pool, R. (2016a). *Peak: Secrets from the new science of expertise.* New York, NY: Houghton Mifflin Harcourt.

Ericsson, K. A., & Pool, R. (2016b, April 10). *Malcolm Gladwell got us wrong: Our research was key to the 10,000-hour rule, but here's what got oversimplified.* Retrieved from http://bit.ly/1S3LiCK

Ericsson, K. A., & Pool, R. (2016c, April 21). *Not all practice makes perfect: Moving from naive to purposeful practice can dramatically increase performance.* Retrieved from http://nautil.us/issue/35/boundaries/not-all-practice-makes-perfect

Ericsson, K. A., Krampe, R. T., & Tesch-Romer, C. (1993). The role of deliberate practice in the acquisition of expert performance. *Psychological Review, 100*(3), 363–406.

Feinberg, J. (1966). Duties, rights, and claims. *American Philosophical Quarterly, 3*(2), 137–144.

Felitti, V. J., Anda, R. F., Nordenberg, D., Williamson, D. F., Spitz, A. M., Edwards, V., . . . & Marks, J. S. (1998). Relationship of childhood abuse and household dysfunction to many of the leading causes of death in adults: The Adverse Childhood

Experiences (ACE) Study. *American Journal of Preventive Medicine, 14*(4), 245–258.

Flynn, F. J., & Bohns, V. K. (2012). Underestimating one's influence in help-seeking. In D. T. Kenrick, N. J. Goldstein, & S. L. Braver (Eds.) *Six degrees of social influence: Science, application, and the psychology of Robert Cialdini* (pp. 14–26). Oxford, UK: Oxford University Press.

Flynn, J. R. (1987). Massive IQ gains in 14 nations: What IQ tests really measure. *Psychological Bulletin, 101,* 171–191.

Flynn, J. R. (2012). *Are we getting smarter? Rising IQ in the Twenty-first Century.* Cambridge, UK: Cambridge University Press.

Flynn, J. R., & Rossi-Casé, L. (2012). IQ gains in Argentina between 1964 and 1998. *Intelligence, 40*(2), 145–150.

Foley, T. E., & Fleshner, M. (2008). Neuroplasticity of dopamine circuits after exercise: Implications for central fatigue. *Neuromolecular Medicine, 10*(2), 67–80.

Forward, J., & Zander, A. (1971). Choice of unattainable group goals and effects on performance. *Organizational Behavior and Human Performance, 6*(2), 184–199.

Fowler, J. H., & Christakis, N. A. (2010). Cooperative behavior cascades in human social networks. *Proceedings of the National Academy of Sciences, 107*(12), 5334–5338. doi:10.1073/pnas.0913149107

Fredrickson, B. (2004). The broaden-and-build theory of positive emotions. *Philosophical Transactions of the Royal Society B, 359*(1449), 1367–1378.

Frink, D. D., & Ferris, G. R. (1998). Accountability, impression management, and goal setting in the performance evaluation process. *Human relations, 51*(10), 1259–1283.

Frost, R. O., & Henderson, K. J. (1991). Perfectionism and reactions to athletic competition. *Journal of Sport and Exercise Psychology, 13,* 323–335.

Fuligni, A. J. (2001). Family obligation and the academic motivation of adolescents from Asian, Latin American, and European backgrounds. *New Directions for Child and Adolescent Development, 2001*(94), 61–76.

Gagné, F. (1985). Giftedness and talent: Reexamining a reexamination of the definitions. *Gifted Child Quarterly, 29*(3), 103–112.

Gandy, W. M., Coberley, C., Pope, J. E., Wells, A., & Rula, E. Y. (2014). Comparing the contributions of well-being and disease status to employee productivity. *Journal of Occupational and Environmental Medicine, 56*(3), 252–257.

Garrett, G., Benden, M., Mehta, R., Pickens, A., Peres, C., & Zhao, H. (2016). Call center productivity over 6 months following a standing desk intervention. *IIE Transactions on Occupational Ergonomics and Human Factors, 4*(23), 188–195.

Gentry, W. A., Gilmore, D. C., Shuffler, M. L., & Leslie, J. B. (2012). Political skill as an indicator of promotability among multiple rater sources. *Journal of Organizational Behavior, 33*(1), 89–104.

Ghaemi, N. (2011). *A first-rate madness: Uncovering the links between leadership and mental illness*. New York, NY: Penguin.

Ghosh, S., Laxmi, T. R., & Chattarji, S. (2013). Functional connectivity from the amygdala to the hippocampus grows stronger after stress. *Journal of Neuroscience, 33*(17), 7234–7244.

Gil, E. (2012). *The healing power of play: Working with abused children.* New York, NY: Guilford Press.

Giorgi, S., Lockwood, C., & Glynn, M. A. (2015). The many faces of culture: Making sense of 30 years of research on culture in organization studies. *Academy of Management Annals, 9*(1), 1–54.

Goleman, D. (1998). *Working with emotional intelligence.* New York, NY: Bantam.

Goleman, D. (2007). *Social intelligence.* New York, NY: Random House.

Goleman, D., Boyatzis, R., & McKee, A. (2001). Primal leadership: The hidden driver of great performance. *Harvard Business Review, 79*(11), 42–53.

Goleman, D., Boyatzis, R., & McKee, A. (2013). *Primal leadership: Unleashing the power of emotional intelligence.* Boston, MA: Harvard Business Press.

Gollwitzer, P. M. (1999). Implementation intentions: Strong effects of simple plans. *American Psychologist, 54*(7), 493.

Gollwitzer, P. M., & Brandstätter, V. (1997). Implementation intentions and effective goal pursuit. *Journal of Personality and Social Psychology, 73*(1), 186.

Gollwitzer, P. M., & Oettingen, G. (2016). Planning promotes goal striving. In K. D. Vohs & R. F. Baumeister (Eds.), *Handbook of self-regulation: Research, theory, and applications* (3rd ed., pp. 223–244). New York, NY: Guilford.

Gottfredson, L. S. (1997). Why g matters: The complexity of everyday life. *Intelligence, 24*(1), 79–132.

Gottfredson, L. S. (1998, Winter). The general intelligence factor. *The Scientific American Presents, 9*(4), 24–29.

Gottman, J., & Silver, N. (1995). *Why marriages succeed or fail: And how you can make yours last*. New York, NY: Simon and Schuster.

Gottman, J., & Silver, N. (2015). *The seven principles for making marriage work: A practical guide from the country's foremost relationship expert*. New York, NY: Harmony.

Gould, S. J. (1996). *The mismeasure of man*. New York, NY: W. W. Norton.

Grabner, R. H., Stern, E., & Neubauer, A. C. (2007). Individual differences in chess expertise: A psychometric investigation. *Acta Psychologica, 124*(3), 398–420.

Grant, A. (2013). *Give and take: Why helping others drives our success*. New York, NY: Penguin.

Grant, A. M., & Gino, F. (2010). A little thanks goes a long way: Explaining why gratitude expressions motivate prosocial behavior. *Journal of Personality and Social Psychology, 98*(6), 946–955.

Grawitch, M. J., Gottschalk, M., & Munz, D. C. (2006). The path to a healthy workplace: A critical review linking healthy workplace practices, employee well-being, and organizational improvements. *Consulting Psychology Journal: Practice and Research, 58*(3), 129.

Grossman, P., Niemann, L., Schmidt, S., & Walach, H. (2004). Mindfulness-based stress reduction and health benefits: A meta-analysis. *Journal of Psychosomatic Research, 57*(1), 35–43.

Grugulis, I., Holmes, C., & Mayhew, K. (2017). The economic

and social benefits of skills. In J. Buchanan, D. Finegold, K. Mayhew, & C. Warhurst (Eds.), *The Oxford Handbook of Skills and Training* (p. 372). Oxford, UK: Oxford University Press.

Grzegorek, J., Slaney, R. B., Franze, S., & Rice, K. G. (2004). Self-criticism, dependency, self-esteem, and grade point average satisfaction among clusters of perfectionists and nonperfectionists. *Journal of Counseling Psychology, 51,* 192–200. doi:10.1037/0022-0167.51.2.192

Haeffel, G. J., & Hames, J. L. (2013). Cognitive vulnerability to depression can be contagious. *Clinical Psychological Science, 2*(1), 75–85.

Hampson, S. E., & Goldberg, L. R. (2006). A first large cohort study of personality trait stability over the 40 years between elementary school and midlife. *Journal of Personality and Social Psychology, 91*(4), 763.

Hanson, R. (2013). *Hardwiring happiness: The new brain science of contentment, calm, and confidence.* New York, NY: Harmony.

Harkin, B., Webb, T. L., Chang, B. P., Prestwich, A., Conner, M., Kellar, I., & Sheeran, P. (2016). Does monitoring goal progress promote goal attainment? A meta-analysis of the experimental evidence. *Psychological Bulletin, 142*(2), 198.

Harris, M. A., Brett, C. E., Johnson, W., & Deary, I. J. (2016). Personality stability from age 14 to age 77 years. *Psychology and Aging, 31*(8), 862.

Hart, B., & Risley, T. R. (2003). The early catastrophe: The 30 million word gap by age 3. *American Educator, 27*(1), 4-9.

Harter, J. K., Schmidt, F. L., & Keyes, C. L. (2003). Well-being in the workplace and its relationship to business outcomes: A review of the Gallup studies. *Flourishing: Positive Psychology and the Life Well-Lived, 2,* 205–224.

Hasenkamp, W., & Barsalou, L. W. (2012). Effects of meditation experience on functional connectivity of distributed brain networks. *Frontiers in Human Neuroscience, 6,* 38.

Heatherton, T. F., & Weinberger, J. L. E. (1994). *Can personality change?* Washington, DC: American Psychological Association.

Hefferon, K., Grealy, M., & Mutrie, N. (2009). Post-traumatic growth and life threatening physical illness: A systematic review of the qualitative literature. *British Journal of Health Psychology, 14*(2), 343–378.

Heilman, M. E., & Wallen, A. S. (2010). Wimpy and undeserving of respect: Penalties for men's gender-inconsistent success. *Journal of Experimental Social Psychology, 46*(4), 664–667.

Hertenstein, M. J., Holmes, R., McCullough, M., & Keltner, D. (2009). The communication of emotion via touch. *Emotion, 9*(4), 566.

Herzberg, F., Mausner, B., & Snyderman, B. (1969). *The motivation to work.* Hoboken, NJ: John Wiley & Sons.

Hewitt, P. L., & Flett, G. L. (2002). Perfectionism and stress in psychopathology. In G. L. Flett & P. L. Hewitt (Eds.), *Perfectionism: Theory, research, and treatment* (pp. 255–284). Washington, DC: American Psychological Association.

Hoddinott, J., Maluccio, J. A., Behrman, J. R., Flores, R., & Martorell, R. (2008). Effect of a nutrition intervention during early childhood on economic productivity in Guatemalan adults. *The Lancet, 371*(9610), 411–416.

Horan, R. (2009). The neuropsychological connection between creativity and meditation. *Creativity Research Journal, 21*(23), 199–222.

Howe, M. J., Davidson, J. W., & Sloboda, J. A. (1998). Innate talents: Reality or myth? *Behavioral and Brain Sciences, 21*(3), 399–407.

Hume, D. (1970). *Enquiries concerning the human understanding and concerning the principles of morals: Reprinted from the posthumous edition of 1777.* Oxford, UK: Clarendon Press.

Humphreys, M. S., & Revelle, W. (1984). Personality, motivation, and performance: A theory of the relationship between individual differences and information processing. *Psychological Review, 91*(2), 153.

Hyde, J. S. (2005). The gender similarities hypothesis. *American Psychologist, 60*(6), 581–592.

Immordino-Yang, M. H., Christodoulou, J. A., & Singh, V. (2012). Rest is not idleness: Implications of the brain's default mode for human development and education. *Perspectives on Psychological Science, 7*(4), 352–364.

Isen, A. M., & Levin, P. F. (1972). Effect of feeling good on helping: Cookies and kindness. *Journal of Personality and Social Psychology 21*(3), 384–388.

Isen, A. M., Clark, M., & Schwartz, M. F. (1976). Duration of the effect of good mood on helping: "Footprints on the sands of time." *Journal of Personality and Social Psychology 34*(3), 385–393.

Isen, A. M., Rosenzweig, A. S., & Young, M. J. (1991). The influence of positive affect on clinical problem solving. *Medical Decision Making, 11*(3), 221–227.

Isovich, E., Mijnster, M. J., Flügge, G., & Fuchs, E. (2000). Chronic psychosocial stress reduces the density of dopamine transporters. *European Journal of Neuroscience, 12*(3), 1071–1078.

Issa, G., Wilson, C., Terry, A. V., & Pillai, A. (2010). An inverse relationship between cortisol and BDNF levels in schizophrenia: Data from human postmortem and animal studies. *Neurobiology of Disease, 39*(3), 327–333.

Jacobs, B. L. (1994). Serotonin, motor activity and depression-related disorders. *American Scientist, 82*(5), 456-463.

Jacobs, B. L., & Azmitia, E. C. (1992). Structure and function of the brain serotonin system. *Physiol Rev, 72*(1), 165-229.

Jain, S., Shapiro, S. L., Swanick, S., Roesch, S. C., Mills, P. J., Bell, I., & Schwartz, G. E. (2007). A randomized controlled trial of mindfulness meditation versus relaxation training: Effects on distress, positive states of mind, rumination, and distraction. *Annals of Behavioral Medicine, 33*(1), 11–21.

Jecker, J., & Landy, D. (1969). Liking a person as a function of doing him a favour. *Human Relations, 22*(4), 371–378.

Jensen, A. (1969). How much can we boost IQ and scholastic achievement? *Harvard Educational Review, 39*(1), 1–123.

Jensen, A. R. (1982). Reaction time and psychometric g. In H. J. Eysenk (Ed.), *A model for intelligence* (pp. 93–132). Berlin, Germany: Springer Berlin Heidelberg.

Judge, T. A., Thoresen, C. J., Bono, J. E., & Patton, G. K. (2001). The job satisfaction–job performance relationship: A qualitative and quantitative review. *Psychological Bulletin, 127*(3), 376–407.

Jung, R. E., Mead, B. S., Carrasco, J., & Flores, R. A. (2013). The structure of creative cognition in the human brain. *Frontiers in Human Neuroscience, 7,* 330.

Kahneman, D., & Deaton, A. (2010). High income improves evaluation of life but not emotional well-being. *Proceedings of the National Academy of Sciences, 107*(38), 16489–16493.

Kant, I. (1997). *Lectures on ethics.* Cambridge, UK: Cambridge University Press.

Kanter, R. M. (1999). The enduring skills of change leaders. *Leader to Leader, 1999*(13), 15–22.

Kashdan, T. (2017, April 13). How I learned about the perils of grit: Rethinking simple explanations for complicated problems. *Psychology Today*. Retrieved from https://www.psychologytoday.com/blog/curious/201704/how-i-learned-about-the-perils-grit

Kaufman, S. (2015). *Ungifted: Intelligence redefined.* New York, NY: Basic Books.

Kaufman, S. B., Quilty, L. C., Grazioplene, R. G., Hirsh, J. B., Gray, J. R., Peterson, J. B., & DeYoung, C. G. (2015). Openness to experience and intellect differentially predict creative achievement in the arts and sciences. *Journal of Personality, 82,* 248–258.

King, L., & Hicks, J. (2009). Detecting and constructing meaning in life events. *Journal of Positive Psychology, 4*(5), 317–330.

Kleinginna, P. R., & Kleinginna, A. M. (1981). A categorized list of emotion definitions, with suggestions for a consensual definition. *Motivation and Emotion, 5*(4), 345–379.

Koball, H. L., Moiduddin, E., Henderson, J., Goesling, B., & Besculides, M. (2010). What do we know about the link between marriage and health? *Journal of Family Issues 31*(8):

1019–1040.

Koblin, J. (2016, June 30). How much do we love TV? Let us count the ways. *The New York Times*. Retrieved from https://www.nytimes.com/2016/07/01/business/media/nielsen-survey-media-viewing.html

Koestner, R., Losier, G. F., Vallerand, R. J., & Carducci, D. (1996). Identified and introjected forms of political internalization: Extending self-determination theory. *Journal of Personality and Social Psychology, 70*(5), 1025.

Kouzes, J. M., & Posner, B. Z. (2011). *Credibility: How leaders gain and lose it, why people demand it*. Hoboken, NJ: John Wiley & Sons.

Kramer, A. F., & Hillman, C. H. (2006). Aging, physical activity, and neurocognitive function. In E. Acevado & P. Ekkekakis (Eds.), *Psychobiology of exercise and sport* (pp. 45–59). Champaign, IL: Human Kinetics.

Kristof, N. (2016, October 28). 3 TVs and no food: Growing up poor in America. *The New York Times*. Retrieved from http://www.nytimes.com/2016/10/30/opinion/sunday/3-tvs-and-no-food-growing-up-poor-in-america.html

Kross, E., Bruehlman-Senecal, E., Park, J., Burson, A., Dougherty, A., Shablack, H., . . . & Ayduk, O. (2014). Self-talk as a regulatory mechanism: How you do it matters. *Journal of Personality and Social Psychology, 106*(2), 304.

Kruse, E., Chancellor, J., Ruberton, P. M., & Lyubomirsky, S. (2014). An upward spiral between gratitude and humility. *Social Psychological and Personality Science, 5*(7), 805–814.

Ladd, H. A., & Fiske, E. B. (Eds.). (2015). *Handbook of Research in Education Finance and Policy* (2nd ed.). New York, NY:

Routledge.

Lambert, N. M., Stillman, T. F., Baumeister, R. F., Fincham, F. D., Hicks, J. A., & Graham, S. M. (2010). Family as a salient source of meaning in young adulthood. *The Journal of Positive Psychology, 5*(5), 367–376.

Lang, P. J. (2010). Emotion and motivation: Toward consensus definitions and a common research purpose. *Emotion Review, 6*(2), 93–99.

Lavie, N. (2010). Attention, distraction, and cognitive control under load. *Current Directions in Psychological Science, 19*(3), 143–148.

Law, K. S., Wong, C. S., Huang, G. H., & Li, X. (2008). The effects of emotional intelligence on job performance and life satisfaction for the research and development scientists in China. *Asia Pacific Journal of Management, 25*(1), 51–69.

Lee, T. (2016, October 20). The city: prison's grip on the black family: The spirals of poverty and mass incarceration upend urban communities. *MSNBC.* Retrieved from http://www.nbcnews.com/specials/geographyofpoverty-big-city

Lemonick, M. D. (2005, January 9). The biology of joy: Scientists know plenty about depression. Now they are starting to understand the roots of positive emotions. *TIME: Special Mind and Body Issue.* Retrieved from http://bit.ly/2mPoVcG

Lerner, J. S., & Tetlock, P. E. (1999). Accounting for the effects of accountability. *Psychological Bulletin, 125*(2), 255.

Leroy, S. (2009). Why is it so hard to do my work? The challenge of attention residue when switching between work tasks. *Organizational Behavior and Human Decision Processes, 109*(2), 168–181.

Levitin, D. J. (2014). *The organized mind: Thinking straight in the age of information overload.* New York, NY: Penguin.

Lewis, K., Lange, D., & Gillis, L. (2005). Transactive memory systems, learning, and learning transfer. *Organization Science, 16*(6), 581–598.

Lewis, M., Haviland-Jones, J. M., & Barrett, L. F. (Eds.). (2010). *Handbook of emotions.* New York, NY: Guilford Press.

LexisNexis (2010, October 20). New survey reveals extent, impact of information overload on workers; from Boston to Beijing, professionals feel overwhelmed, demoralized. [News release]. Retrieved from http://www.lexisnexis.com/en-us/about-us/media/press-release.page?id=128751276114739

Linley, P. A., & Joseph, S. (2004). Positive change following trauma and adversity: A review. *Journal of Traumatic Stress, 17*(1), 11–21.

Lipari, R. N., Park-Lee, E., & Van Horn, S. (2016, September 29). *America's need for and receipt of substance use treatment in 2015.* (The CBHSQ Report.) Retrieved from Substance Abuse and Mental Health Services Administration website: http://bit.ly/2mPrRGl

Locke, E. A., & Latham, G. P. (1990). *A theory of goal setting and task performance.* Englewood Cliffs, NJ: Prentice-Hall.

Locke, E. A., & Latham, G. P. (2002). Building a practically useful theory of goal setting and task motivation: A 35-year odyssey. *American Psychologist, 57*(9), 705.

Lykken, D. (2000). *Happiness: The nature and nurture of joy and contentment.* New York, NY: Picador.

Lyubomirsky, S., King, L., & Diener, E. (2005). The benefits of frequent positive affect: Does happiness lead to success?

Psychological Bulletin, 131(6), 803–855.

MacKenzie, M. J., & Baumeister, R. F. (2014). Meaning in life: Nature, needs, and myths. In P. Russo-Netzer & A. Batthyany (Eds.), *Meaning in positive and existential psychology* (pp. 25–37). New York, NY: Springer.

Macmillan, T., & Rachman, S. (1988). Fearlessness and courage in paratroopers undergoing training. *Personality and Individual Differences, 9*, 373–378. doi:10.1016/0191-8869(88)90100-6

Macnamara, B. N., Hambrick, D. Z., & Oswald, F. L. (2014). Deliberate practice and performance in music, games, sports, education, and professions: A meta-analysis. *Psychological Science, 25*(8), 1608–1618.

Mahncke, H. W., Connor, B. B., Appelman, J., Ahsanuddin, O. N., Hardy, J. L., Wood, R. A., . . . & Merzenich, M. M. (2006). Memory enhancement in healthy older adults using a brain plasticity based training program: A randomized, controlled study. *Proceedings of the National Academy of Sciences, 103*(33), 12523–12528.

Marano, H. E. (1999). The power of play. *Psychology Today, 32*(4), 36.

Mark, G., Gonzalez, V. M., & Harris, J. (2005, April). *No task left behind? Examining the nature of fragmented work.* Paper presented at the Conference on Human Factors in Computing Systems, Portland, OR.

Markman, K. D., Proulx, T. E., & Lindberg, M. J. (2013). *The psychology of meaning.* Washington, DC: American Psychological Association.

Marquardt, M. J. (2011). *Leading with questions: How leaders find the right solutions by knowing what to ask*. Hoboken, NJ: John Wiley & Sons.

Martela, F., & Steger, M. F. (2016). The three meanings of meaning in life: Distinguishing coherence, purpose, and significance. *Journal of Positive Psychology, 11*(5), 531–545.

Masicampo, E. J., & Baumeister, R. F. (2011). Consider it done! Plan making can eliminate the cognitive effects of unfulfilled goals. *Journal of Personality and Social Psychology, 101*(4), 667.

Maslow, A. (1962). *Towards a psychology of being*. Princeton, NJ: Van Nostrand.

Maslow, A. (1971). *The farther reaches of human nature*. New York, NY: Viking Press.

McAdams, D. P. (1994). Can personality change? Levels of stability and growth in personality across the life span. In D. P. McAdams, J. L. Weinberger, & J. Lee (Eds.), *Can personality change?* (pp. 299–313). Washington, DC: American Psychological Association.

McCrory, M. A., Suen, V. M., & Roberts, S. B. (2002). Biobehavioral influences on energy intake and adult weight gain. *Journal of Nutrition, 132*(12), 3830S– 3834S.

McDermott, R., Fowler, J., & Christakis, N. (2013). Breaking up is hard to do, unless everyone else is doing it too: Social network effects on divorce in a longi-tudinal sample. *Social Forces, 92*(2), 491.

Mednick, S. C., Christakis, N. A., & Fowler J. H. (2010). The spread of sleep loss influences drug use in adolescent social networks. *Public Library of Science One, 5*(3), e9775.

Merzenich, M. M. (2013). *Soft-wired: How the new science of brain plasticity can change your life*. San Francisco, CA: Parnassus.

Michaels, E., Handfield-Jones, H., & Axelrod, B. (2001). *The war for talent*. Boston, MA: Harvard Business Press.

Miller, G. E., & Wrosch, C. (2007). You've gotta know when to fold 'em: Goal disengagement and systemic inflammation in adolescence. *Psychological Science, 18*(9), 773–777.

Miller, J. (2016). The well-being and productivity link: A significant opportunity for research-into-practice. *Journal of Organizational Effectiveness: People and Performance, 3*(3), 289311.

Miller, J. J., Fletcher, K., & Kabat-Zinn, J. (1995). Three-year follow-up and clinical implications of a mindfulness meditation-based stress reduction intervention in the treatment of anxiety disorders. *General Hospital Psychiatry, 17*(3), 192–200.

Morgeson, F. P., Campion, M. A., Dipboye, R. L., Hollenbeck, J. R., Murphy, K., & Schmitt, N. (2007). Are we getting fooled again? Coming to terms with limitations in the use of personality tests for personnel selection. *Personnel Psychology, 60*(4), 1029-1049.

Munyon, T. P., Summers, J. K., Thompson, K. M., & Ferris, G. R. (2015). Political skill and work outcomes: A theoretical extension, meta-analytic investigation, and agenda for the future. *Personnel Psychology, 68*(1), 143–184.

Nanus, B. (1992). *Visionary leadership: Creating a compelling sense of direction for your organization*. San Francisco, CA: Jossey-Bass.

National Institute on Drug Abuse (2012). Principles of drug

addiction treatment: A research-based guide (3rd ed.). Retrieved from https://www.drugabuse.gov/publications/principles-drug-addiction-treatment-research-based-guide-third-edition/preface

Newport, C. (2016). *Deep work: Rules for focused success in a distracted world.* New York, NY: Hachette.

Nickerson, R. S. (1998). Confirmation bias: A ubiquitous phenomenon in many guises. *Review of General Psychology, 2*(2), 175–220.

Nisbett, R. E. (2009). *Intelligence and how to get it: Why schools and cultures count.* New York, NY: W. W. Norton.

Nisbett, R. E., Aronson, J., Blair, C., Dickens, W., Flynn, J., Halpern, D. F., & Turkheimer, E. (2012). Intelligence: New findings and theoretical developments. *American Psychologist, 67*(2), 130.

Norton, P. J., & Weiss, B. J. (2009). The role of courage on behavioral approach in a fear-eliciting situation: A proof-of-concept pilot study. *Journal of Anxiety Disorders, 23*(2), 212–217.

Nuñez, M. (2015, June 18). Does money buy happiness? The link between salary and employee satisfaction. [Web log post]. Retrieved from https://www.glassdoor.com/research/does-money-buy-happiness-the-link-between-salary-and-employee-satisfaction/

O'Boyle, E. (2016). Does culture matter in economic behaviour? *Social and Education History, 5*(1), 52–82. doi:10.17583/hse.2016.1796

Oettingen, G., Pak, H. J., & Schnetter, K. (2001). Self-regulation of goal-setting: Turning free fantasies about the future into binding goals. *Journal of Personality and Social Psychology, 80*(5), 736.

Ogden, C. L., Carroll, M. D., Fryar, C. D., & Flegal, K. M. (2015). Prevalence of obesity among adults and youth: United States, 2011–2014. *National Center for Health Statistics Data Brief, 219,* 1–8. Retrieved from http://c.ymcdn.com/sites/www.acutept.org/resource/resmgr/Critical_EdgEmail/0216-prevalence-of-obesity.pdf

Pachucki, M. A., Jacques, P. F., & Christakis, N. A. (2011). Social network concordance in food choice among spouses, friends, and siblings. *American Journal of Public Health, 101*(11), 2170–2177.

Penninx, B. W., Rejeski, W. J., Pandya, J., Miller, M. E., Di Bari, M., Applegate, W. B., & Pahor, M. (2002). Exercise and depressive symptoms: A comparison of aerobic and resistance exercise effects on emotional and physical function in older persons with high and low depressive symptomatology. *Journals of Gerontology Series B: Psychological Sciences and Social Sciences, 57*(2), P124–P132.

Pilcher, J. J., & Huffcutt, A. J. (1996). Effects of sleep deprivation on performance: A meta-analysis. *Sleep: Journal of Sleep Research & Sleep Medicine, 19*(4), 318–326.

Pink, D. H. (2011). *Drive: The surprising truth about what motivates us.* New York, NY: Penguin.

Plomin, R., & Deary, I. J. (2015). Genetics and intelligence differences: Five special findings. *Molecular Psychiatry, 20*(1), 98–108.

Pury, C. L., & Hensel, A. D. (2010). Are courageous actions successful actions? *Journal of Positive Psychology, 5*(1), 62–72.

Pury, C. L., & Kowalski, R. M. (2007). Human strengths, courageous actions, and general and personal courage. *The Journal of Positive Psychology, 2*(2), 120- 128.

Pury, C. L., & Lopez, S. J. (Eds.). (2010). *The psychology of courage: Modern research on an ancient virtue.* Washington, DC: American Psychological Association.

Pury, C. L., & Starkey, C. B. (2010). Is courage an accolade or a process? A fundamental question for courage research. In Pury, C. L., & Lopez, S. J. (Eds.), *The psychology of courage: Modern research on an ancient virtue* (pp. 67–87). Washington, DC: American Psychological Association.

Pury, C. L., Kowalski, R. M., & Spearman, J. (2007). Distinctions between general and personal courage. *The Journal of Positive Psychology, 2*(2), 99-114.

Pury, C. L., Starkey, C. B., Kulik, R. E., Skjerning, K. L., & Sullivan, E. A. (2015). Is courage always a virtue? Suicide, killing, and bad courage. *The Journal of Positive Psychology, 10*(5), 383–388.

Quoidbach, J., Dunn, E. W., Petrides, K. V., & Mikolajczak, M. (2010). Money giveth, money taketh away: The dual effect of wealth on happiness. *Psychological Science, 21*(6), 759–763.

Rachman, S. (1990). *Fear and courage* (2nd ed.). New York, NY: Freeman.

Rachman, S. J. (2010). Courage: A psychological perspective. In C. L. Pury & S. J. Lopez (Eds.), *The psychology of courage: Modern research on an ancient virtue* (pp. 91–107). Washington, DC: American Psychological Association.

Rate, C. R., Clarke, J. A., Lindsay, D. R., & Sternberg, R. J. (2007). Implicit theories of courage. *Journal of Positive Psychology,*

2(2), 80–98.

Ratey, J. J., & Hagerman, E. (2008). *Spark: The revolutionary new science of exercise and the brain.* New York, NY: Little, Brown and Company.

Regan, D. T. (1971). Effects of a favor and liking on compliance. *Journal of Experimental Social Psychology, 7*(6), 627–639.

Reivich, K., & Shatté, A. (2002). *The resilience factor: 7 essential skills for overcoming life's inevitable obstacles.* New York, NY: Broadway Books.

Rethorst, C. D., Wipfli, B. M., & Landers, D. M. (2009). The antidepressive effects of exercise. *Sports Medicine, 39*(6), 491–511.

Rice, K. G., & Ashby, J. S. (2007). An efficient method for classifying perfectionists. Journal of *Counseling Psychology, 54,* 72–85. doi:10.1037/0022- 0167.54.1.72

Rice, K. G., Bair, C., Castro, J., Cohen, B., & Hood, C. (2003). Meanings of perfectionism: A quantitative and qualitative analysis. *Journal of Cognitive Psychotherapy, 17,* 39–58. doi:10.1521/jscp.2005.24.4.580

Roberts, B. W., Luo, J., Brile, D. A., Chow, P. I., Su, R., & Hill P. L. (2017). A systematic review of personality trait change through intervention. *Psychological Bulletin, 143*(2), 117–141.

Roe, A. (1953a). *The making of a scientist.* New York: Dodd, Mead.

Roe, A. (1953b). A psychological study of eminent psychologists and anthropologists, and a comparison with biological and physical scientists. *Psychological Monographs: General and Applied, 67*(2), 1.

Rosenquist, J. N., Fowler, J. H., & Christakis, N. A. (2011). Social network determinants of depression. *Molecular Psychiatry, 16*(3), 273–281.

Rosso, B. D., Dekas, K. H., & Wrzesniewski, A. (2010). On the meaning of work: A theoretical integration and review. *Research in Organizational Behavior, 30,* 91–127.

Rozin, P., & Royzman, E. B. (2001). Negativity bias, negativity dominance, and contagion. *Personality and Social Psychology Review, 5*(4), 296–320.

Ruff, G., & Korchin, S. (1964). Psychological responses of the Mercury astronauts to stress. In G. Grosser, H. Wechsler, M. Greenblatt (Eds.), *The threat of impending disaster* (pp 46–57). Cambridge, MA: MIT Press.

Rummler, G. A., & Brache, A. P. (1995*). Improving performance: How to manage the white space on the organization chart* (2nd ed.). San Francisco, CA: Jossey-Bass.

Rushton, J. P., & Jensen, A. R. (2010). Race and IQ: A theory-based review of the research in Richard Nisbett's Intelligence and How to Get It. *Open Psychology Journal, 3*(1), 9–35.

Ruthsatz, J., Detterman, D. K., Griscom, W. S., & Cirullo, B. A. (2008). Becoming an expert in the musical domain: It takes more than just practice. *Intelligence, 36*(4), 330–338.

Ryan, R. M., & Deci, E. L. (2000a). Intrinsic and extrinsic motivations: Classic definitions and new directions. *Contemporary Educational Psychology, 25*(1), 54–67.

Ryan, R. M., & Deci, E. L. (2000b). Self-determination theory and the facilitation of intrinsic motivation, social development, and well-being. *American Psychologist, 55*(1), 68.

Ryff, C. D., & Singer, B. (1998). The contours of positive human health. *Psychological Inquiry, 9*(1), 1–28.

Safire, W. (2004). *Lend me your ears: Great speeches in history.* New York: NY: W.W. Norton & Company.

Samuels, C. (2009). Sleep, recovery, and performance: the new frontier in high-performance athletics. *Physical Medicine and Rehabilitation Clinics of North America, 20*(1), 149–159.

Savitsky, K., Epley, N., & Gilovich, T. (2001). Is it as bad as we fear? Overestimating the extremity of others' judgments. *Journal of Personality and Social Psychology, 81*(1), 44–56.

Schein, Edgar H. (2010). *Organizational culture and leadership* (4th ed.). San Francisco, CA: Jossey-Bass.

Schimel, J., Arndt, J., Banko, K. M., & Cook, A. (2004). Not all self-affirmations were created equal: The cognitive and social benefits of affirming the intrinsic (vs. extrinsic) self. *Social Cognition, 22*(1: Special Issue), 75–99.

Schirmer, A., Teh, K. S., Wang, S., Vijayakumar, R., Ching, A., Nithianantham, D., . . . & Cheok, A. D. (2011). Squeeze me, but don't tease me: Human and mechanical touch enhance visual attention and emotion discrimination. *Social Neuroscience,* 6(3), 219–230.

Schwartz, T., & McCarthy, C. (2007). Manage your energy, not your time. *Harvard Business Review, 85*(10), 63.

Scott, G., Leritz, L. E., & Mumford, M. D. (2004). The effectiveness of creativity training: A quantitative review. *Creativity Research Journal, 16*(4), 361–388.

Sedlmeier, P., Eberth, J., Schwarz, M., Zimmermann, D., Haarig, F., Jaeger, S., & Kunze, S. (2012). The psychological effects of meditation: A meta-analysis. *Psychological Bulletin, 138*(6),

1139.

Seidman, D. (2011). *How: Why how we do anything means everything.* Hoboken, NJ: John Wiley & Sons.

Seligman, M. E., Steen, T. A., Park, N., & Peterson, C. (2005). Positive psychology progress: Empirical validation of interventions. *American Psychologist, 60*(5), 410.

Seligman, M. E. P. (1990). *Learned optimism: The skill to conquer life's obstacles, large and small.* New York, NY: Pocket Books.

Seligman, M. E. P. (2012). *Flourish: A visionary new understanding of happiness and well-being.* New York, NY: Simon and Schuster.

Senécal, C., Koestner, R., & Vallerand, R. J. (1995). Self-regulation and academic procrastination. *Journal of Social Psychology, 135*(5), 607–619.

Seppala, E., & Cameron, K. (2015, December 1). Proof that positive work cultures are more productive. *Harvard Business Review.* Retrieved from https://hbr.org/2015/12/proof-that-positive-work-cultures-are-more-productive

Sgroi, D. (2015). *Happiness and productivity: Understanding the happy-productive worker.* (SMF-CAGE Global Perspectives Series Paper 4.) Retrieved from Social Market Foundation website: http://bit.ly/2ndmvFA

Shadyab, A. H., Macera, C. A., Shaffer, R. A., Jain, S., Gallo, L. C., LaMonte, M. J., . . . & Manini, T. M. (2017). Associations of accelerometer-measured and self-reported sedentary time with leukocyte telomere length in older women. *American Journal of Epidemiology, 185*(3), 172–184.

Sheldon, K. M., Jose, P. E., Kashdan, T. B., & Jarden, A. (2015). Personality, effective goal-striving, and enhanced well-being: Comparing 10 candidate personality strengths. *Personality and Social Psychology Bulletin.* doi:10.1177/0146167215573211

Shoji, K., Cieslak, R., Smoktunowicz, E., Rogala, A., Benight, C. C., & Luszczynska, A. (2016). Associations between job burnout and self-efficacy: a meta-analysis. *Anxiety, Stress, & Coping: An International Journal, 29*(4), 367–386.

Sibley, B. A., & Etnier, J. L. (2003). The relationship between physical activity and cognition in children: A meta-analysis. *Pediatric Exercise Science, 15*(3), 243–256.

Simonton, D. K. (1988). Creativity, leadership, and chance. In R. J. Sternberg (Ed.), *The nature of creativity: Contemporary psychological perspectives* (pp. 386–426). New York, NY: Cambridge University Press.

Sparling, P. B., Giuffrida, A., Piomelli, D., Rosskopf, L., & Dietrich, A. (2003). Exercise activates the endocannabinoid system. *Neuroreport, 14*(17), 2209-2211.

Spelke, Elizabeth S. (2005). Sex differences in intrinsic aptitude for mathematics and science? A critical review. *American Psychologist, 60*(9), 950–958.

Stajkovic, A. D., & Luthans, F. (1998). Self-efficacy and work-related performance: A meta-analysis. *Psychological Bulletin, 124*(2), 240–261.

Stavrou, N. A., Jackson, S. A., Zervos, Y., Karterolliotis, K. (2007). Flow experience and athletes' performance with reference to the orthogonal model of flow. *Sport Psychologist, 21*, 438–457.

Staw, B. M., & Barsade, S. G. (1993). Affect and managerial performance: A test of the sadder-but-wiser vs. happier-and-smarter hypothesis. *Administrative Science Quarterly, 38*(2),

304–331.

Steger, M. F., Frazier, P., Oishi, S., & Kaler, M. (2006). The meaning in life questionnaire: Assessing the presence of and search for meaning in life. *Journal of Counseling Psychology, 53*(1), 80.

Sternberg, R. J. (1999). *Handbook of creativity.* Cambridge, UK: Cambridge University Press.

Sternberg, R. J., & Frensch, P. A. (1992). On being an expert: A cost-benefit analysis. In R. R. Hoffman (Ed.), *The psychology of expertise: Cognitive research and empirical AI* (pp. 191–203). New York, NY: Springer.

Sternberg, R. J., & Grigorenko, E. L. (2003). *The psychology of abilities, competencies, and expertise.* Cambridge, UK: Cambridge University Press.

Stevenson, B., & Wolfers, J. (2013). Subjective well-being and income: Is there any evidence of satiation? *American Economic Review, 103*(3), 598–604.

Stillman, T. F., Baumeister, R. F., Lambert, N. M., Crescioni, A. W., DeWall, C. N., & Fincham, F. D. (2009). Alone and without purpose: Life loses meaning following social exclusion. *Journal of Experimental Social Psychology, 45*(4), 686–694.

Strauss, J., & Thomas, D. (1998). Health, nutrition, and economic development. *Journal of Economic Literature, 36*(2), 766–817.

Sulsky, L. M. (1999). Commitment in the workplace: Theory, research, and application. [Review of the book *Commitment in the workplace: Theory, research, and application*, by J. P. Meyer & N. J. Allen.] *Canadian Psychology, 40*(4), 383–385.

Sun, J., Kaufman, S. B., & Smillie, L. D. (2017). Unique associations between big five personality aspects and multiple dimensions of well-being. *Journal of Personality*. doi:10.1111/jopy.12301

Sy, T., Cote, S., & Saavedra, R. (2005). The contagious leader: Impact of the leader's mood on the mood of group members, group affective tone, and group process. *Journal of Applied Psychology, 90*(2), 295–305.

Tafet, G. E., Idoyaga-Vargas, V. P., Abulafia, D. P., Calandria, J. M., Roffman, S. S., Chiovetta, A., & Shinitzky, M. (2001). Correlation between cortisol level and serotonin uptake in patients with chronic stress and depression. *Cognitive, Affective, & Behavioral Neuroscience, 1*(4), 388–393.

Tangney, J. P., Baumeister, R. F., & Boone A. L. (2004). High self-control predicts good adjustment, less pathology, better grades, and interpersonal success. *Journal of Personality, 72*(2), 271–324.

Tedeschi, R. G., & Calhoun L. G. (2004). Posttraumatic growth: Conceptual foundations and empirical evidence. *Psychological Inquiry, 15*(1), 1–18.

Teixeira, P. J., Carraça, E. V., Marques, M. M., Rutter, H., Oppert, J. M., De Bourdeaudhuij, I., . . . & Brug, J. (2015). Successful behavior change in obesity interventions in adults: A systematic review of self-regulation mediators. *BMC Medicine, 13*(1), 84.

Tenenbaum, G., Yuval, R., Elbaz, G., Bar-Eli, M., & Weinberg, R. (1993). The relationship between cognitive characteristics and decision making. *Canadian Journal of Applied Physiology, 18*(1), 48–62.

Tetlock, P. E. (1992). The impact of accountability on judgment and choice: Toward a social contingency model. *Advances in Experimental Social Psychology, 25,* 331–376.

Thomas, D., & Frankenberg, E. (2002). Health, nutrition and prosperity: A microeconomic perspective. *Bulletin of the World Health Organization, 80*(2), 106–113.

Thompson, C. A., & Prottas, D. J. (2006). Relationships among organizational family support, job autonomy, perceived control, and employee well-being. *Journal of Occupational Health Psychology, 11*(1), 100.

Tognatta, N., Valerio, A., & Sanchez Puerta, M. L. (2016). *Do cognitive and noncognitive skills explain the gender wage gap in middle-income countries? An analysis using STEP data.* (World Bank Policy Research Working Paper No. 7878.) Retrieved from SSRN website: http://bit.ly/2nehVaf

Tomporowski, P. D. (2003). Effects of acute bouts of exercise on cognition. *Acta Psychologica, 112*(3), 297–324.

Torrance, E. P. (1983). The importance of falling in love with "something." *Creative Child & Adult Quarterly, 8*(2): 72–78.

Tracy, J. L., Cheng J. T., Robins, R. W., & Trzesniewski, K. H. (2009). Authentic and hubristic pride: The affective core of self-esteem and narcissism. *Self and Identity* 8(2–3), 196–213.

Treffert, D. A. (2010). *Islands of genius: The bountiful mind of the autistic, acquired and sudden savant.* London, UK: Jessica Kingsley.

Treffert, D. A. (2014). Accidental genius. *Scientific American, 311*(2), 52–57.

Trougakos, J. P., & Hideg, I. (2009). Momentary work recovery: The role of within-day work breaks. In P. Perrewé, D. Ganster, & S. Sonnentag (Eds.), *Research in occupational stress and wellbeing* (Vol. 7, pp. 37–84). West Yorkshire, UK: Emerald Group.

Trougakos, J. P., Beal, D. J., Green, S. G., & Weiss, H. M. (2008). Making the break count: An episodic examination of recovery activities, emotional experiences, and positive affective displays. *Academy of Management Journal, 51*(1), 131–146.

Trougakos, J. P., Hideg, I., Cheng, B. H., & Beal, D. J. (2014). Lunch breaks unpacked: The role of autonomy as a moderator of recovery during lunch. *Academy of Management Journal, 57*(2), 405–421.

US Department of Labor (2016, February 25). Volunteering in the United States, 2015. [News release.] Retrieved from https://www.bls.gov/news.release/volun.nr0.htm

Vaeyens, R., Lenoir, M., Williams, A. M., & Philippaerts, R. M. (2008). Talent identification and development programmes in sport. *Sports Medicine, 38*(9), 703–714.

Valentine, E. R., & Sweet, P. L. (1999). Meditation and attention: A comparison of the effects of concentrative and mindfulness meditation on sustained attention. *Mental Health, Religion & Culture, 2*(1), 59–70.

Wan, C. Y., & Huon, G. F. (2005). Performance degradation under pressure in music: An examination of attentional processes. *Psychology of Music, 33*(2), 155–172.

Wand, B. (1956). Hume's account of obligation. *The Philosophical Quarterly (1950-), 6*(23), 155–168.

Wang, G. J., Volkow, N. D., Logan, J., Pappas, N. R., Wong, C. T., Zhu, W., . . . & Fowler, J. S. (2001). Brain dopamine and obesity. *The Lancet, 357*(9253), 354–357.

Weaver, K., Garcia, S. M., Schwarz, N., & Miller, D. T. (2007). Inferring the popularity of an opinion from its familiarity: A repetitive voice can sound like a chorus. *Journal of Personality and Social Psychology, 92*(5), 821.

Weldon, E., & Weingart, L. R. (1993). Group goals and group performance. *British Journal of Social Psychology, 32*(4), 307–334.

Weldon, E., Jehn, K. A., & Pradhan, P. (1991). Processes that mediate the relationship between a group goal and improved group performance. *Journal of Personality and Social Psychology, 61*(4), 555.

Whittaker, S., Matthews, T., Cerruti, J., Badenes, H., & Tang, J. (2011, May). Am I wasting my time organizing email? A study of email refinding. In Proceedings of the Conference on Human Factors in Computing Systems (pp. 276–283). Retrieved from http://bit.ly/2nkpdGq

Wigfield, A., & Eccles, J. (2002). The development of competence beliefs, expectancies for success, and achievement values from childhood through adolescence. In A. Wigfield & J. Eccles (Eds.), *Development of achievement motivation* (pp. 91–120). San Diego, CA: Academic Press.

Wood, R., & Locke, E. (1990). Goal setting and strategy effects on complex tasks. In B. Staw & L. Cummings (Eds.), *Research in organizational behavior* (Vol. 12, pp. 73–109). Greenwich, CT: JAI Press.

Woodard, R. W., Pury, C. L. S. (2013). The construct of courage: Categorization management. *Consulting Psychology Journal: Practice and Research,* Vol 59, *(2),* 135-147

Wright, J. C., Nadelhoffer, T., Perini, T., Langville, A., Echols, M., & Venezia, K. (2017). The psychological significance of humility. *The Journal of Positive Psychology, 12*(1), 3–12.

Wright, T. A., & Cropanzano, R. (2000). Psychological well-being and job satisfaction as predictors of job performance. *Journal of Occupational Health Psychology, 5*(1), 84.

Wrzesniewski, A. (2003). Finding positive meaning in work. In K. S. Cameron, J. E. Dutton, & R. E. Quinn (Eds.), *Positive organizational scholarship: Foundations of a new discipline* (pp. 296–308). San Francisco, CA: Berrett-Koehler.

Young, W. T. (1971). The role of musical aptitude, intelligence, and academic achievement in predicting the musical attainment of elementary instrumental music students. *Journal of Research in Music Education, 19*(4), 385–398.

Yousef, D. A. (1998). Satisfaction with job security as a predictor of organizational commitment and job performance in a multicultural environment. *International Journal of Manpower, 19*(3), 184–194.

Yu, R. (2014). Choking under pressure: The neuropsychological mechanisms of incentive-induced performance decrements. *Frontiers in Behavioral Neuroscience, 9*, 19–19.

取得主控，決定自己要做什麼樣的人。
長期締造卓越表現，你得養成這六種習慣。
你能夠登峰造極，只因為這是你的選擇。

Star 星出版 財經商管 Biz 4017

高成效習慣

6種習慣×18道練習，幫助你專注最重要的事，
始終如一、長期締造卓越表現

High Performance Habits

How Extraordinary People Become That Way

作者 —— 布蘭登・布夏德 Brendon Burchard
譯者 —— 譚天

總編輯 —— 邱慧菁
特約編輯 —— 吳依亭
校對 —— 李蓓蓓
封面完稿 —— 黃巧霓
內頁排版 —— 立全電腦印前排版有限公司

出版 —— 星出版／遠足文化事業股份有限公司
發行 —— 遠足文化事業股份有限公司（讀書共和國出版集團）
231 新北市新店區民權路 108 之 4 號 8 樓
電話：886-2-2218-1417
傳真：886-2-8667-1065
email: service@bookrep.com.tw
郵撥帳號：19504465 遠足文化事業股份有限公司
客服專線 0800221029
法律顧問 —— 華洋法律事務所 蘇文生律師
統包廠 —— 東豪印刷事業有限公司

出版日期 —— 2025 年 04 月 16 日第二版第一次印行
定價 —— 新台幣 550 元
書號 —— 2BBZ4017
ISBN —— 978-626-99357-6-5

星出版讀者服務信箱 —— starpublishing@bookrep.com.tw
讀書共和國網路書店 —— www.bookrep.com.tw
讀書共和國客服信箱 —— service@bookrep.com.tw
歡迎團體訂購，另有優惠，請洽業務部：886-2-22181417 ext. 1132 或 1520

國家圖書館出版品預行編目（CIP）資料

高成效習慣／布蘭登・布夏德 Brendon Burchard 著；譚天 譯．第二版．– 新北市：星出版，遠足文化事業股份有限公司，2025.04
464 面；15x21 公分．--（財經商管；Biz 4017）．
譯自：High Performance Habits: How Extraordinary People Become That Way
ISBN 978-626-99357-6-5(平裝)
1.CST: 職場成功法 2.CST: 工作效率

494.35　　114003605

新觀點
新思維
新眼界

Star
星出版